Salvemos Nuestro Planeta

Tecnología, economía y filosofía
para la sostenibilidad de nuestro modo de vida

Segunda edición

José Galindo Gómez

Dr. en Informática por la Universidad de Granada,
Profesor titular de la Universidad de Málaga, España.

Title in English: **Saving our Planet (Technology, Economy and Philosophy for the Sustainability of our Life Style).**
Segunda edición (2019).
Diseño de cubierta: J. Galindo.
Foto de portada de Daniel Capilla:
- Encina (*Quercus ilex*) en los Montes de Málaga.

Fotos de contraportada de J. Galindo:
- Arriba, flor de *Plumeria rubra* (frangipani).
- Abajo, flor de *Prunus persica* (melocotonero), con un insecto polinizando gratis esta flor.

ISBN: 978-1-84799-634-3

© **José Galindo**
Blog sobre medioambiente del autor: https://blogsostenible.wordpress.com con sus redes sociales en Twitter (@blogsostenible), Facebook, Instagram, Telegram, Youtube…
Blog de relatos del autor: https://historiasincontables.wordpress.com

- Este libro puede adquirirse por Internet en **http://www.lulu.com** tanto en formato electrónico como en papel.
- Se permite la reproducción para fines docentes o sin ánimo de lucro, siempre que se cite la fuente.

Tabla de Contenidos

Prefacio ....
    Acerca del autor ....

1. Introducción 1

2. Historia de la población: tipos de curvas demográficas 6

3. El problema o... mejor dicho, los PROBLEMAS 12
    3.1. ¿Crecimiento económico? 14
    3.2. Desarrollo o retroceso tecnológico: hacia una mejor democracia 20
    3.3. El grave error del PIB o PNB: Bertrand De Jouvenel 30
    3.4. Degradación ambiental 33
    3.5. Pérdida de biodiversidad 36
    3.6. Globalización negativa, globalización económica 38
    3.7. Religión... ¿Qué religión? 43
    3.8. Consumismo total (de materias, energía, terreno…) 44
    3.9. Vivir rápido, para llegar... ¿A dónde? 45
    3.10. El consumo abusivo de carne 46
    3.11. El agua 47
    3.12. ¿Pobreza?... ¿Dónde? 48
    3.13. Alimentos transgénicos y nuevas biotecnologías, ¿soluciones o problemas? 49
    3.14. La energía 51

4. ¿Soluciones? 54
    4.1. Conocer el problema de la superpoblación 55
    4.2. Potenciar el papel de la ONU 61
    4.3. Desarrollo sostenible: las cuatro leyes básicas 64
        4.3.1. Los ecosistemas RECICLAN todos sus elementos 66
        4.3.2. Los ecosistemas aprovechan la ENERGÍA SOLAR 67
        4.3.3. El TAMAÑO de las POBLACIONES de consumidores debe permitir la regeneración de los alimentos consumidos. 67
        4.3.4. La BIODIVERSIDAD debe mantenerse 68
    4.4. Ciudades y políticas sostenibles 69
    4.5. No fomentar la natalidad: planificación familiar y adopciones ... 71

4.6. Conseguir la plena igualdad entre hombres y mujeres 75
4.7. Facilitar cierta inmigración, pero no del campo a la ciudad 78
4.8. Potenciar fuentes de energía limpia: solar, eólica... 79
4.9. Potenciar políticas de ahorro energético 80
4.10. Evitar el consumismo: ecotasa a la publicidad.................................. 82
4.11. Austeridad ecológica sostenible y feliz: *"Nequid Nimis"* y *"Carpe Diem"*... 83
4.12. Generosidad, cooperación y sosiego: medicinas para la salud y la naturaleza 85
4.13. Reducir el consumo de carne y la sobrealimentación..................... 88
4.14. Reforestación y huertos urbanos... 90
4.15. Reciclaje, reutilización y reducción: la ley de las 3 erres y porqué reciclar no es ecológico... 92
4.16. La importancia de la justicia: el Tribunal Penal Internacional 93
4.17. Erradicar la pobreza extrema o absoluta... 95
14.18. Educación 99
14.19. Productos químicos 101
4.20. Turismo más responsable y sostenible 102

5. Más conclusiones..105

Apéndice A: Breve guía para plantar árboles 111

Apéndice B: La Cadena Verde: consejos para una vida lógica y ecológica (blogsostenible.wordpress.com) 114

Apéndice C: Artículos seleccionados de Blogsostenible........................... 121
C.1 Para los que no creen en el cambio climático............................... 121
C.2 Reutilizar envases (y no reciclar) es lo más ecológico: Por un SDDR para envases retornables 123
    C.2.1. ¿Reciclar es lo más ecológico? *123*
    C.2.2. Lo más ecológico es Reducir y Reutilizar *124*
    C.2.3. Nuestra propuesta en dos puntos *124*
C.3. Hoy, plástico para comer (12 sorpresas del plástico) 125
C.4. La caza y la ética 127
    C.4.1. ¿La caza ayuda a la conservación? *128*
    C.4.2. ¿La caza genera empleo y riqueza? *129*
    C.4.3. ¿Cuáles son los problemas que genera la caza? *129*
    C.4.4. La caza y sus reglas.. *131*

C.5. LOS LÍMITES PLANETARIOS: HEMOS SOBREPASADO CUATRO DE LOS NUEVE PROCESOS BÁSICOS DE LA TIERRA 131

C.6. ¿ES ÉTICO COMER HUEVOS? NO, Y ADEMÁS ES INNECESARIO: TORTILLA DE ESPINACAS VEGANA 134

C.7. CIUDADES QUE QUIEREN REDUCIR SU CONSUMO DE CARNE: PORQUÉ Y CÓMO 135

    C.7.1. ¿Qué es el Pacto de Milán? 135

    C.7.2. ¿Por qué es tan importante comer menos carne y pescado? 136

    C.7.3. ¿Cómo puede una ciudad reducir su consumo de carne? 136

    C.7.4. Comamos menos carne y pescado, por el bien de "todo" 138

C.8. ¿ES ÉTICA Y ECOLÓGICA LA GESTACIÓN SUBROGADA? ¿Y LA FECUNDACIÓN IN VITRO? 138

C.9. LA AGRICULTURA INTENSIVA CONTAMINA TODO, HASTA NUESTRA COMIDA: PUEBLOS FUMIGADOS CON GLIFOSATO, CLORPIRIFÓS, LINDANO… 140

    C.9.1. Desde el agricultor a tu plato y a todos los ecosistemas 140

    C.9.2. Las mujeres, los niños y las abejas, los más intoxicados 140

    C.9.3. España, en situación crítica 141

C.10. CAMPAÑA #APAGANATURGY: DATE DE BAJA DE UNA COMPAÑÍA QUE ARRASA LA NATURALEZA 142

    C.10.1. Doñana amenazada por una empresa sin escrúpulos 142

    C.10.2. Los trapos sucios de Naturgy 142

    C.10.3. ¿Cómo abandonar esta empresa y todas las energías sucias de tu hogar o empresa? 143

C.11. LOS ACTOS INDIVIDUALES MÁS ECOLÓGICOS: CADA VEZ MÁS GENTE DECIDE NO TENER HIJOS 143

C.12. DESTRUIR AUTOPISTAS O PONERLES PEAJE: ¿ES ECOLÓGICO USAR LAS AUTOPISTAS DE PEAJE? 145

C.13. EXAMEN: ¿ES TU CIUDAD SOSTENIBLE? 147

C.14. LISTA DE EMPRESAS QUE DEBEN SER MULTADAS Y BOICOTEADAS (HAZLO VIRAL) 150

    C.14.1. Nestlé 151

    C.14.2. Endesa y otras eléctricas españolas 151

    C.14.3. Inditex, el imperio de Amancio Ortega 151

    C.14.4. McDonald's, Burguer King... y otros burguers 151

    C.14.5. Shell, la peor petrolera de la historia 152

    C.14.6. Coca-Cola, burbujas azucaradas que esconden desastres 152

    C.14.7. Kellogg's 152

    C.14.8. Banco Santander y banco BBVA 152

C.14.9. Otras empresas que usan aceite de palma con esclavitud infantil 153

C.14.10. Malas empresas según el tipo de tus preocupaciones 153

C.14.11. ¿Puede haber una gran multinacional ética? 153

C.15. DOS ERRES URGENTES: RENTA BÁSICA Y REDUCCIÓN DE LA JORNADA LABORAL 154

C.16. CINCO COSAS MUY SENCILLAS QUE ESTÁN MEJORANDO MUCHO EL MUNDO: ¿TE UNES? 157

C.16.1. Poner nuestro dinero, aunque sea poco, en banca ética 157

C.16.2. Pagar por electricidad renovable 157

C.16.3. Instalar placas solares ahorra dinero y contaminación 157

C.16.4. Cuidar lo que tú comes: Aquí resaltamos 3 puntos: 158

C.16.5. Seguir y difundir la CADENA VERDE 158

C.17. RAZONES PARA SER VEGETARIANOS, VEGANOS O FLEXITARIANOS 159

C.17.1. Por SALUD 160

C.17.2. Producir carne CONTAMINA en exceso 160

C.17.3. La carne es un lujo, en un mundo HAMBRIENTO 161

C.17.4. El consumo abusivo de carne conlleva MALTRATAR a los animales. 162

C.18. ¿POR QUÉ LOS ESPAÑOLES PAGAN TANTO POR UNA GESTIÓN ELÉCTRICA DESASTROSA? 163

C.18.1. ¿Por qué pagamos tanto en España? 164

C.18.2. ¿Por qué contaminamos tanto en un país con tanto potencial renovable? 165

C.18.3. ¿Cómo podemos ahorrar? 166

C.18.4. ¿Qué debemos exigir a nuestros políticos? 167

C.19. ¿QUÉ ES SER ECOLOGISTA? ¿SOMOS TODOS ECOLOGISTAS? 167

Referencias 170

Prefacio

Un título culinario para este libro podría ser "Ensalada de problemas del mundo, aderezados con propuestas y soluciones agridulces".

Gran parte de la población mundial estamos convencidos de que el rumbo del desarrollo actual no es adecuado. No es sostenible, es decir, tiende al colapso, a la autodestrucción. Científicos y políticos de todo el mundo lo corroboran, y estos problemas salen recurrentemente en casi todas las cumbres mundiales, directa o indirectamente. Se ven pocos avances si los comparamos con los retrocesos, y también ahí hay consenso.

Este libro tiene dos objetivos principales. Por una parte, se trata de invitar al lector a una **reflexión** profunda sobre el rumbo del planeta, de la humanidad y de su propia vida. Por otra, invitar a la **acción** directa y decidida.

Es cierto que los problemas a los que nos enfrentamos son grandes, pero también es cierto que tenemos mecanismos para actuar. Las consecuencias de no actuar ahora las sufrirán los que menos culpa tienen, los que aún no han nacido o los que menos recursos tengan. Ese es, tal vez, el mayor problema, porque nos permite jugar con la probabilidad de que aún actuando mal, no nos pase nada "a nosotros".

Por supuesto, se puede (y se debe) estar en desacuerdo con algunas partes de esta obra. Todo puede matizarse o verse desde distintos puntos de vista, pero hay que juzgar los hechos, las realidades por encima de matices que no resuelven los problemas. Por ejemplo, hay partidarios de la energía nuclear, pero no pueden negar que es una energía "no renovable", no se pueden negar sus múltiples problemas no resueltos y, no puede negarse que nadie quiere ni una central, ni un cementerio nuclear junto a su casa ni que pasen residuos radiactivos por su puerta, aunque hay menos quejas si es junto a la casa de otro, y menos problemas si ese otro no puede hablar, como es el caso de animales y plantas.

Otro caso: Uno puede no ver como algo urgente el tratamiento de las basuras y su reciclaje, pero no se puede negar que no reciclar provocará el agotamiento en un número finito de años (podemos discutir cuántos, pero no que los materiales se agotan si los enterramos en vertederos). Tampoco es discutible que hay tantas basuras que no sabemos dónde meterlas, que se encuentran basuras hasta en los lugares más profundos del océano, o que la contaminación de mares y ríos es superior que hace 500 años o que hay pocos grandes ríos europeos donde uno pueda bañarse con tranquilidad.

En este ensayo se incluyen multitud de datos, algunos no muy actuales y otros dejarán de ser actuales con el tiempo, pero lo importante, por encima de los datos exactos son, las cantidades difusas, las ideas que hay debajo de las cifras. ¿Qué importa cuántas mujeres son maltratadas al año en el mundo, si sabemos que son muchas, demasiadas? Por supuesto, los datos exactos reducen los fallos o evitan caer en subjetividades, pero tampoco son infalibles.

También se incluyen multitud de citas y opiniones de científicos de todo el mundo, para demostrar y sustentar los problemas expuestos, pero también para invitar al lector a leer sus obras (véase el apartado Referencias).

Este libro es el resultado de varios años de estudio, es el resultado de aglutinar en una única obra los principales problemas y soluciones a los que nos enfrentamos los humanos del siglo XXI. Esperemos que, en sucesivas ediciones podamos ir reduciendo el tamaño de este libro porque haya menos problemas que tratar.

Invitamos al lector a repasar regularmente los problemas y soluciones propuestos, por ejemplo, releyendo el índice o los apéndices. El último apéndice ha crecido bastante en esta segunda edición.

Finalmente, quiero pedir disculpas por los posibles errores o imprecisiones en datos, o por posibles conclusiones desafortunadas. A pesar de esa posibilidad, me mueve a publicar esta obra el deseo de incitar la **reflexión** y la **acción**.

EL AUTOR

Acerca del autor

El Dr. José Galindo (Granada, 1970) es actualmente profesor Titular de Universidad en la Universidad de Málaga (España). Desde 1999 es doctor en informática por la Universidad de su ciudad natal, Granada (España), y ha impartido cursos de doctorado en diversas universidades. Su principal área de trabajo es la computación, y es ahí donde tiene algunas publicaciones científicas de carácter internacional.

Los problemas sociales y ambientales globales le han interesado desde su juventud. Con sus primeros salarios se asoció a diversas ONGs, con el doble objetivo de ayudar y conocer puntos de vista que no suelen aparecer en las noticias. Actualmente es socio de unas diez organizaciones (Ayuda en Acción, Greenpeace, Ecologistas en Acción, Amnistía Internacional…), voluntario en algunas de ellas, y mantiene dos blogs, uno de temática ambiental (**blogsostenible.wordpress.com**) y otro de relatos de temática diversa (**historiasincontables.wordpress.com**).

Parte de su tiempo lo dedica a leer, a plantar y trasplantar árboles, a organizar reforestaciones, a escribir a los políticos de todos los niveles, o a disfrutar de su familia. El lector puede pensar que tras escribir esta obra nos encontramos ante un "ecologista radical" de máxima perfección, pero él mismo reconoce sus múltiples errores, sus contradicciones, y dice ser consciente de lo mucho que todos tenemos que mejorar (incluyéndose a sí mismo).

1. Introducción

En 1793 William Godwin (1756-1836) publicó su "Investigación sobre la Justicia Política" en la que sentaba las bases de un comunismo anarquista y propugnaba que no hay límites para el incremento de la población en una sociedad en que se haya impuesto la igualdad, se sacrifiquen los intereses individuales por el bien común, reine la propiedad colectiva y se suprima el estado como institución, pues, según él, todo estado es malo porque todos se apoyan en la violencia.

Como reacción a esto, en 1798 el economista y pastor anglicano Thomas Robert Malthus (1766-1834) publicó anónimamente la primera edición de "Ensayo sobre el Principio de la Población" ("Essay on the Principle of Population"), una obra que escandalizó tanto, que el autor matizó sus aseveraciones en la segunda edición publicada con su propio nombre pero con el título de "Resúmenes sobre los Efectos Pasados y Presentes Relativos a la Felicidad de la Humanidad" (1803). En esas publicaciones nace el llamado "malthusianismo", una corriente ideológica que propone la restricción voluntaria de la procreación para remediar la desproporción prevista en el futuro entre la población y los alimentos.

Según Malthus, mientras la población aumenta en progresión geométrica, la producción de alimentos se efectúa solo en progresión aritmética y aunque Malthus confiaba en que la mejora de las técnicas agrícolas permitirían aumentar la producción, afirmaba que esto no sería suficiente, a pesar de que previsibles desastres (guerras, plagas, enfermedades...) redujeran el ritmo del crecimiento demográfico. Así, Malthus define dos métodos para evitar la explosión demográfica, los métodos positivos, que aumentan la tasa de mortalidad, y los preventivos, que disminuyen la natalidad. En estos últimos los neomalthusianistas incluyeron los métodos anticonceptivos. El neomalthusianismo surge en Francia con el escritor y filósofo E.P. Sénancour (1770-1846), en Gran Bretaña con el político F. Place (1771-1854), R. Carlisle y el filósofo y economista S. Mill (1806-1873), y en los países escandinavos. En Estados Unidos, pensadores como Vogt, Pierson, Hamer y Cook llamaron la atención sobre el problema del envejecimiento de la población, al cual volveremos posteriormente.

Se puede ver el malthusianismo como una aplicación de una de las relaciones económicas más famosas, conocida como la ley de los rendimientos decrecientes. Esta ley relaciona un factor de producción (como el trabajo) y el bien que se pretende producir (como el trigo), concluyendo que el incremento en la obtención de dicho bien será sucesivamente menor conforme aumentemos cantidades iguales del factor de producción, siempre que se mantengan constantes otros factores (como la tierra). Así, Malthus consideraba que como la tierra es constante, conforme la población fuera duplicándose sería como si el mundo fuera dividiéndose y, debido a esa ley de los rendimientos decrecientes, la producción de alimentos no sigue el ritmo de crecimiento de la población. De hecho, el malthusianismo y los problemas poblacionales se estudian en casi todos los libros de economía, entre los que destaca el libro de Paul A. Samuelson (Nobel de Economía en 1970) y William D. Nordhaus, a pesar de las merecidas críticas que a esos modelos económicos teóricos les hacen otros científicos como Deirdre N. McCloskey o Amartya K. Sen (cfr. referencia de I. Ayestarán).

El fallo de Malthus (según Samuelson y Nordhaus, por ejemplo) fue que no previno los espectaculares avances tecnológicos de la Revolución Industrial. A esto se une que en el siglo siguiente el progreso técnico desplazó hacia fuera de las fronteras las posibilidades de producción, lo que permitió que la producción creciera mucho más deprisa que la población. Tampoco previó Malthus que, a partir de 1870, en la mayoría de las naciones occidentales comenzaría a descender el crecimiento de la población conforme crecieron los salarios y la calidad de vida. No obstante, el problema planteado por Malthus existe, aunque errara en algunos de sus planteamientos y, de hecho, sus doctrinas son importantes para comprender la conducta demográfica de la India, Etiopía, China y otras partes del mundo, donde el equilibrio entre el número de habitantes y la oferta de alimentos es una consideración vital. En todo caso, es indiscutible la influencia de Malthus en muchas cuestiones políticas, algunas de ellas tan curiosas como la justificación de que los sindicatos no podrían mejorar el bienestar de los trabajadores, ya que supuestamente cualquier aumento de sus salarios solo haría que se reprodujeran hasta que, de nuevo, apenas pudieran alcanzar todos el nivel de subsistencia.

También es importante destacar un grupo de intelectuales conocido como Club de Roma que llamaron la atención sobre este problema, especialmente por el libro de Jay Forrester titulado "World Dynamics" ("Dinámicas del Mundo", 1971) y por el de Dennis Meadows y otros autores titulado "The Limits to Growth" ("Los Límites del Crecimiento", 1972). Ahí se construyó un modelo informatizado de la economía mundial con el que intentaban demostrar la necesidad de frenar el crecimiento demográfico, reducir la producción y concentrarse en los alimentos, servicios y en el reciclaje de los recursos. Tras estos estudios, muchos economistas se mostraron escépticos y peyorativamente llamaban a estos modelos PIPO (*Pessimism In, Pessimism Out*: Entra Pesimismo, Sale Pesimismo) queriendo indicar que las conclusiones catastrofistas o pesimistas, provienen de que se parte de supuestos pesimistas.

Y es muy fácil caer en esa denominación PIPO, sobre todo tras haber pasado ya unas cuantas décadas y ver que la economía de los países industrializados no solo se mantiene, sino que crece a la vez que crece el nivel y la calidad de vida. Pero es que todos esos estudios hay que verlos siempre en un sentido global, entendiendo esa globalidad en su original sentido, en todo y para todo nuestro globo terráqueo. Porque es precisamente en las regiones pobres, esas donde viven pocos economistas, donde el modelo catastrofista o pesimista se está cumpliendo casi con total exactitud y crudeza.

Ante esto la pregunta que habría que plantearse es si a nivel global el modelo catastrofista se está cumpliendo o no. A ello pretendemos dar respuesta en estas líneas, pero antes de seguir, dediquemos unos momentos a pensar en las grandes civilizaciones de la Historia. De una forma u otra, todas las grandes civilizaciones han contado con el apoyo valioso y necesario de los esclavos, y/o han utilizado la Naturaleza de forma insostenible. ¿Hubiera sido posible el vasto imperio romano sin esclavitud? ¿Qué hubiera sido del Imperio Británico si no hubiera devastado sus bosques, ni esclavizado, colonizado y explotado grandes áreas de todos los continentes? ¿Acaso no hubiera sido inviable para los antiguos egipcios construir esas grandes pirámides sin utilizar para ello el trabajo forzado y sin rechistar de millones de esclavos?. Si a esos esclavos, que dejaron su sangre y su vida construyendo las grandes pirámides, se les hubiera pagado un salario justo, ¿hubiera sido imposible construir esas auténticas maravillas?. En Egipto (y en el museo Británico de Londres) uno tiene que maravillarse ante el esplendor de una cultura que floreció hace más de 4000 años (hacia el 3200 a.C. surge el primer faraón de la primera de las 30 dinastías que administraron Egipto hasta el año 333, fecha de la llegada de Alejandro Magno).

Por poner un ejemplo interesante y más concreto, la pirámide de Keops en Gizeh fue construida hacia el año 2.600 a.C. por Keops, el segundo faraón de la IV dinastía. Medía 146 metros de altura (actualmente solo 138), 227 metros de lado y ocupa unas 4 hectáreas. Cada cara se orienta exactamente a un punto cardinal teniendo la entrada en su cara Norte, como las otras 2 famosas pirámides más pequeñas: La de Kefrén y Mikerinos. Se estima que para construir este monumento funerario hicieron falta unos 110.000 obreros, incluyendo servidores de algunos templos que tuvieron que ser clausurados temporalmente, lo cual, hizo a Keops muy impopular.

Alguien podría argumentar que los antiguos egipcios no necesitaban las grandes pirámides para ser una gran civilización. Naturalmente, los requisitos para ser gran civilización son difusos y, por supuesto que no descansan en la construcción de pirámides, pero sí que esas pirámides son una demostración tangible de una gran civilización. Puede no ser fácil definir con precisión el significado de "gran civilización", pero todos tenemos en mente las ventajas que supone vivir en una civilización de ese tipo.

Por su parte, la civilización Occidental es, sin duda, la que mejor calidad de vida media ha conseguido, y actualmente se construye sin esclavitud, al menos directa. Porque si es cierto que los países industrializados no aceptan la esclavitud de forma legal, sí hay tipos de *esclavitud oculta* que son moneda corriente. Éstos podemos dividirlos en dos tipos, cercana y lejana. Veámoslos:

- **Cercana:** En este tipo nos referimos a esa forma de explotación humana que legal o ilegalmente se produce en todos los países industrializados. En ellos es frecuente que ciertos colectivos tengan salarios inferiores, en puestos de trabajo similares a los de otros colectivos. En estos colectivos podemos incluir a inmigrantes, pero también a la mujer (sea o no inmigrante). En demasiadas ocasiones a los inmigrantes se les paga un salario de subsistencia con el que no tienen ni para pagar una vivienda digna. Y todo para efectuar actividades que ya no quieren efectuar trabajadores locales (como el trabajo en el campo, tareas domésticas...). Tampoco podemos dejar de citar en este apartado la explotación de la mujer que hacen redes dedicadas a la prostitución, que traen a mujeres inmigrantes con falsas promesas y las mantienen con miedo y amenazas a ella y su familia.

- **Lejana:** Esta es otra forma de *esclavitud oculta* y en ella queremos reflejar cómo los países industrializados son una "gran civilización" a costa de comprar y usar bienes que son producidos en países donde la pobreza, el hambre y la muerte son demasiado habituales. Los países ricos importan de los países pobres multitud de materias primas y alimentos: café, cacao, té, cacahuetes, frutas, algodón, caucho, madera, petróleo... Muchas, demasiadas veces, estos productos se obtienen de forma ilegal o con mano de obra esclava o cercana a la esclavitud.

También alguien podría argumentar que no se necesita el cacao para vivir en los países ricos... como tampoco necesitaban los antiguos egipcios las pirámides para ser una "gran civilización"... pero, ciertamente, esas materias primas son las que permiten que en los países industrializados se tenga una calidad de vida media asombrosa. Imagine, por un momento al menos, vivir sin caucho o sin petróleo del que proceda de países en desarrollo. Imagine el precio que alcanzarían los muebles de madera si no se importara madera tropical por parte de aquellos países industrializados donde los pocos árboles que quedan están protegidos por su "rareza". Además, la madera importada es ilegal en muchas ocasiones. Greenpeace y otras organizaciones no dejan de denunciarlo públicamente. ¿Tiene idea de la cantidad de medicamentos cuyo origen está en selvas, plantas o animales tropicales y por las que rara vez (o quizás ninguna) se paguen justos derechos (de autor o patente) a los países poseedores de esa riqueza?

Un ejemplo: El 4 de julio de 2007 los periódicos publicaron que en Brasil más de mil esclavos fueron liberados de una plantación de caña de azúcar, en la que eran forzados a trabajar 14 horas diarias en condiciones lamentables, para producir etanol, un alcohol usado en automóviles como sustituto de la gasolina, los llamados biocombustibles o mejor aún agrocombustibles[1]. Grupos de derechos humanos y organizaciones laborales creen que en Brasil hay entre 25000 y 80000 personas trabajando en condiciones cercanas a la esclavitud, en tareas como la deforestación amazónica para obtener madera y plantaciones de caña de azúcar, de café o algodón. La mayoría de estos productos viaja a los países ricos. Los mismos periódicos publicaron ese mismo día que Brasil, uno de los primeros productores mundiales de biocombustibles y el primer exportador mundial de etanol de caña de azúcar, planea duplicar su producción en los próximos 5 años y más de la mitad se venderá a la "ecológica" Europa. Los biocombustibles pueden ser difícilmente una alternativa interesante al petróleo, especialmente en un mundo hambriento. Pueden ser una fuente de energía renovable bajo ciertas condiciones: usando el abono apropiado, sin transportarse grandes distancias… pero parece claro que el biocombustible brasileño no es una buena opción para Europa, ni ambiental ni éticamente, pues para ello

---

[1] Los biocombustibles son combustibles procedentes de la vida (bio), refiriéndose normalmente a vida reciente. Como el petróleo también procede de la vida de hace miles de años, estrictamente hablando también es un biocombustible. Por esta razón, muchos prefieren llamarlos como agrocombustibles, combustibles procedentes de la agricultura. Para un rápido resumen de los inconvenientes ecológicos de esta fuente de energía véase un informe de.BirdLife International (2005). Bioenergy, fuel for the future?. A BirdLife International position paper on Bioenergy use in the EU. Retrieved from: www.birdlife.org (también disponible en español en www.seo.org).

deberíamos garantizar que no hay condiciones laborales abusivas y que se usa técnicas de agricultura ecológica.

Estas formas de esclavitud o explotación *oculta* hacen que pueda dar la sensación en el mundo Occidental de que todo marcha bien, cuando la semilla de verdad que había en el malthusianismo está germinando tal y como lo hacen tantos árboles, que empiezan creciendo más por la raíz invisible que por el tallo visible.

Pero no caigamos en un modelo PIPO, sino que hay razones suficientes para adoptar un modelo más moderno que ahora podemos llamar el PIOO (*Pessimism In, Optimism Out*), cuyo nombre evoca el canto de un pájaro que bien puede ser el símbolo de la vida, un modelo en el que el pesimismo entrante se convierte en optimismo al descubrir la gran cantidad de soluciones y alternativas que poseemos.

No queremos cerrar esta introducción sin recordar también que antes de Malthus muchos autores, los llamados premalthusianos, llamaron la atención sobre el peligro de un exceso de población, pero ninguno lo hizo de forma sistemática: G. Botero (1589), A. Genovesi (1765), J. Steuart (1770), J. Townsend (1786) y G. Ortes (1790), entre otros. Y mucho más recientemente, los científicos estadounidenses Paul y Anne Ehrlich han publicado diversos estudios sobre el tema concluyendo en su libro "La explosión demográfica: El principal problema ecológico" (1993), resumidamente y con sus propias palabras, que o controlamos el crecimiento demográfico o *"será la naturaleza quien se encargue en nuestro lugar de acabar con la explosión demográfica, por medio de métodos poco agradables, mucho antes de que se alcancen los 10.000 millones de habitantes"*. Incluso, ellos aseguran que los desastres que estamos ya viendo son el cumplimiento de ese vaticinio.

Por tanto, el problema de la superpoblación ha sido estudiado desde hace muchos años. Sin embargo, el planteamiento general ha sido si era posible mantener a la creciente población con los recursos que pudieran generarse. En condiciones ideales la respuesta a esa pregunta es afirmativa. O sea, puede parecer fácil demostrar teóricamente que, incluso el doble de la población actual del planeta podría ser mantenida con solo repartir equitativamente la riqueza, reducir el consumo de carne al mínimo y aplicar las técnicas más modernas en todos los cultivares. En la práctica, hay muchas razones que demuestran que los problemas de superpoblación y de la desigual distribución de la riqueza son muy graves, sin fácil solución y están relacionados. En esta obra pretendemos estudiar el problema y aportar algunas soluciones viables, aunque no sean fáciles de llevar a la práctica. Incluimos algunas citas de personajes estudiosos de los distintos problemas y datos reales contrastados, para dejar claro que el asunto no es una mera cuestión de opiniones personales.

2. Historia de la población: tipos de curvas demográficas

La Historia geológica de la Tierra se estima que comienza hace 4600 millones de años. En la Tabla 1 puede verse un muy breve resumen de la Historia del Universo, donde los datos de las dos primeras filas corresponden a un reciente hallazgo de la NASA (febrero 2003), a partir de los datos recogidos por la sonda WMAP (Wilkinson Microwave Anisotropy Probe) por la que consiguió una fotografía del Universo cuando éste apenas tenía 380.000 años (tras el Big Bang). Podemos destacar que hace 3.500 millones de años aproximadamente surge la vida en el planeta Tierra y hace unos 4 millones de años es cuando aparece el primer miembro de la Familia de los homínidos. El primer miembro de nuestra especie, el *Homo Sapiens*, aparece hace unos 100 mil años.

Pero esas cifras temporales no nos dan idea de la magnitud real de las mismas. Para hacernos una idea real de esa magnitud podemos reducir simbólicamente la Historia geológica de la Tierra (4.600 millones de años) a la escala de un año. Esto supone dividir esos 4.600 millones de años en 365 partes. Cada día representaría unos 12,6 millones de años y cada hora correspondería a unos 500.000 años. Con esta escala, el Big Bang ocurre el 1 de enero y la vida surge a finales de marzo. En la tercera semana de noviembre ocurre la expansión cámbrica. En la segunda semana de diciembre ocurre el dominio de los reptiles, que se mantiene hasta el 26 de diciembre. El último día de nuestro año, el 31 de diciembre, bien pasadas las 15 horas surgen los primeros homínidos. La agricultura surge casi en el último minuto del año y la revolución industrial la podemos situar instantes antes de comenzar el último segundo del año.

O sea, podemos decir que nuestra especie es extremadamente reciente dentro de la historia de nuestro planeta.

Desde la aparición de nuestra especie sobre la Tierra y hasta el año 1500 d.C. el crecimiento en el número de humanos ha sido continuo, pero tan lentamente que algunos científicos lo consideran como "estado estacionario". Es importante destacar que la invención de la agricultura (hace unos 10.000 años) fue un paso importante y en ella (en su expansión y en la mejora de sus técnicas) se basa gran parte de la revolución demográfica posterior al año 1500. Tengamos en cuenta que cuando se inventó la agricultura habría unos 5 millones de habitantes, en el año 1500 la población no llegaba a los 500 millones, en el año 1800 ya se alcanzaron los 1.000 millones y actualmente, ya hemos superado ampliamente los 6.600 millones de habitantes (ver Figura 1). Según las Naciones Unidas, los 7.000, 8.000, 9.000 y 10.000 millones de habitantes se alcanzarán aproximadamente en los años 2011, 2021, 2031 y 2042 respectivamente.

Tabla 1: Brevísimo Resumen de la Historia del Universo (m.a.=millones de años).

Tiempo	Evento
Hace 13.700 m.a.	Big Bang: Gran explosión, expansión y creación del Universo (creación de toda la materia, energía, espacio y tiempo).
Hace 13.500 m.a.	Comienzan a formarse las primeras estrellas.
Hace 12.000 m.a.	Las galaxias empiezan a tomar forma.
Hace 10.000 m.a.	La Vía Láctea, nuestra galaxia, tomó su forma de espiral.
Hace 5.000 m.a.	Nace nuestro Sol y comienza la formación del Sistema Solar.
Hace 4.600 m.a.	Sistema Solar formado (incluyendo el planeta Tierra).
Hace 3.500 m.a.	Surge la vida en el planeta Tierra: Organismos similares a bacterias y las cianobacterias (que realizan la primera fotosíntesis).
Hace 530 m.a.	Expansión cámbrica: Aparecen los representantes de los principales grupos de organismos, como los precursores de los vertebrados.
Hace 300 m.a.	Anfibios, reptiles (antecesores de los dinosaurios) e insectos.
Hace 200 m.a.	Dominio de los reptiles (dinosaurios). Aparecen los primeros mamíferos y aves.
Hace 65 m.a.	Extinción masiva de dinosaurios (al parecer por el impacto de un asteroide sobre la Tierra). Los mamíferos sobreviven y proliferan.
Hace 4,4 m.a.	Aparece el primer miembro de la Familia de los homínidos, que era del Género Australopithecus.
Hace 300.000 años	Siguen surgiendo estrellas, como por ejemplo, algunas en Canis Major.
Hace 10.000 años	Los humanos inventan la agricultura y la civilización.
Dentro de 5.000 m.a.	Muerte del Sol y de la vida en la Tierra tal y como la conocemos.

Por supuesto, la revolución industrial (empezada en 1750 aproximadamente) fue decisiva en el crecimiento demográfico y en el cambio de costumbres, principalmente por la mejora de las condiciones de vida, desaparición del hambre y la expansión de servicios sanitarios, con su clara influencia en la disminución de la tasa de mortalidad y aumento de la edad media de vida.

De los más de 6.600 millones de habitantes actuales, aproximadamente la sexta parte viven en los llamados países ricos, donde el crecimiento empieza a estancarse, mientras que en los pobres la tasa de crecimiento sigue en aumento continuo y vertiginoso, como puede observarse en la Tabla 2. Esto es debido a muchos factores, como veremos más adelante, pero en gran parte es debido a la juventud de la población mundial (ver Figura 2 y Tabla 3), en la que más del 30% tienen menos de 15 años y este porcentaje aumenta mucho en las regiones menos desarrolladas, a la vez que disminuye su edad media.

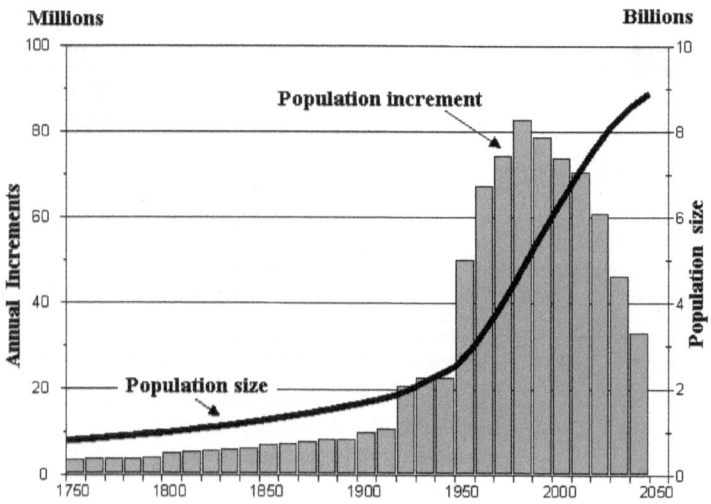

Figura 1: Crecimiento de la Población Mundial en Número de Habitantes y Variación del Incremento Anual (Fuente: Sección de Población de las Naciones Unidas: http://esa.un.org): La línea refleja la población mundial, mientras que las barras reflejan el incremento de la población cada año.

Tabla 2: Crecimiento Demográfico Mundial por Zonas y Continentes (Fuente: División de Población del Departamento de Asuntos Económicos y Sociales de la Secretaría de las Naciones Unidas, 2005. World Population Prospects: The 2004 Revision. Highlights. Nueva York, Naciones Unidas).

Zonas principales	Población (en millones de habitantes)			Población en 2050 (en millones de habitantes)			
	1950	1975	2005	Baja	Media	Alta	Constante
Mundo	2 519	4 074	6 465	7 680	9 076	10 646	11 658
Regiones más desarrolladas	813	1 047	1 211	1 057	1 236	1 440	1 195
Regiones menos desarrolladas	1 707	3 027	5 253	6 622	7 840	9 206	10 463
Países menos adelantados	201	356	759	1 497	1 735	1 994	2 744
Otros países menos adelantados	1 506	2 671	4 494	5 126	6 104	7 213	7 719
África	224	416	906	1 666	1 937	2 228	3 100
Asia	1 396	2 395	3 905	4 388	5 217	6 161	6 487
Europa	547	676	728	557	653	764	606
América Latina y el Caribe	167	322	561	653	783	930	957
América del Norte	172	243	331	375	438	509	454
Oceanía	13	21	33	41	48	55	55

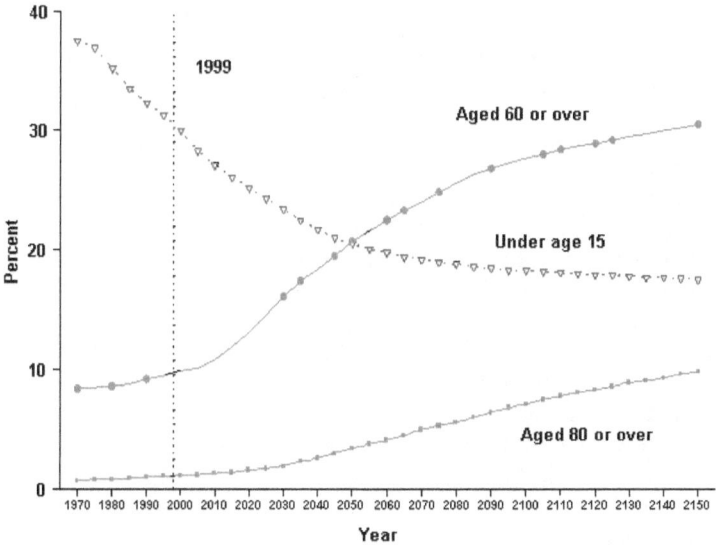

Figura 2: Porcentaje de la Población Mundial según Tres Rangos de Edades (Fuente: Sección de Población de las Naciones Unidas).

Tabla 3: Edad Media y Porcentaje de Personas de 60 o Más Años (Fuente: Sección de Población de las Naciones Unidas).

Zona	Edad Media (años)			% con 60 años o más		
	1950	1999	2050	1950	1999	2050
Total mundial	23,5	26,4	37,8	8,1	9,9	22,1
Regiones más desarrolladas	28,6	37,2	45,6	11,7	19,3	32,5
Regiones menos desarrolladas	21,3	24,2	36,7	6,4	7,6	20,6

China es el país más poblado del mundo con cerca de 1.300 millones de habitantes, de los que el 26% tiene menos de 15 años, por lo que su crecimiento seguirá a pesar de los esfuerzos por controlarlo. Unos 50 millones de chinos abandonan el campo anualmente para trabajar en las industrias de las ciudades. La India también ha superado recientemente los 1.000 millones de habitantes. El crecimiento en calidad de vida de estos dos países se ha señalado como una de las causas más importantes del aumento del precio del petróleo, e incluso de la deforestación de las selvas asiáticas, pues conforme crece la calidad de vida, crece también el consumo de recursos naturales.

Las **curvas demográficas** representan la variación de la población (eje Y) respecto del tiempo (eje X), como la de la Figura 1. Los estudiosos de la demografía clasifican las curvas demográficas básicamente en dos tipos:

- En **J**, de rápido crecimiento y caída brusca.
- En **S**, con forma de S tumbada o sinusoidal, de crecimientos y bajadas suaves.

La curva en **J** ocurre cuando una población se desarrolla tan rápidamente que agota los recursos que necesita sufriendo un descenso brusco en su población (desarrollo insostenible). La curva en **S** es la normal en la naturaleza en la que el hombre apenas haya influido y denota un sistema sostenible. En la curva en **S** los altibajos de una población se alternan con los altibajos de sus vecinos. Por ejemplo, si hay muchos renos, los lobos tendrán mucha comida y la población de lobos se verá beneficiada. Pero este aumento en los lobos hace que la población de renos se reduzca y eso lleva a una reducción en la población de los lobos. Así, los depredadores y sus presas van alternando altibajos, influenciados también, por supuesto, por otras muchas causas (como la climatología).

Un ejemplo bien conocido de alteración artificial de este equilibrio, lo tenemos en la isla de San Mateo, una isla de 330 Km² en el mar de Bering. En 1944 una manada de 29 renos (5 machos) se introdujeron en la isla, en la que no tenían depredadores. En 1963 se calculó que había unos 6000 renos bastante desnutridos pues habían agotado casi todos sus recursos alimenticios. Esto se conjugó con un invierno riguroso entre 1963 y 1964 provocando la muerte de casi toda la manada. En 1966 había solo 42 supervivientes. La gráfica de esta isla se puede ver en la Figura 3 y es fácil observar que es de tipo **J**. Por desgracia hay muchos más casos como el de esta isla y casi siempre está detrás la mano del hombre. El crecimiento demográfico de los humanos tiene, actualmente una curva en forma de **J** (véase la Figura 1), por lo que muchos científicos han pedido que se apliquen políticas que estabilicen el crecimiento de nuestra población o, nos pasará como a los renos de San Mateo.

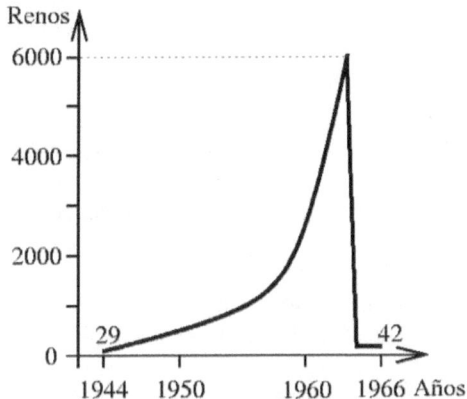

**Figura 3: Crecimiento Demográfico de unos Renos
Abandonados en la Isla de S. Mateo.
Su crecimiento insostenible provocó un desastroso descenso
brusco en su población.**

3. El problema o... mejor dicho, los PROBLEMAS

El 45% de la población mundial vive en áreas urbanas. Pero, las materias primas alimenticias se generan, en su inmensa mayoría, fuera de las ciudades. En todas las ciudades de países ricos y pobres (especialmente en las grandes) conviven áreas de pobreza al límite de la supervivencia. No obstante, la migración a las ciudades se produce y se seguirá produciendo debido a que las condiciones de vida en aldeas rurales no suelen ser mucho mejores que en esas bolsas de pobreza y, además, las posibilidades de mejorar son escasas, mientras que en las ciudades esas posibilidades aparentan ser mayores.

La población de África se incrementa en 1 millón de personas cada 3 semanas. Se espera que se doble su población en el 2025. Este crecimiento causa graves problemas que se juntan a los ocasionados por el alto número de refugiados (Congo, Ruanda, Sáhara Occidental...) que suelen vivir en zonas con escasos servicios, pero provocando graves daños al entorno. Los problemas derivados de esto son abuso de la riqueza natural, causando deforestación (en África se planta un árbol por cada 29 que se cortan), desertización, contaminación de aguas que no se depuran, escasez de agua, expansión de enfermedades, destrucción de la vida salvaje...

La población mundial tiene una esperanza de vida media de unos 65,4 años, pero está desigualmente repartida por países y por sexos (67,6 para las mujeres y 63,2 para los hombres). Mientras que en los países ricos las mujeres tienen una esperanza de vida de unos 5 años más que el hombre, en los países pobres esa ventaja de las mujeres se reduce a unos 2 años. Por países, los de mayor esperanza de vida media son: Japón (80,0), Islandia (79,0), Canadá (79,0), Martinica (78,8), Suiza (78,6), Suecia (78,5), China con Hong Kong (78,5), Australia (78,2), Italia (78,2) y Noruega (78,1). Los países con menor esperanza de vida son: Sierra Leona (37,2), Malawi (39,3), Uganda (39,6), Zambia (40,1), Ruanda (40,5), Burundi (42,4), Etiopía (43,3), Zimbabwe (44,1), Burkina Faso (44,4) y la República Centroafricana (44,9). Entre Japón y Sierra Leona hay una diferencia en la esperanza de vida de más de 42 años. En el África meridional, la región con mayor prevalencia del VIH/SIDA, la esperanza de vida ha caído de 62 años en el período 1990-1995 a 48 años en el período 2000-2005 y, según las previsiones, seguirá descendiendo.

Carl Sagan (1934-1996), doctor estadounidense en astronomía y astrofísica muy laureado por su trayectoria como científico y escritor y al que se le ha dedicado un cráter de 95 km. de diámetro cerca del ecuador de Marte, en su obra póstuma "Miles de Millones" ("*Billions and billions*"[2], 1997) asevera que "*nos hallamos claramente en una fase de abrupto crecimiento exponencial*" y que "*si el periodo de duplicación se mantiene constante, dentro de 40 años habrá 12.000 millones; dentro de 80, 24.000*

---

[2] Puede verse un resumen de este y otros libros relacionados en: blogsostenible.wordpress.com

millones; al cabo de 120 años, 48.000 millones... Sin embargo, pocos creen que la Tierra pueda dar cabida a tanta gente".

Pero no hay que irse al año 2120 para ver los problemas, pues los problemas los tenemos ya aquí, adoptando muchas formas, pero con las mismas raíces basadas en el abuso y la riqueza de unos pocos, apoyada en la pobreza de muchos y en graves daños medioambientales que nos afectan a todos. Un problema es que esa "riqueza de unos pocos" se refiere a unos "pocos" en comparación con la población mundial, pero son "muchos" si lo que miramos es el daño que hacen con ese uso abusivo de esa "riqueza".

Todos los indicios incitan a pensar que el abrupto crecimiento demográfico actual será, en un futuro, mucho más problemático que el ya pasado, pues estamos hablando de una población mucho mayor en un mundo mucho más gastado (escasez de materias primas, fósforo, petróleo...) y más deteriorado (contaminación de mares, ríos, aire...), que pueden hacer estallar problemas de muy diversa índole (sociales, políticos, alimentación, energía...). Por ejemplo, aplicar técnicas de agricultura moderna en todos los terrenos de cultivo mundiales supone un gasto en petróleo, fósforo (para abonos) y otras materias primas que hace que no sea viable, por la escasez de algunas de estas materias y por las consecuencias de su uso abusivo. Es muy posible incluso, que muchos de los problemas que surjan en el futuro por estas causas, sean imposibles de imaginar hoy.

La capacidad del mundo es muy discutida. Mientras algunos ponen el tope en 8 billones, otros hablan de 50 billones, pero, eso sí, alimentados a base de pan y agua. El físico italiano Cesare Marchetti habla de un billón de personas alimentadas exclusivamente con comida sintética y usando principalmente energía nuclear. Los más realistas no se plantean ese problema, sino que se cuestionan de qué sirve que la población actual pueda ser teóricamente alimentada si, en la práctica, todos los días mueren miles de personas por el hambre, una persona cada 3,6 segundos y el 75% son niños, según el programa de las Naciones Unidas para la alimentación mundial (http://www.wfp.org).

Las causas de esta tragedia no son la falta de alimentos en sí misma sino que suelen ser problemas económicos, políticos y bélicos. Podría, como decíamos, aumentarse la producción de alimentos en esas zonas, aplicando técnicas modernas pero esto requiere el consumo de unas materias primas (energía, fertilizantes, insecticidas...) con la contaminación que ello acarrea y la subida de precios que sufrirían (a nivel mundial) al haber mayor demanda. Probablemente, si se resolviera ese problema la población de los países pobres podría producir suficiente comida, pero su situación podría agravarse pues su crecimiento exponencial traería, casi sin duda, luchas por las tierras, por la vivienda e incluso su crecimiento económico podría llevar a que muchos terrenos de cultivo se perdieran para dedicarse a la industria (algo muy frecuente en países desarrollados). También hay que tener en cuenta las desventajas de extender la agricultura intensiva y los grandes monocultivos que tienden a disminuir la biodiversidad y a que las consecuencias de las plagas sean peores, lo cual se pretende resolver utilizando más insecticidas. No hacen falta grandes demostraciones para ver claro que el abuso de los insecticidas es perjudicial para la salud humana, para los ecosistemas, para la calidad del agua y para muchos más factores, pero una agricultura ecológica es, en principio, menos productiva y más laboriosa que la agricultura intensiva moderna. La disyuntiva está entre producir mucho alimento y producirlo de buena calidad, y ahora mismo la elección no puede ser radical.

Encima, en el sistema actual, para producir (lo que sea) se requiere energía. El control de la energía ha sido el que ha permitido el desarrollo tecnológico e industrial del hombre y ha hecho disponer hoy día, en algunos países, de situaciones de bienestar inimaginables hace apenas unos años. Si se dispusiera de toda la energía que se quisiera el problema sería menor y muy diferente, pero todo lo dicho se debe, principalmente, al uso de energías fósiles (carbón, petróleo, gas...) que son finitas y contaminan muchísimo. La energía eléctrica suele producirse en centrales térmicas, quemando carbón o petróleo, o en centrales nucleares, con sus riesgos y la generación de residuos radiactivos. Más adelante, volveremos a hablar sobre la energía, pero recordemos que si hace pocos años aún había gente que dudaba del **cambio climático**[3], ya hoy nadie lo duda. El cambio climático es una realidad y la causa es principalmente por culpa del hombre, es lo que ha dicho el IPCC (Panel Intergubernamental del Cambio Climático), un grupo de unos 2500 científicos de las Naciones Unidas que presentaron en 2007 su IV informe al respecto, lo cual les valió para conseguir el Premio Nobel de la Paz, junto con el exvicepresidente de Estados Unidos, Al Gore, por su película documental "Una Verdad Incómoda" (2006) en la que muestra la amenaza del cambio climático a nivel mundial y por la que consiguió dos Oscar.

Estudios recientes revelan que el uso de agricultura ecológica no es solo una forma de luchar contra la contaminación global, sino que es, además, una forma importante de luchar contra el cambio climático, por sus menores emisiones de CO_2 globalmente evaluadas. Por ejemplo, al no usar abonos ni pesticidas, se ahorra todo el CO_2 de su fabricación, todo el CO_2 de su transporte y todo el CO_2 de su aplicación.

3.1. ¿Crecimiento económico?

El crecimiento económico e industrial de los países pobres está de antemano limitado, pues es evidente, y en eso están de acuerdo todos (o casi todos) los científicos y muchas ONG (Organizaciones No Gubernamentales) de ayuda al desarrollo, que el sistema de vida de EE.UU., por ejemplo, no puede implantarse en todo el mundo. Si al ritmo frenético de consumo y contaminación de ese país, le sumamos el del resto de países ricos (Europa, Japón, Canadá...) las consecuencias medioambientales son ya desastrosas, como vemos en cada periódico o telediario. Por eso, es una badomía pretender que los habitantes de países pobres alcancen un nivel de vida similar al de los estadounidenses, y en ese camino podemos encontrar el fin de la Humanidad, o, al menos, de gran parte de la misma. El fin de la vida en la Tierra es más complicado

---

[3] El Cambio Climático es, para muchos, el mayor problema de la humanidad, mientras para otros es un ciclo normal sin grandes problemas. En el Apéndice C examinamos brevemente este controvertido asunto, desde un prisma crítico.

pero sí que estamos consiguiendo el fin de muchas formas de vida que estaban en el planeta antes incluso que nuestra especie.

La pregunta que se hace en muchos foros sobre ecología, cambio climático, economía y otros temas es: ¿Quién tiene derecho a contaminar más y por qué?. La respuesta es obvia y por eso se intenta poner una cuota en la contaminación máxima de cada país (pero... ¿se piensa en el derecho a contaminar de las generaciones futuras?). También se pretende regular la venta de esa cuota de unos países a otros. La iniciativa es buena, aunque algunos acuerdos adoptados (como los de la conferencia de Kyoto de 1997) no están siendo cumplidos, por lo que solo se quedan en una declaración de intenciones que, aunque no es poco, no es suficiente. Decimos que "no es poco", porque se ha reconocido clara y públicamente la responsabilidad de los países ricos en la contaminación mundial y su obligación de reducir esa contaminación. Ese es el primer paso. Esperemos que el siguiente paso no sea demasiado tarde, aunque quizás ya lo sea, pues los cambios sobre el clima y la naturaleza no afectan rápidamente, sino que sus efectos globales pueden tardar en notarse decenas de años. Y se está haciendo más tarde, si tenemos en cuenta el rotundo fracaso de la Cumbre del Clima, celebrada en La Haya (Holanda) en noviembre de 2000, en la que un grupo de países (Japón, Canadá...), liderado por Estados Unidos se negaron a firmar un acuerdo para la reducción de las emisiones de dióxido de carbono (CO_2). El presidente de la reunión, el ministro holandés de Medio Ambiente, Jan Pronk, resumía diciendo que "hay que admitir que no hemos estado a la altura de lo que el mundo esperaba de nosotros". El presidente de EE.UU. también ha dejado muy claro que no piensa seguir las directrices de Kyoto. Otros países, no lo dicen tan claro, pero tampoco cumplen lo que firman... ¿se les puede exigir seriedad a ese tipo de políticos?

Más recientemente, la conferencia de la ONU para el Cambio climático, reunida en Bali en diciembre 2007 no sirvió más que para dejar clara la urgencia de llegar a acuerdos en los siguientes 2 años. Se espera que en 2009 un nuevo acuerdo sustituya el actual protocolo de Kyoto, que posiblemente se llame protocolo de Copenhague.

Los Estados Unidos forman el país con mayor nivel de consumo del mundo. Estados Unidos tiene el 5% de la población mundial, produce el 21% de los bienes y servicios, consume el 25% de la energía no renovable del mundo, gasta el 33% del papel mundial y genera el 25% de la basura mundial (cualquier restaurante típico estadounidense de hamburguesas y comida rápida es una buena prueba de ello). Cada habitante de China, por ejemplo, consume algo más de la mitad de la energía media consumida por cada habitante del mundo, mientras que cada estadounidense consume más de 8 veces esa energía media. La importación de alimentos ocurre en todos los países ricos y, todos ellos, los importan de países más pobres que posiblemente necesitan esos alimentos más que ellos. Esto sugiere un despilfarro o una sobrealimentación de los ciudadanos de los países ricos, de la que hablaremos más adelante.

El 20% de la población reside en los países ricos del Norte y gasta el 80% de todos los recursos del planeta. Además, la inmensa mayoría de esos recursos o no son renovables o no se renuevan, vertiéndose en forma de contaminación a ríos, mares, lagos, aire o, en el mejor caso, almacenándose en basureros muchos de ellos sin control (contaminando aguas subterráneas...). Como dicen los científicos Paul y Anne Ehrlich, *"gran parte de lo que hoy se considera «producción» ocasiona graves daños ecológicos, aunque esto no aparezca nunca en las hojas de balance. El resultado es una falsa impresión de riqueza"*.

El problema radica en que muchas empresas y gobiernos buscan beneficios rápidos, sin pensar en si su actividad es sostenible a largo plazo y nadie piensa en poner un límite, y menos aún una tasa, a la contaminación. La industria ballenera, por ejemplo, se niega a cazar por debajo del límite que le permitiría subsistir a largo plazo y prefiere cazar el máximo de ballenas, aunque esto acabe con su actividad. Por desgracia, este no es un ejemplo aislado, pero además, piénsese que muchas veces el enlace entre la empresa y la sostenibilidad no es tan obvio como en el caso de los balleneros. Muchos afirman que ese estilo empresarial es la raíz de lo que se conoce como "capitalismo" o "economía de mercado", pero esa es una visión simplista, porque la versión política contraria también ha demostrado su ineficacia absoluta. Hay un sentimiento generalizado de que en este mar del capitalismo, el crecimiento económico es el único salvavidas, y todo lo que no lleve a ese crecimiento, lleva a la ruina, al ahogo, a la extinción, a la muerte. Así, las empresas (peor cuanto más grandes) no tienen escrúpulos en efectuar cualquier tipo de "negocio" si ello les supone subir algún punto en ese "crecimiento económico" y hasta lo justifican, porque en este mar el lema es "crecer o morir". Pues sepan esos "economistas" que es falso y, además, perverso, como demostraremos a continuación. Ya hay científicos que están pidiendo un "retroceso tecnológico y económico", para poder llegar a la sostenibilidad. No existen pruebas de que ese "retroceso" sea necesario. De lo que no hay duda es que con el actual "desarrollo tecnológico y económico" no es sostenible.

En una de las predicciones que el periodista y escritor Eduardo Galeano deseaba hacer para un futuro mejor decía que "los economistas no llamarán *nivel de vida* al nivel de consumo, ni llamarán *calidad de vida* a la cantidad de cosas" ("Patas Arriba"[4], 1998).

El capitalismo ya ha demostrado su depredación de la biosfera, como lo llamaba Sagan, pero si nos vamos al modelo opuesto, el comunismo, el socialismo marxista, maoísta o cualquiera de sus sabores, también han demostrado, con creces, que a esa depredación de la naturaleza hay que sumar la depredación humana haciendo más verdad que nunca la cita más célebre que el filósofo británico Thomas Hobbes (1588-1679) nos legó: "El hombre es un lobo para el hombre" (*"Homo homini lupus"*).

Baste el ejemplo de la antigua URSS para dejar claro que aparte de los crímenes contra la humanidad y de las violaciones reiteradas de los Derechos Humanos cometidos por sus dirigentes, las cuales forman ya parte del saber popular y que, por supuesto, pueden encontrarse en cualquier libro de Historia, también resulta fácil constatar el primer tipo de depredación, pues los bosques rusos mermaron

---

[4] Puede verse un resumen en: blogsostenible.wordpress.com

considerablemente, y aún hoy día el tigre siberiano está amenazado por nombrar algo al azar. Y si las fábricas de armas estadounidenses han reconocido contaminación nuclear en más de 20 sitios de Estados Unidos, las soviéticas fueron aún más irresponsables, arrojando desechos nucleares al río Techa y al lago Karachay, produciendo más de 1.000 casos de leucemia. Actualmente, quien se quede una hora a la orilla del Karachay morirá de envenenamiento radiactivo en una semana. Un verano, el lago se secó y el viento sopló polvo radiactivo por la comarca y contaminó a 41.000 personas. Se asegura que es el lago más contaminado del planeta, una herencia de la guerra fría y una fuente enorme de contaminación radiactiva constante. Pero si alguien piensa que eso es cosa de la antigua Rusia que le pregunte al activista ecologista Kosko lo que le pasó recientemente por denunciar que Rusia vierte desechos radiactivos al mar del Japón. Gracias a la acción de Amnistía Internacional, Kosko fue liberado a principios de 2003, pero poco se sabe de los desechos radiactivos rusos.

Ante este fracaso del capitalismo y del socialismo, surge una tercera vía, una llama de esperanza, un destello de humanidad, un intento de domesticar lo salvaje que, en palabras técnicas, se está llamando "Economía de Comunión". Para los escépticos comentaremos que esta tercera vía ya es un hecho y no un proyecto, que lleva funcionando más de una década con un éxito real y tangible. Y aunque está en fase creciente, que el optimismo no nos invada demasiado.

Esta nueva forma de entender la economía es atribuida a Chiara Lubich y pretende dar la vuelta al calcetín de los objetivos empresariales: El objetivo de una empresa ya no será el "crecimiento económico" sino el *servir a la sociedad*. Esta mujer, que dice no ser economista, ha recibido varios doctorados *honoris causa* por su propuesta de "Economía de Comunión", la cual ha presentado por muchos lugares (en 1999 presentó su proyecto económico ante el Consejo de Europa de Estrasburgo), y hasta la misma Iglesia Católica ha acogido positivamente su ideología. Aunque su proyecto parte de una base religiosa, desborda humanismo y surgió en 1991 cuando Chiara quedó impresionada al pasear por la ciudad brasileña de Sao Paulo y ver grandes rascacielos, símbolo del poder económico, junto a grandes extensiones de *favelas* (chabolas) en las que malvivían multitud de personas sin tener cubiertas ni las necesidades más básicas.

Diez años después de su fundación, la Economía de Comunión tenía ya cerca de 800 empresas de 30 países, pero... ¿en qué consiste exactamente este tipo de economía? La idea, de hecho, no es crear un nuevo sistema económico alternativo al capitalismo, sino, en palabras del empresario Alberto Ferruci, lo que se pretende es "crear hombres alternativos, que después vivan la economía de mercado humanamente y no aferrados al egoísmo racional", porque "el desafío es vivir dentro del mercado, como los demás y junto a los demás". La idea básica de la Economía de Comunión es convivir con el sistema capitalista actual intentando suavizar sus ansias de "crecimiento económico", para potenciar las ansias de un "crecimiento global". Esta vía se puede resumir en los siguientes puntos:

- Los empresarios involucrarán a los miembros de la empresa en el objetivo de una correcta administración, donde el centro de la empresa es la persona humana y no el capital.

- Por supuesto, la empresa respeta las leyes pero, más allá de éstas, la empresa mantiene un comportamiento ético correcto.

- Hay que transformar la empresa en una verdadera comunidad, por lo que el trabajo es un medio para la estabilidad de todos sus miembros.

- La salud y el bienestar de cada miembro son objeto de atención por parte de la empresa en su conjunto.

- Ambiente de trabajo amigable, donde reina el respeto, y la confianza mutua.

- La empresa es consciente de su impacto ambiental y lo reduce al mínimo, ahorrando energía y recursos siempre que sea posible.

- Se crea un clima de comunión sincera que favorece el cambio o flujo de ideas entre trabajadores y directivos.

- Los beneficios de la empresa se dividen básicamente en tres partes: Ayuda a los pobres, formación de los trabajadores e inversión.

No hay que caer en el error aplicar eso solo a países como Brasil, donde sus *favelas* son desgraciadamente famosas, al igual que los niños de la calle, sus problemas de deforestación o los problemas de los habitantes de esas selvas. Pero es falso. En el mundo industrializado hay también mucha pobreza y marginación, tanta que ya tiene nombre propio, Cuarto Mundo, porque quizás está detrás del Tercero, si no en ingresos sí en las "capacidades", a las que tanta importancia daba el Nobel de Economía de 1998 Amartya Kumar Sen en su obra "Nuevo Examen de la Desigualdad"[5] (1992). Por supuesto esa ayuda a los pobres que se propone es lógico que sea en forma de un proyecto concreto (colegios, hospitales...).

También hay que ser cuidadoso y no ser utópico. Nos referimos a que estas buenas intenciones también pueden pervertirse. Por desgracia, es frecuente que en organizaciones empresariales que, se supone que tienen ciertos principios éticos, no solo no se pague justamente a sus empleados, sino que tampoco esté bien visto afiliarse a algún sindicato ya que se podría interpretar como una señal de que no perteneces a la "amorosa familia" en la que tan generosamente te han dado cabida. O sea, que el ambiente "fraterno" hay que conseguirlo con sueldos justos, equidad, respeto... y no debe suponerse a priori.

La idea básica de la "Economía de Comunión" también se puede sintetizar diciendo que hay que dedicar el esfuerzo a lo importante, más que a lo rentable. Pero esta idea no es solo aplicable a las empresas, sino que individualmente las puede aplicar cualquier trabajador. Más allá incluso, cualquier persona en sus actividades

---

[5] Puede verse un resumen en: blogsostenible.wordpress.com

cotidianas puede replantearse dichas actividades para entrar en la "Economía de Comunión", a costa de salirse, siquiera algo, de la "Economía de Mercado".

Se podrían poner muchos ejemplos de cómo aplicar lo citado anteriormente, pero comentaremos solo uno, más por lo cercano que por lo relevante a nivel global: En las universidades españolas se investiga y eso es bueno. La Ley Orgánica de Universidades, más conocida como LOU, fue aprobada en 2001 bajo la polémica y uno de sus objetivos fue potenciar esa investigación, y eso es bueno. Sin embargo, se llega, se ha llegado, a un extremo en el que la calidad del profesorado es evaluado casi con absoluta exclusividad por su producción científica, a base de contabilizar los artículos publicados en revistas y congresos. Así, nos encontramos con que gran parte del profesorado está "obsesionado" por sus trabajos científicos, remunerados con lo que llaman "sexenios", descuidando inevitablemente su trabajo como docente. El profesorado (no todo, por supuesto) valora más importante el publicar que el aprender, y más que el enseñar. Las consecuencias son obvias, pero es que además incluso podemos afirmar que la investigación en España dista mucho de tener la calidad que debiera esperarse. Según algunos informes recientes, España no está a la cabeza de los países con mayor número de publicaciones, aunque ocupa un buen puesto. Pero lo más notable es que los trabajos publicados por españoles son apenas usados, referenciados o citados por otros científicos, lo que da una idea de la relevancia de tales investigaciones. Por supuesto, ésa es solo una medición que puede no ser totalmente justa, pero medir la calidad de un artículo científico no es tan fácil como nos gustaría. En todo caso, y esto es lo más importante, no se presta oficialmente ninguna atención (o al menos ésta es escasa) a la calidad del profesorado como docente, a pesar de que la influencia de un buen profesor en el alumnado puede tener mucha más relevancia o impacto social que sus trabajos científicos publicados en revistas donde realmente no todo lo publicado es valioso para la ciencia, o en congresos donde se busca más la autofinanciación que la calidad científica de los trabajos aceptados.

No podemos evitar decir que gran parte del presupuesto de investigación que gasta España, se va a una llamada "investigación militar" que, por sus características propias no se sabe ni puede saberse nada acerca de su supuesta rentabilidad, aunque podemos imaginarlo. Un ejemplo a seguir es Mauricio, un pequeño país africano del océano Índico, de algo más de un millón de habitantes, que redujo sensiblemente su presupuesto militar e hizo inversiones en salud y educación. Hoy, todos sus habitantes tienen acceso a saneamiento y el 98% a agua potable, mientras a nivel mundial casi la mitad de la población no tiene acceso a una de esas dos cosas, o a ambas. España, siguiendo el ejemplo de Mauricio, podría dedicar menos euros a investigación militar, y dedicar ese presupuesto al resto de investigación pues, por otra parte, estamos a la cola de Europa en ese tipo de inversiones.

Volviendo al tema central que discutíamos, es necesario destacar la importancia del trabajo efectuado bien y honradamente. A eso también era a lo que se refería Joaquín Araújo (periodista y escritor naturalista español) cuando decía en su libro "Ecos... lógicos, para entender la Ecología"[6] (2000) que "la primera cualidad de la

---

[6] Puede verse un resumen en: blogsostenible.wordpress.com

ecologización de la economía es recuperar el placer por la obra bien o muy bien hecha. Lenta, cuidadosa y profesionalmente elaborada con vocación de la máxima durabilidad".

3.2. Desarrollo o retroceso tecnológico: hacia una mejor democracia

Es innegable que ese crecimiento económico, que criticábamos con cierta dureza en el punto anterior, en realidad no es, ni mucho menos, tan malo. Lo que ocurre es que tiene una parte extremadamente negativa (por ejemplo por la tremenda desigualdad en la partición de las ventajas). Pero es evidente que tiene muchos beneficios y también es evidente que podrían ser más y mejores.

Una de las cosas más maravillosas del crecimiento económico es el desarrollo científico y técnico que suele traer de la mano. Que nadie lo dude, pero también hay inconvenientes y hablar de ellos no supone negar las ventajas. Lo cierto es que los avances técnicos, científicos, políticos o sociales se producen con tanta rapidez que a veces resulta imposible asimilarlos al ritmo en el que se producen. Esto, unido a una creciente *globalización*[7], por la que cada vez más estamos en un mundo que parece más pequeño y en el que las grandes distancias ya han desaparecido y las fronteras están, "quizás" demasiado abiertas para el comercio, hace que surjan problemas graves que, además, requieren soluciones globales urgentes nada simples.

Nadie duda ya de que *no* todo avance técnico tiene que ser positivo, aunque algunos se empeñan en ver solo ventajas donde hay más inconvenientes, o bien, dudosas promesas y muchos intereses económicos. No obstante, aunque es cierto que la solución (la que sea) no puede olvidar esos avances, también es cierto que ellos influyen principalmente en el mundo rico, aumentando aún más las diferencias existentes entre ricos y pobres. A veces, incluso estos avances no solo no influyen positivamente en los países más desfavorecidos sino que su influencia es negativa. Ejemplos de esto hay para escribir varios libros y, de hecho, se han escrito bastantes (como el de "Rebelión en la tienda"[8] que comentaremos después, o el ya citado de Eduardo Galeano). Entre estos ejemplos podemos citar las explotaciones petrolíferas en países de Hispanoamérica o África sin control de daños y sin medidas de seguridad tan estrictas como en Europa, o el accidente químico de Bhopal (India) de 1984, los peligros de los alimentos transgénicos, los OMG[9], la explotación infantil de niños

---

[7] Léanse dos interesantes artículos de Arcadi Oliveres y Toni Comín respectivamente sobre la globalización, los cuales están incluidos en el libro "Aldea Global, Justicia Parcial" (2003). Puede verse un resumen de estos artículos en Internet: blogsostenible.wordpress.com

[8] Puede verse un resumen en: blogsostenible.wordpress.com

[9] OMG: Organismos Manipulados Genéticamente, también conocidos como transgénicos. Se basan en tomar genes de una especie y pegarlos en los genes de otra especie distinta, haciendo algo que para la naturaleza es imposible. Se crean así nuevos organismos con un comportamiento nuevo, pero... ¿Es seguro que ese comportamiento solo traerá beneficios a los humanos?

asiáticos trabajando para empresas multinacionales de artículos deportivos, o la exportación a nivel mundial de la dieta americana a base de hamburguesas ricas en grasas y proteínas animales (además de producir multitud de basuras en envases de "usar y tirar" y ser responsables directos de la deforestación amazónica para crear pastos para vacas)[10].

Ya hay claras evidencias de que el actual desarrollo tecnológico no es sostenible, pero eso no significa que debamos ir hacia atrás o frenar ese desarrollo, aunque tampoco podemos seguir avanzando en esta línea. La solución es avanzar tras un giro brusco, *reconducir* ese desarrollo. Este mundo necesita unos avances tecnológicos a pesar del daño que le han hecho otros.

El filósofo francés Bergson afirmaba, ya en 1932, que "la humanidad gime aplastada bajo el peso de los progresos que ha hecho". Y también es cierto lo que comenta el químico y teólogo español Enrique Miret Magdalena, quien afirma en su libro "¿Qué Nos Falta para Ser Felices?" (2002) que "los obreros viven hoy materialmente mejor, y con más comodidades, que los señores feudales de la Edad Media. Pero, por contraposición, gran parte de la humanidad se muere de hambre". En ese libro, otro de los que nos demuestran que la felicidad depende más de nosotros mismos que de cualesquiera aspectos externos, Miret Magdalena pedía "que los grandes hallazgos e inventos que nos proporciona la ciencia actual sean verdaderamente útiles para vivir y convivir felizmente, sin crear nuevos e insolubles problemas, que nos impidan realizar ese anhelo de felicidad que es el motor de nuestras vidas".

Hoy día no hacen falta ya más estudios para concluir que el actual ritmo de consumo y desarrollo tecnológico no es sostenible. Por citar a uno de los más famosos científicos, el astrónomo estadounidense Carl Sagan decía: "Casi a cada paso, sin embargo, hemos prestado más atención a lo local que a lo global, más a lo inmediato que a las consecuencias a largo plazo. Hemos destruido los bosques, erosionado la superficie del planeta, alterado la composición de la atmósfera, debilitado la capa protectora de ozono, trastornado el clima, emponzoñado el aire y las aguas y conseguido que los más depauperados padecieran más que nadie la degradación ambiental. Nos hemos convertido en predadores de la biosfera, poseídos de arrogancia, siempre dispuestos a conseguir todo sin dar nada a cambio. Ahora mismo somos un peligro para nosotros mismos y para los seres con los que compartimos el planeta". Y concluía que "nuestra tecnología se ha hecho tan potente que estamos convirtiéndonos en un peligro para nosotros mismos".

---

[10] Se ha acusado a los restaurantes de comida rápida y a muchos alimentos envasados de utilizar glutamato monosódico, o de sodio, también conocido con otros nombres como MSG, que fomentan la producción de insulina en el cuerpo y provocan cierta dependencia o avidez en el consumo de esos productos. También se ha documentado la conexión directa de la cadena McDonald's en la deforestación amazónica. Léase un informe de GreenPeace titulado: "Devorando la Amazonia. La responsabilidad de McDonald's en la deforestación amazónica", que puede obtenerse gratuitamente en la web: www.greenpeace.es

Debido a que son los habitantes de los países ricos los que usan y abusan más de los avances tecnológicos, es en esos países donde está la clave para la solución del problema. Como decía Carl Sagan: "Allí donde los seres humanos crean problemas, los mismos seres humanos pueden lograr soluciones". A pesar de que en la actualidad hay mucha gente consciente del problema, no se le da la importancia que merece. Los motivos de esto son diversos. Por una parte, indudablemente, está la falta de formación técnica al respecto, pero también una falta de sensibilidad con respecto al sufrimiento de la naturaleza, de los animales y de nuestros semejantes. Por otra, la población tiene una confianza ciega en sus gobernantes a quienes culpa de la situación, a la vez que les brinda nuevas oportunidades para aportar soluciones. No puede olvidarse, además, que existen grandes intereses económicos que influyen en decisiones políticas, y también "científicas", que afectan al desarrollo de soluciones técnicas viables.

Un ejemplo lo tenemos en que en las grandes cumbres sobre el clima y sobre contaminación ya nadie duda de la imperiosa necesidad de reducir las emisiones de gases de efecto invernadero (el protocolo de Kyoto de 1997, la Cumbre de Marruecos de 2001 o la de Bali de 2007 son buenos ejemplos). Y también hay consenso en que las centrales nucleares no son la solución a nada, sino agregar más problemas al problema. En cambio, el país más contaminante del mundo, Estados Unidos, se niega a reducir sus emisiones contaminantes por miedo a una recesión económica. Los países europeos, con una población en general más culta y sensibilizada, son más comprometidos pero existen muchas dudas sobre si serán capaces de conseguir las metas que se han propuesto. A parte, lógicamente, de que estos acuerdos o se toman entre todos o no tienen mucho sentido porque mientras Europa frena su contaminación esto puede ser visto por Estados Unidos como una buena noticia para aumentar la suya. Además, en la economía globalizada eso sería dar ventaja al aventajado (como indicaban Lang y Sobhani).

Las ventajas de los avances científicos y tecnológicos son, sin duda, innumerables. Sería difícil enumerar tales ventajas sin dejarse ninguna. Por otra parte, esos avances junto con la ambición humana desmedida han creado también multitud de problemas. Pero... ¿cuáles son los problemas más serios directamente provocados o aumentados significativamente por culpa de estos avances?. Podemos clasificarlos en muchas familias de problemas, pero si, en un extraordinario esfuerzo de síntesis, nos tuviéramos que quedar con los cuatro problemas más importantes, creemos que deberían ser los siguientes (no necesariamente en este orden):

1. Crecimiento demográfico con los problemas de la superpoblación, y el consumismo creciente de esa población: Sobre esto ya hemos comentado bastante, pero en lo que queda hay más sorpresas.

2. Cambio Climático, calentamiento global o efecto invernadero (léase Apéndice C). Este problema ya se lo toman muy en serio algunas empresas... compañías aseguradoras que saben que grandes desastres están viniendo y todo indica que no podemos ser optimistas. Los gobiernos se van sumando también a la lucha contra el Cambio Climático, especialmente desde el ya citado Nobel de la Paz del 2007.

3. Degradación de los suelos y pérdida de la biodiversidad: Nadie duda de que necesitamos un planeta lleno de vida y que ésta sea diversa, pero ¿cómo de diversa es necesario que sea?, o más egoístamente, ¿cuánto nos importa esa diversidad?

4. Algunos efectos de la globalización. La palabra globalización se está usando últimamente mucho, pero es un concepto ya bastante antiguo. ¿Acaso la expansión del imperio romano no puede llamarse un intento de globalización? Pero ahora el mundo es, o parece, más pequeño. Como la globalización "romana", la actual también tiene efectos positivos y negativos.

De todos estos puntos, hablaremos intentando un orden quizás imposible, porque todos estos temas están muy conectados, y es difícil hablar de uno sin referirse al otro. Pero antes, busquemos algunas soluciones al problema que generan ciencia y tecnología. Y lo mejor es, posiblemente, buscar al responsable.

Decía Mario Bunge que "la ciencia básica es inocente, la ciencia aplicada y la técnica pueden ser culpables", por lo que pidió que los científicos y los ingenieros asuman su responsabilidad moral y social, aunque los absuelve argumentando que, como es el *uso* del conocimiento lo que hace el mal y ese uso depende de decisiones políticas y empresariales los auténticos culpables son, por tanto, políticos y empresarios.

Sin embargo, M. Pavón le responde argumentando que en la realidad no es tan simple delimitar las responsabilidades ya que "las prácticas, las evaluaciones y las decisiones en ciencia, ingeniería, política y economía forman en nuestro tiempo un entramado continuo y complejo".

Evidentemente, se concluye que no pueden separarse tan fácilmente las responsabilidades éticas pues todo uso de la ciencia y de la técnica se basa en ella para desarrollarse y, así, los científicos no pueden desvincularse de los efectos de sus trabajos vertiendo las culpas a los políticos y a los empresarios que las llevaron a cabo finalmente. Pavón añade que "cuanto más potentes, extensas y diversificadas sean las consecuencias (sociales, culturales, demográficas, económicas, ecológicas) de una tecnología tanto más complejas serán las tareas de evaluación y control". En definitiva, "lo que tenemos con el desarrollo tecnológico es un problema moral en el sentido de un conflicto entre los valores de la sociedad, un conflicto entre los intereses, necesidades y objetivos de la sociedad. Es un conflicto que no se genera en el interior de la tecnología sino en la sociedad".

La posición de la UNESCO se basa en el supuesto de que ni la ciencia ni la tecnología pueden imponer un límite a lo tecnológicamente posible, porque el ámbito de la ciencia y la tecnología no es el ámbito de los valores. La ética puede establecer ese límite, a pesar de lo cual la comunidad científica podrá mantener la libertad de investigación, como afirman Pavón y hasta la actual ley de Universidades en España (la LOU), que proclama la libertad de investigación, dentro de la legalidad vigente.

Esa posición puede interpretarse en el sentido de que libera a los científicos de su responsabilidad ética. No obstante, la realidad es que debe interpretarse en el sentido de que *exige* a los científicos una formación ética que les permita efectuar su labor con calidad.

Como muestra de su importancia encontramos que numerosos colectivos técnicos, científicos y profesionales tienen su código ético. Ejemplo de esto son las dos asociaciones más importantes dentro del ámbito de la informática y de la ingeniería en electricidad y electrónica, ACM e IEEE. Estas asociaciones no solo tienen su propio código ético sino que se unen para elaborar el llamado *Computing Curricula*, una guía de materias para organizar una buena docencia en informática, y que en su más moderna versión (2001) incluyeron un apartado sobre "responsabilidades profesionales y éticas" (SP4).

Resumiendo, el objetivo sería conseguir que toda investigación vaya precedida de un balance ético que la sustente. Como decía el filósofo español Ortega y Gasset (1883-1955), la tecnología no puede ser pensada exclusivamente en términos de efectividad, sino que ha de incluir la ética como uno de sus componentes fundamentales. Aparte, Ortega concluye que las mejoras tecnológicas han traído *bienestar, pero no felicidad*: "el repertorio con que hoy cuenta el hombre para vivir, no solo es incomparablemente superior al que nunca ha gozado, sino que tenemos la clara conciencia de que son superabundantes y, sin embargo, la desazón es enorme, y es que el hombre actual no sabe qué ser, le falta imaginación para inventar el argumento de su propia vida". Y para eso, la filosofía[11] es una herramienta ideal. Podemos con esto afirmar rotundamente que los avances técnicos han sido extendidos con cierta facilidad (al menos entre el mundo industrializado), pero ni los avances filosóficos, ni los fundamentos de la filosofía, han sido extendidos entre la población, la cual no considera, en general, que la filosofía tenga gran importancia. Algo así reclamaba Lou Marinoff en su obra "Más Platón y Menos Prozac" (2000).

El problema de aplicar la ética a la tecnología radica, como dice Pavón, en responder a "¿Qué valores estarían por encima del conocimiento, operando como principios coercitivos de su desarrollo?". A pesar de las múltiples discusiones, no se ha llegado a ningún resultado práctico: "la cultura de la sociedad tecnológica, no ha conseguido elaborar una respuesta" y también "ha perdido la confianza en que el conocimiento científico y tecnológico sea un valor supremo".

Parece claro lo que afirma D. Rosales cuando dice que "la actividad científica y tecnológica no garantiza por sí misma la mejora de la condición humana" y, por tanto esa actividad "debe ser sometida a debate" y vigilada, algo fundamental en una democracia. Este control de la tecnología tiene una doble vertiente: prevención y responsabilidad. Regular eso no es nada simple y podemos afirmar que en este sentido la ética está dando sus primeros pasos, por ejemplo instaurando una ética de mínimos en forma de códigos deontológicos entre diferentes colectivos profesionales como

---

[11] Puede verse un interesante resumen de la "Historia de la Filosofía y de la Ciencia" (2006) de Ludovico Geymonat en: blogsostenible.wordpress.com

comentábamos antes. Pero eso solo ofrece un mínimo control y hacen falta más niveles, para conseguir un control más efectivo. F. Fernández Buey resume en 3 *niveles de control* ineludibles el problema de introducir *ética en la ciencia*:

1. Una práctica responsable por parte de *científicos*: Un control que pase a formar parte de la propia actividad investigadora.

2. Un control *político* y legislativo, práctico y jurídico, que regule y en su caso intervenga en la actividad de los investigadores.

3. Un control *social*, de toda la sociedad, que supervise a los dos primeros.

A propósito del primer punto es necesario destacar la importancia de introducir la ética como una asignatura más en todos los estudios científicos. En particular en los estudios superiores y universitarios. Más aún, más que una asignatura es necesario introducir la ética en todas las asignaturas donde proceda. Al fin y al cabo, como tantas veces se ha dicho, la ética sirve para vivir bien y ser feliz, porque actuar bien nos trae buenas experiencias. El libro de Fernando Savater titulado "Ética para Amador" (1991) lo explica de forma magistral.

El control del segundo punto debe ser necesariamente ágil y rápido, pues en la época actual los avances científicos son, a veces, promovidos por empresas que buscan las ganancias rápidas y, en cambio, las legislaciones suelen elaborarse de forma pausada y con mayor o menor consenso, lo cual hace que se produzca un desfase que puede ser muy negativo. Por otra parte, ante la falta de información suficiente para elaborar cierta legislación muchos han propuesto que se aplique el "principio de precaución", que evite la aplicación de ciertas técnicas o avances científicos hasta que no se tengan claros sus efectos. Esto evitaría consecuencias negativas, pero también podría retrasar la obtención de ventajas. La solución es llegar a un consenso entre ambos extremos.

Como ejemplo de esto, baste citar el debate abierto sobre los alimentos transgénicos, aunque más adelante volveremos a este tema para analizar otras cuestiones: Mientras se discute si son o no aceptables, se van filtrando en los alimentos y en los campos con pocos o nulos controles. A pesar de que existen numerosas evidencias de que producen efectos negativos (alergias, interacciones con la biodiversidad...) también existen indicios de que estas manipulaciones genéticas pueden evitar algunos inconvenientes que los productos naturales tienen para la especie humana. En este caso, la legislación podría cortar el paso de este tipo de alimentos potencialmente peligrosos, o bien, optar por pasar la decisión al pueblo (que es el tercero de los puntos anteriores). Esto último puede conseguirse obligando a etiquetar de forma clara estos productos de forma que sea la sociedad la que decida si desea o no consumirlos. Este ejemplo es uno más que demuestra la lentitud o desidia del control legislativo (aunque actualmente en la Unión Europea es obligatorio etiquetar los OMG o transgénicos, todo indica que no hay controles para garantizarlo y, además, no es obligatorio etiquetar productos animales que hayan consumido OMG, que es la utilidad principal a la que se dedica la mayor parte de cereales transgénicos)[12].

Con respecto al tercer punto de Fernández Buey es importante destacar, además, que se necesita cierta cultura científica de los ciudadanos. También es necesario la existencia de asociaciones civiles y de científicos (los científicos son también parte de la sociedad) y de una educación ética en los estudios a todos los niveles basada en el *"respeto"* (palabra ambigua y muy abusada). Es elemental que aún sin la existencia de esas asociaciones, los ciudadanos pueden siempre ejercer su presión enviando cartas a los políticos expresándoles sus opiniones. Habría que pedir que los políticos sean receptivos.

En demasiadas ocasiones se escucha a gente quejarse de la incapacidad o negligencia de su gobierno, pero sin transmitir esa queja a quien debería escucharla. También muchas veces tenemos la sensación de que los políticos y los gobiernos tratan al pueblo como una masa irresponsable y prefieren efectuar acciones más populares, aunque sean menos efectivas. El objetivo de los políticos parece ser más conseguir mantenerse en el poder que gobernar. Como ejemplo de esto podemos citar la ingente cantidad de fondos que destinan los gobiernos a dar publicidad a aquellas acciones que les benefician electoralmente o, incluso, a mejorar la imagen de aquellas acciones que desean efectuar, por razones que no aclaran del todo. El presidente de los Estados Unidos George W. Bush dedicó gran cantidad del presupuesto público para pagar a una empresa de publicidad que se encargara de mejorar la imagen pública de una intervención militar en Irak. Y debió ser efectivo, porque mientras en el resto del mundo hay una amplia mayoría en contra de dicha intervención, en su país fueron favorables a esa guerra poco más del 50%.

Que el pueblo exprese su opinión, si lo desea, es fundamental para que la *democracia* adquiera un auténtico valor, en el sentido que propone Amartya K. Sen, para el que la democracia es algo más que elegir a nuestros representantes, sino que también es elegir otros aspectos más específicos de la política. Es necesario un "diálogo social" para que los gobernantes conozcan lo que el pueblo demanda. Quizás una buena forma para esto es ampliar el sistema de elección democrática y convertirlo en un "referéndum" para aspectos importantes. Un ejemplo fue el referéndum celebrado en Suiza en junio de 1998 por el que se pedía a su población que se pronunciasen sobre la conveniencia o no de continuar la investigación genética y biotecnológica en su país.

Las encuestas o referéndums utilizando las modernas tecnologías en comunicaciones e Internet pueden abrir una magnífica vía para que la democracia se gane más su nombre. Y ya hay propuestas en este sentido, como la de Peter Burden en un reciente congreso en el que se presentaba el proyecto Webocracy, cuyo objetivo

---

[12] Como anécdota comentaremos que tras la guerra en la ex-Yugoslavia, Estados Unidos mandó un barco de cereales transgénicos como ayuda humanitaria. Los receptores de la ayuda no aceptaron ese tipo de ayuda y el barco tuvo que volverse sin descargar (el control social se hizo efectivo).

principal es usar Internet para mejorar la democracia local y la interacción de los ciudadanos con sus autoridades locales.

Con la presidencia griega de la Unión Europea (UE) se puso en funcionamiento lo que llaman como *E-vote* (http://evote.eu2003.gr), un conjunto de aplicaciones cuyo objetivo era aprovechar Internet y las nuevas tecnologías para conseguir la participación de más gente en los debates y el proceso de toma de decisiones de la UE. Es, como se dice en la web, "una manera de dar voz y voto a la gente: de descubrir lo que a usted le parece importante e incorporar sus ideas y sugerencias sobre cómo debería ser la UE". El sistema fue meramente experimental y, de hecho, cualquiera pudo votar sin identificarse de una forma segura. Ese procedimiento ha sido continuado por la Unión Europea (europa.eu.int), fomentando y facilitando la participación ciudadana a través del portal Your Voice (Tu Voz, europa.eu.int/yourvoice), un portal de internet por el que el ciudadano puede participar respondiendo a consultas ciudadanas, debates, colaborar de forma anónima en la supervisión de la aplicación de las políticas de la UE y otros mecanismos para que la voz del ciudadano sea tenida en cuenta en el seno de la UE. Con respecto a las consultas, se agrupan en distintos temas tales como agricultura, pesca, medio ambiente, ayuda humanitaria, educación, energía, política exterior, transporte, salud... Ya hay sistemas para identificarse de forma segura y no es una utopía pensar que Internet pueda recoger la opinión del pueblo para ser tenida en consideración, tal y como el pueblo merece. Naturalmente, es importante aportar al pueblo las opiniones contrapuestas de diversos expertos, para que el voto pueda ser más fundamentado. Pero tengamos en cuenta que es un error típico de algunos políticos el suponer que el pueblo no sabe lo que quiere y que ellos lo saben mejor que nadie.

Podemos afirmar que no es democracia un sistema en el que el pueblo solo vota una vez cada 4 ó 5 años y, solo puede votar a unos partidos concretos, o se vota todo su programa y todo lo que quieran hacer, o no se vota. La situación actual requiere un voto en blanco masivo (o votar a partidos pequeños, sin representación). Debería implantarse urgentemente un sistema de "*democracia mensual*". La idea sería proponer, cada mes un tema concreto como referéndum a la ciudadanía. Los políticos, intelectuales o científicos pueden dar sus opiniones o puntos de vista y, a final de mes se procede a la votación (electrónica preferentemente, habilitando los medios necesarios para todos), en la que los ciudadanos pueden opinar, sabiendo que su opinión será tenida en cuenta, como algo más que una mera "encuesta". La votación podría incluir varias preguntas y cada una con varias opciones predefinidas. Esto sería un paso firme para **fortalecer la democracia** en su sentido etimológico.

También, el sistema de recogida de impuestos podría dar a elegir, en parte, en qué desea invertir su dinero cada contribuyente. Actualmente, eso se aplica, por ejemplo, en España pero solo a dos cuestiones en las que el ciudadano elige si desea que se dedique cierta parte de su contribución a la Iglesia Católica y/o a fines sociales. Por supuesto, eso no puede extenderse al 100% de las aportaciones de cada contribuyente, pues podría darse el caso de contar con dinero de sobra para construir más hospitales de los necesarios, a la vez que no existan fondos suficientes para la construcción de colegios. Pero la extensión de este sistema, mejoraría, sin duda, el concepto que tienen los ciudadanos de la democracia y el control que ejercen sobre ella. Sería reducir el poder real de los políticos y de las empresas que los controlan, reduciendo así forzosamente la corrupción existente en todas las esferas políticas, a todos los niveles.

Todos los gobiernos democráticos deberían fomentar que los ciudadanos les aporten sus opiniones (mediante cartas, por ejemplo). Y debería ser obligatorio que los gobiernos publiquen un resumen o estadística de todas las cartas y peticiones de los ciudadanos, de modo que se vean, al menos parcialmente obligados a estudiar y considerar lo que demandan los ciudadanos. En esto también las nuevas tecnologías pueden ayudar mucho. No solo a la publicación de los resultados, sino también a la captura de las demandas de los ciudadanos.

Sin todo esto, no es raro que haya gente, como Miret Magdalena, que afirme que "hemos querido resolver todo con una democracia de representación, que se olvida enseguida de los problemas de quienes los han elegido".

Pero es que el sistema democrático generalizado en la actualidad obliga a muchos políticos a ser, alguna vez al menos, hipócritas. Haciendo un acto de generosidad podríamos afirmar que no es propiamente culpa suya, sino del sistema, y que la razón es clara: Un político está adscrito siempre a un partido, y le debe a éste cierta fidelidad, y esa fidelidad es, al menos en parte, comprensible, porque los votantes suelen votar al partido, no a las personas (como mucho hay quien vota a la persona que es cabeza de lista o de partido, pero al resto normalmente no los conoce nada o casi nada). El político debe, al menos en sus comienzos, opinar lo mismo que "el partido", ya que si es muy crítico con la línea del partido, lo que es seguro es que no llegará muy alto. Para ello, el político tiene que renunciar a sus propias ideas en muchos casos, pues es casi imposible coincidir en todo con alguien... y menos en política. Posiblemente, muchos políticos renuncien a pensar sus propias ideas, asumiendo las del partido como propias, de forma que se ahorran el trance de tener que defender ideologías en las que no cree (y eso explica las barbaridades que dicen algunos sin ruborizarse). Así, es el pueblo el que tiene que pedir y exigir que los políticos a los que paga sean realmente representantes de las gentes, porque ser político electo debería ser visto como un cargo que tiene más obligaciones que derechos.

Con lo dicho ya es evidente que las *democracias* actuales son, en el mejor caso, muy *pobres*. Tan pobres que llegan a ser una sombra de lo que deberían. Examinemos el ejemplo de Estados Unidos, un país que muchos lo ven como paradigma de la democracia y es, en muchos aspectos, la antítesis de la misma. Y no nos referimos al anecdótico escándalo de las elecciones de noviembre de 2000, sino a que allí el poder está en venta y puede comprarse. En palabras del periodista Eduardo Galeano: "En los Estados Unidos, la venta de favores políticos es legal y puede realizarse abiertamente, sin necesidad de disimulo ni riesgo de escándalo. Trabajan en Washington más de diez mil profesionales del soborno, que se ocupan de influir sobre los legisladores y los inquilinos de la Casa Blanca. (...) Johnie Chuing, un hombre de negocios que reconoció haber hecho donaciones ilegales, explicó en 1998: «La Casa Blanca es como el Metro: para entrar, hay que poner monedas»." Es este un problema muy grave porque desvirtúa la democracia hasta hacerla irreconocible. Veamos otro ejemplo de esta "ejemplar" democracia: Todo el mundo sabe, porque no es ningún secreto, que las industrias petrolera y armamentística fueron grandes donantes de dinero a la campaña electoral de George W. Bush (presidente desde 2000 a 2008). Así, en campaña electoral Bush prometió defender los intereses ecologistas y pocas semanas después de ser elegido (no esperó más) se aprobaban leyes favorables a la industria del petróleo. Esas leyes no fueron aprobadas democráticamente.

Lo vaticinó Carl Sagan al decir que "a medida que crece la conciencia de la gravedad del calentamiento global, en Estados Unidos parece menguar la voluntad política de hacer algo al respecto". Igualmente, la industria armamentística recibió desde el gobierno fuertes sumas económicas destinadas a la fabricación y a la investigación. Incluso hay quienes dicen que el plan para la construcción de un Escudo Antimisiles Balísticos fue uno de los motivos de los tristes atentados del 11 de septiembre de 2001.

Seguimos citando a Sagan con unas palabras que bien merecen una reflexión: "Dado que no hemos sido dotados de un conocimiento instintivo sobre el modo de convertir nuestro mundo tecnificado en un ecosistema seguro y equilibrado, debemos deducir la manera de conseguirlo. Necesitamos más investigación científica y más control tecnológico. Probablemente sea un exceso de optimismo confiar en que algún gran Defensor del Ecosistema vaya a intervenir desde el cielo para enderezar nuestros abusos ambientales. Es a nosotros a quienes corresponde hacerlo".

Pero atención, la tecnología ayuda al desarrollo sostenible. Si hubiera que renunciar a la tecnología para conseguir el desarrollo sostenible, entonces, quizás, deberíamos renunciar al desarrollo sostenible. Pero no hay que renunciar a la tecnología sino, *simplemente* a ciertos *usos* de *ciertas* tecnologías. Incluso, podemos decir que no es solo cuestión de supervivencia para evitar desastres futuros, sino que es cuestión de Justicia.

¿Qué pasaría si en China en vez de usar bicicletas se usaran los coches con la naturalidad y frecuencia de Estados Unidos o Europa?, ¿qué efecto produciría en los países ricos y pobres? (en el precio de los carburantes, por ejemplo).

Afortunadamente, en China se usa mucho la bicicleta, pero cada vez menos por su imparable crecimiento económico. La bicicleta es uno de los inventos que más pueden hacer por reducir la contaminación atmosférica. Desde la invención del cambio de piñones en 1896, la bicicleta se ha convertido en una forma rápida y cómoda de desplazarse. Téngase en cuenta que la bicicleta es una de las máquinas más eficientes jamás construidas. La eficiencia nos indica lo buena que es una máquina como transformadora de energía, comparando la energía que se le suministra con la que ésta es capaz de desarrollar. La eficiencia de la bicicleta ronda el 90%, mientras que en un coche ronda el 15% y en un tren el 35% (eléctrico o diésel).

Otro ejemplo de cómo los avances tecnológicos pueden contribuir a aumentar la eficiencia de aquellos artilugios que nos facilitan la vida es el desarrollo de bombillas luminosas de bajo consumo. En las bombillas tradicionales se pierde mucha energía en forma de calor. Pero de poco sirve disponer de tecnologías eficientes si se siguen fabricando y consumiendo tecnologías ineficientes.

Las energías renovables (solar, eólica...) son otro gran ejemplo. Es mejor generar la energía allí donde se emplea en *pequeñas* centrales *limpias* que en *grandes* centrales *sucias*, desperdiciando mucha energía en su transporte, aparte de otros riesgos económicos y medioambientales. También este es otro ejemplo de cómo determinados sectores influyen políticamente para que no se fomenten este tipo de energías. Estas tecnologías deben transferirse también a los países en desarrollo como se acordó en la Declaración de Río de Janeiro de 1992.

La tecnología nos permite reducir el trabajo duro, pero los últimos avances tecnológicos no parecen influir, ni siquiera en los países de mayor tecnología. Una reducción de la semana laboral, como hizo Francia en 1998 pasando de 39 a 35 horas, sería muy beneficiosa: Tener más tiempo para disfrutar de lo que a uno más le guste (aunque se gane algo menos), generación de nuevos empleos... en definitiva, *repartir mejor la riqueza*. El problema no es que eso no sea útil, sino que muchos no quieren reducir sus ingresos a costa de tener más tiempo libre. En todo caso es urgente abrir un debate al respecto.

La ética tiene mucho trabajo por hacer con respecto a la tecnología. Y no debe dejarse llevar por la crítica personal o sin fundamento. En el fondo, no se trata de juzgar a científicos, a políticos, a empresarios... sino de *juzgar realidades*, buscar soluciones y aplicarlas. Quizás esto último sea lo más difícil. Un ejemplo: Los científicos italianos Colombo y Bernardini, afirman que su modelo con el 41% de energía ecológica en el año 2030 podría conseguirse a costa de que los países más desarrollados ralentizaran su desarrollo y su "carrera hacia el bienestar"... ¿Estamos dispuestos?

3.3. El grave error del PIB o PNB: Bertrand De Jouvenel

Bertrand De Jouvenel fue un politólogo y economista francés, escritor polifacético, diplomático, profesor de varias universidades, y miembro del Club de Roma. En sus libros se nota una sensibilidad especial, una objetividad y neutralidad que se echa en falta en otros economistas. Su obra "La Civilización de la Potencia: De la Economía política a la Ecología política"[13] parece que se escribió ayer y goza de una actualidad asombrosa a pesar de haber sido publicada en 1976. Es ahí donde De Jouvenel dice que: "al salir de la II Guerra Mundial, todos los países se plantearon el crecimiento económico como objetivo prioritario", y la forma de medirlo fue el PIB o PNB, el Producto Interior (o Nacional) Bruto, que es solo la suma de las ventas de las empresas y solo tiene en cuenta el capital y el trabajo. Como también critican Nebel y Wrigth[14], el PNB deja fuera "toda consideración de la depreciación de los recursos naturales", y De Jouvenel añade que no mide la "contribución de la naturaleza" (materiales, combustibles...), ni la "contribución inmaterial de los inventores y técnicos". Además, para calcular el PNB es indiferente que se construyan "escuelas o

---

[13] Puede verse un resumen en: blogsostenible.wordpress.com

[14] En su obra "Ciencias Ambientales: Ecología y Desarrollo Sostenible", de la que también hay un buen resumen en: blogsostenible.wordpress.com

bombarderos" o que se mejore o empeore la situación laboral. Por esto, podemos concluir jocosamente que hay que ser muy "bruto" para usar el PNB. De Jouvenel concluyó que "la necesidad de una revisión de nuestras instituciones económicas es algo que se impone con evidencia", pues "se trata de integrar los indicadores sociales y ecológicos en las instituciones económicas". Otro economista ya citado, Amartya K. Sen (Nobel de 1998), también criticaba el PNB y expresaba la importancia de medir la libertad de las personas más que su nivel de renta[15].

De Jouvenel dice que "hay que subrayar" que todos los gastos privados que son provocados por los inconvenientes de ese estilo de vida urbano (como el uso excesivo del coche, accidentes...), se suman al PNB en vez de restarse, porque el PNB "es la expresión, siempre abstracta, de los bienes y servicios". "Es muy fácil respirar optimismo cuando todo lo que se hace se contabiliza como enriquecimiento, aunque esté mal hecho, aunque sea una insensatez, aunque se destruya sin sentido. Es preciso saber que es así como contabilizamos". Así, construir una carretera a través de un bosque o talar árboles son solo elementos positivos porque son inversiones.

Para este economista es un error ver nuestra sociedad fundada en los intercambios entre los hombres regulados por el dinero, porque lo cierto es que "está fundada en la explotación de los bienes naturales": Todo lo que usamos proviene de explotar la naturaleza: alimentos, ropa, medios de transporte o todos nuestros caprichos materiales.

Por esto, las cantidades que se usan en el PNB no sirven para medir la mejoría en una sociedad. De Jouvenel pone el ejemplo de Estados Unidos en el que los grandes avances en la agricultura permitieron producir más, pero desplazaron a muchos trabajadores de ese sector a las ciudades donde se crearon guetos de pobreza. Con este ejemplo cabe preguntarse: "¿qué tipo de crecimiento es válido? ¿El crecimiento que tiene como meta únicamente la maximización del producto nacional por habitante, e incluso la maximización de la renta disponible por habitante para el consumo privado? ¿O un crecimiento enfocado a las condiciones humanas de todo tipo?": "Lo que importa en la marcha de la sociedad es la orientación, y no la velocidad evaluada por el crecimiento de bienes y servicios".

El estudio Meadows "presenta la marcha histórica de la especie humana sobre el planeta durante los siglos XX y XXI", usando 5 variables: población, alimentos, producción industrial, recursos naturales (no vivientes) y la polución. Las 2 primeras recuerdan a Malthus cuyas teorías fueron olvidadas durante más de un siglo y se le empezó a considerar de nuevo a partir de 1950, "porque hemos tomado conciencia a escala planetaria de una situación que había alarmado a Malthus a escala nacional". Los desastres por hambrunas apocalípticas fueron predichos por el estudio Meadows para mediados del siglo XXI (fecha que también suscribe Araújo), y "todos los países han tomado conciencia de esta amenaza, y todos están de acuerdo en que no hay

---

[15] Ya existen medidas alternativas al **PIB** que deben usarse. Una de las más afamadas y que ya se está usando es el **IPG** (Índice de Progreso Genuino), pero también se deben usar otras medidas tales como la huella ecológica.

solución posible si no se detiene este ritmo de crecimiento de la población". El estudio Meadows se centra en demostrar que el crecimiento industrial también será causa de esas catástrofes futuras si se sigue al ritmo actual, por dos causas básicas: agotamiento de materias primas y polución creciente. El error de este estudio es suponer que el ritmo de crecimiento puede mantenerse. Pero sorprende que a un economista, como De Jouvenel, le angustie la gran amenaza "que el crecimiento industrial constituye para la naturaleza viviente" (pérdida de bosques, animales...): "Toda forma de vida es una maravilla que no somos capaces de reproducir. (...) Todos los animales son parásitos del vegetal, y nosotros somos el último y supremo parásito. Nuestra dependencia de las más humildes formas de la vida debiera inspirarnos una saludable humildad y un saludable amor a la naturaleza viviente".

Por otra parte De Jouvenel piensa que el riesgo de falta de materias que pronosticaron los Meadows no existe porque un encarecimiento de las materias primas sería bueno, "ya que contribuiría a disuadir de un método de nuestra producción que atiende exclusivamente a la economía de trabajo, sin cuidar ni proteger los recursos" (**reducir** su uso), y porque incitaría "a la reutilización de materias" (**reutilización** y **reciclaje**).

Obsérvese que esta es la famosa ley de las 3 erres, pero que no son igual de importantes estas 3 letras. Por orden de importancia, lo primero es **Reducir** nuestro consumo de materiales. El segundo punto sería **Reutilizar** aquellos productos que puedan ser utilizados varias veces y evitar aquellos productos de un único uso (o que aguantan pocos usos). Esto hace que las servilletas de papel o los vasos de plástico debieran estar prohibidos[16]. Por último, la acción menos importante de estas tres es el **Reciclaje**, es decir, utilizar las materias primas de unos productos para producir otros. Esto ahorra materiales y evita la devastación y contaminación de zonas por la minería o la agricultura (además de ahorrar energía en algunos casos), pero no es útil si no se potencian las primeras dos erres.

La contaminación (de origen industrial, por urbanización...) es un grave problema que efectivamente de seguir a ritmo constante "la visión del futuro sería, en efecto, espantosa", pero De Jouvenel es optimista porque piensa que el desarrollo tecnológico permitirá reducir la contaminación industrial. También valora la concienciación creciente de la ciudadanía y propone impuestos a los productos más contaminantes para, con ese dinero, fomentar los menos contaminantes. Así, la contaminación industrial es más fácil de controlar que la que proviene de la urbanización, ya que esta segunda deteriora el medio urbano de forma más anónima y con responsabilidades más dispersas.

---

[16] La UE prohibirá a partir de 2021 los artículos de plástico de usar y tirar más populares, como platos, cubiertos o bastoncillos de algodón.

3.4. Degradación ambiental

La degradación ambiental y sus consecuencias es un gran problema: deforestación a escala mundial, el famoso cambio climático (calentamiento global, criticado aún por una minoría, como se estudia en el Apéndice C), crecimiento del nivel de los mares, el agujero en la capa de ozono (que aún no debemos olvidar), crecimiento imparable de las basuras, la energía atómica y los combustibles fósiles, pérdida de biodiversidad y de hábitats, escasez de pesca, lluvia ácida, contaminación de aguas dulces y saladas, agotamiento del suelo superficial y pérdida de terrenos de cultivo, aumento de ciertas enfermedades (respiratorias, cánceres...), contaminación genética con resultados impredecibles...

En el informe titulado "La Situación del Mundo 2003", el Worldwatch Institute[17] afirma que uno de los obstáculos que dificulta el cambio es que los daños ambientales nos resultan a menudo lejanos, irreales, algo que poco o nada tiene que ver con nuestra vida cotidiana. Se tiende a desplazar los efectos perversos, de forma que no los veamos. El ejemplo de la industria minera es muy significativo: Consume cerca del 10% de la energía mundial, produce casi la mitad del total de las emisiones tóxicas industriales en algunos países, amenaza cerca del 40% de los terrenos forestales vírgenes y es una industria con gran siniestralidad laboral. Por ejemplo, ese informe afirma que un anillo de oro genera unas 3 toneladas de residuos en la mina, y denuncia que muchos gobiernos favorecen esa minería en perjuicio de la industria del reciclaje.

Por centrarnos en un problema, según los expertos (como Colombo y Turani), el hombre es el principal culpable del aumento de las zonas desérticas. Las causas son diversas y entre ellas están la sobreexplotación (o sobregiro) de acuíferos que puede hacer aumentar la salinidad o alcalinidad del terreno hasta hacerlo inutilizable, la deforestación, el cambio climático, la mala gestión del agua y la construcción de presas. Las presas retienen el agua, pero también retienen el limo y los materiales orgánicos que arrastran los ríos, y hace que los terrenos cercanos sean menos fértiles en poco tiempo. La presa de Assuán en Egipto es un claro ejemplo de eso, pues ocasionó que terrenos que habían sido fértiles durante años tuvieran que utilizar fertilizantes para poder seguir usándose (con el daño económico y ecológico que ocasiona). También, al disminuir las sustancias nutritivas del Nilo, la vida en el río se ha reducido y la pesca en la desembocadura casi ha desaparecido, cuando antes era muy abundante. La presa de Yaziretá, entre Argentina y Paraguay, junto con la sobrepesca son causas directas de la casi desaparición del dorado, un pez del río Paraná que alcanzaba los 16 kilos. Por supuesto, también se han visto afectadas otras especies como el surubí, el sábalo o incluso los pescadores locales. Se demuestra que no son efectivos los "modernos" sistemas de ascensores para permitir que los peces puedan subir la presa. La tecnología por sí misma no resuelve todos los problemas que genera.

---

[17] Organismo que coordina estudios relativos a la economía, la sociedad, la ecología y la sostenibilidad: www.worldwatch.org

Llamamos pescado de piscifactoría al pescado criado o engordado en piscinas o en redes circulares en el mar. Este pescado no es la solución, pues genera muchos problemas que hacen que sea preferible el pescado natural. Resumiendo, algunos de los problemas son:

- Las piscifactorías suelen medicar a los peces para evitar infecciones, medicamentos que pasan de su cuerpo al consumidor.
- Las defecaciones producidas por tales aglomeraciones contaminan los fondos marinos.
- Su alimento se basa en pescados de otras especies extraídos del mar. Especies no comerciales que no tenían peligro alguno están disminuyendo sus poblaciones para alimentar los peces de piscifactoría.
- El atún, por ejemplo, es cazado cuando es pequeño, se lleva a una "granja" y allí se engorda hasta su sacrificio. Esto evita que los atunes puedan reproducirse, llevando a algunas de estas especies a estar en peligro de extinción (el atún rojo, por ejemplo).

Es verdad que los ciudadanos no podemos estar enterados de todo, pero tampoco podemos confiar en que los políticos y científicos harán lo debido. Los científicos que investigan en acuicultura tienen como objetivo criar pescado barato. La sostenibilidad mundial no les importa demasiado.

Por ejemplo, en el polo químico de la ciudad de Huelva (España) hay muchas empresas tecnológicas y en ellas trabajan multitud de científicos, los cuales no denuncian las inmensas cantidades de productos químicos que sus empresas liberan al medio ambiente (al aire y a las marismas del río Tinto). Estas empresas son papeleras, industrias químicas, centrales térmicas, refinerías de petróleo… que hacen que Huelva y Cádiz formen la zona de España con mayor mortalidad por cáncer. Todos los años, consiguen ese dudoso honor, mientras las autoridades locales se niegan a investigar las causas. Criticar la industria química puede ser peligroso allí, pues es signo de que prefieres la salud al progreso, y en ello ven peligrar sus empleos. Las denuncias ecologistas, por ahora, solo han conseguido que algunos se sientan amenazados.

Cada vez hay menos suelo fértil, pues los bosques se convierten en pastizales y éstos en desiertos, las tierras de regadío se vuelven demasiado salinas por la sobreexplotación de los acuíferos y muchas tierras cultivables se sacrifican en aras del progreso (crecimiento de las ciudades, instalación de industrias, extracción de materiales como madera o petróleo...). Las alteraciones del suelo afectan al hábitat y esto condena a muchos animales y plantas a su desaparición. A esto hay que sumar los contaminantes que envenenan los ecosistemas e imposibilitan la vida. Al mismo tiempo, la caza y la pesca incontroladas se encargan de esquilmar más aún algunas especies.

La revolución industrial inició un consumo de combustibles fósiles (básicamente petróleo, carbón y gas natural) que al quemarse producen CO_2. Este y otros gases producen en la tierra el llamado *"efecto invernadero"* que provoca el *calentamiento global* del clima terrestre. Ya hemos visto grandes desastres climáticos por esta causa y los expertos vaticinan más y mayores desastres climáticos.

El paroxismo de lo absurdo es el caso de la capital de México, cuyos ciudadanos están ya acostumbrados a ser la ciudad con el aire más irrespirable del Globo y, parece que no quieren que nadie les arrebate ese dudoso honor. Tienen soluciones para todo, menos para lo que realmente importa. Si la contaminación está muy alta, lo solucionan cerrando las escuelas (hasta un mes se cerraron en 1989). Si falta agua, sobreexplotan los acuíferos subterráneos hasta conseguir un hundimiento del suelo que amenaza la Catedral y otros grandes edificios. Que el aire es irrespirable, pues crean centros donde se vende oxígeno que puedes respirar todo el tiempo que estés dispuesto a pagar. No es de extrañar, después de que ya vemos casi con total naturalidad que tiendas de comida basura están abarrotadas de gente que son capaces de hacer cola para comerse una masa que llaman hamburguesa, con más grasa que carne, envuelta en una cajita de cartón que no será reciclada, al igual que el mantelito, las servilletas, las bolsitas del ketchup, mayonesa, aceite, vinagre o cualquier cosa que te pidas, los cubiertos y el vaso de plástico, la pajita y la tapadera del vaso (muy poco útil casi siempre). Y luego, resulta que los que nos negamos a ir a esos sitios somos "bichos raros". Por suerte aún hay sitios donde uno puede comer en plato reutilizable una buena comida, y ni el vaso ni los cubiertos se reciclarán, sino que se reutilizarán (algo más práctico y más inteligente aún). Preguntad a sus clientes por algún ingrediente y, con suerte, conseguiréis que su sinceridad aflore con un "no sé, pero está bueno". Y si uno comete el craso error de exponerles qué es lo que en realidad se come en estos lugares se pondrán en guardia como si estuvieras atacando sus principios más arraigados, y contraatacarán llamándote radical y otras cosas peores.

Volviendo al tema de la contaminación atmosférica, caeremos en un error grave si pensamos que solo está contaminado el aire de nuestras calles, mientras en nuestra casa o en nuestro trabajo estamos a salvo de esa contaminación. Se ha demostrado que en muchas ocasiones el aire de los interiores está contaminado porque diversos materiales emiten compuestos orgánicos volátiles (alfombras, tapicerías, plásticos, fibras artificiales...), además de la contaminación química de limpiadores, ambientadores (muy útiles para envenenarse oliendo a rosas), insecticidas, pegamentos, pinturas, barnices y toda clase de materiales sintéticos. ¿Tiene algo de eso en su casa?. Si acercamos la nariz a (casi) cualquier objeto podremos detectar con mayor facilidad esa contaminación que diluida en el aire de las habitaciones no la notamos pero nos la tragamos (literalmente). El colmo llega cuando se usan "ambientadores" que no eliminan los olores o la contaminación, sino que los camuflan añadiendo más contaminación química.

Bill Wolverton, ingeniero ambiental de la NASA estudió a comienzos de los setenta el problema de mantener limpio y saludable el aire en los vehículos espaciales. Comenzó estudiando las plantas domésticas y resultaron mucho mejores de lo que había esperado. A partir de niveles "peligrosos" de varios compuestos orgánicos volátiles, Wolverton encontró que algunas plantas reducen la contaminación a niveles no detectables en 24 horas. Dos de las más eficaces fueron los **cleomes** y los **filodendros** (*philodendron*, género con más de 250 especies de la familia de las aráceas ornamentales), que también se encuentran entre las plantas domésticas que son más fáciles de cuidar: toleran casi cualquier condición de iluminación, basta regarlas 1 ó 2 veces por semana, son resistentes a las plagas y a sequías esporádicas, y no tienen flores que provoquen alergias. Además, se plantan y se reproducen con facilidad: los filodendros de esquejes y los cleomes de los numerosos estolones que echan. Estas plantas pueden ayudar también a limpiar la contaminación del aire en el interior de las viviendas. Así, usar plantas de interior, nos ayuda a respirar mejor… No es mal regalo.

Solo unas líneas para llamar la atención de la continua ocupación territorial de nuestra especie. Ocupamos cada vez más terreno para nuestras casas, nuestros cultivos, nuestros ganados, nuestras carreteras, nuestros ferrocarriles, nuestros pantanos, nuestras fábricas… en casi todas las ciudades del mundo hay una tendencia a ocupar más y más terreno, cortando lo mismo árboles que ríos. Separamos poblaciones con autopistas y cada año mueren miles y miles de animales atropellados por nuestros coches o electrocutados por nuestras vías de transporte de energía eléctrica. La pérdida de biodiversidad es uno de los problemas más serios a los que nos enfrentamos.

3.5. Pérdida de biodiversidad

Nadie puede poner en duda los beneficios y la necesidad de la biodiversidad, pero en nombre del progreso y del desarrollo se están condenando a muchas especies a su extinción y, de seguir así, la especie humana también estará amenazada.

Joaquín Araújo, en el libro citado anteriormente, sostiene que "este planeta alberga de 20 a 100 millones de animales y plantas diferentes. (...) el 25% de esta inmensa riqueza está en peligro. Todos los días, y desde hace varios decenios, de una hasta tal vez 140 especies se despiden para siempre expulsadas por evitables actividades humanas. (...) Ritmo a comparar con la media de una extinción al año que ha sido la norma desde que existe vida en el planeta".

Otros autores son más pesimistas en cuanto al número de especies existentes (véase Tabla 4), pero todos coinciden en que el ritmo de extinción es excesivo y en que los esfuerzos por salvar a los grandes animales de su extinción (tigre, ballena, lince ibérico...) son muy importantes pero simbólicos al lado de las 31.000 especies de animales y plantas que se consideran amenazadas. Los insectos son los grandes olvidados, ¿por ser tan pequeños?, ¿por ser tan numerosos? Son pequeños y numerosos pero fundamentales en la polinización y la base alimentaria directa o indirecta de millones de otras especies. Por ello, y aunque a veces cueste trabajo creerlo, son NECESARIOS.

P.R. Ehrlich y otros científicos de las Universidades de Michigan y de Stanford publicaron en *Nature* un trabajo comparando la diferente repercusión de la población humana sobre el medio ambiente dependiendo del número de individuos que cohabitan en cada caso, mostrando que la pérdida de biodiversidad no va unida forzosamente al crecimiento demográfico, sino que va unida inseparablemente a la presión que se ejerce en los ecosistemas naturales y a la pérdida de estos, y esto último está más relacionado con el número de familias, que con el número de miembros de las mismas. Es evidente que una familia pequeña tiene una eficiencia menor en el uso de recursos per cápita, pero la presión sobre los ecosistemas naturales depende también en gran medida de otro tipo de factores como pueden ser el modo de vida en los países industrializados.

Tabla 4: Cantidad de especies conocidas y estimadas según distintos grupos.
La precisión de esos datos es escasa o moderada, excepto para las plantas y los cordados (peces, aves, reptiles, mamíferos y anfibios) cuya precisión es buena. Fuente: Programa Ambiental de las Naciones Unidas *Global Biodiversity Assessment* (1995).

Especies	Conocidas	Estimadas
Virus	4.000	400.000
Bacterias	4.000	1.000.000
Hongos	72.000	1.500.000
Protozoarios	40.000	200.000
Algas	40.000	400.000
Plantas	270.000	320.000
Nematodos	25.000	400.000
Artrópodos Crustáceos	40.000	150.000
Artrópodos Arácnidos	75.000	750.000
Artrópodos Insectos	950.000	8.000.000
Moluscos	70.000	200.000
Cordados	45.000	50.000
Otros	115.000	250.000
TOTAL	1.750.000	13.620.000

El crecimiento en el número de familias es más espectacular en una región de Estados Unidos conocida como Indian River County, que con su 10% coincide en ser una de las regiones de Estados Unidos con más especies amenazadas en peligro de extinción. En la reserva natural de Wolong, en China, ese dato se sitúa en un 5,4%, y esa zona ha visto incrementado su consumo de madera hasta el punto que la deforestación allí está haciendo que se pierda y se fragmente el hábitat del panda gigante, pasando por una situación crítica pero optimista, gracias a los enormes esfuerzos por cuidar esta especie.

Un mayor número de familias puede fácilmente generar un crecimiento (desordenado) de las ciudades que hace que se pierdan zonas naturales e incluso zonas de cultivo. Como ya se ha dicho, en todos los países, las zonas que hay alrededor de las ciudades podemos generalizar diciendo que están amenazadas de muerte por un sector empresarial en claro auge: la construcción.

Resumiendo, aunque en los países industrializados las tasas de crecimiento demográfico son menores (Figura 4), el crecimiento en el número de familias y el descenso en el tamaño medio de estas familias hace que se oculten las ventajas de esa menor natalidad. A esto hay que añadir que en los países industrializados muchos disponen de varias viviendas y que se construyen muchas casas unifamiliares en vez de edificios multifamiliares (que son más eficientes en suelo, energía, transporte colectivo, recogida de basuras...). Debemos hacer un esfuerzo, como sociedad, para aumentar la eficiencia en el uso de recursos per cápita... ¿tal vez compartiendo recursos?

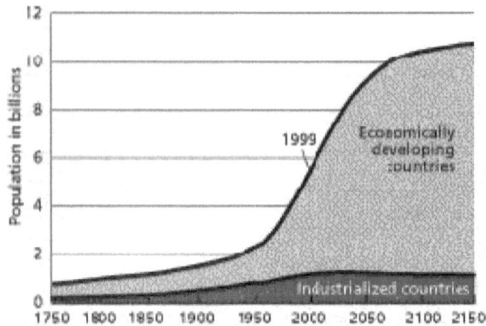

Figura 4: Crecimiento de la Población Mundial 1750-2150, en Países Industrializados (parte inferior) y en Desarrollo (parte superior). (Fuente: Population Connection, www.populationconnection.org).

3.6. Globalización negativa, globalización económica

El científico Carl Sagan decía:

"Nuestro planeta es indivisible. En Norteamérica respiramos el oxígeno generado en las selvas ecuatoriales brasileñas. La lluvia ácida emanada de las industrias contaminantes del Medio Oeste de Estados Unidos destruye los bosques canadienses. La radiactividad de un accidente nuclear en Ucrania pone en peligro la economía y la cultura de Laponia. El carbón quemado en China eleva la temperatura en Argentina. Los clorofluorocarbonos que despide un acondicionador de aire en Terranova contribuyen al desarrollo del cáncer de piel en Nueva Zelanda. Las enfermedades se propagan rápidamente a los más remotos rincones del planeta, y su erradicación requiere un esfuerzo médico global. Por último, la guerra nuclear y el impacto de un asteroide suponen un peligro no desdeñable para todos. Nos guste o no, los seres humanos estamos ligados a nuestros semejantes y a las plantas y animales de todo el mundo. Nuestras vidas están entrelazadas".

Los avances tecnológicos han posibilitado reducir los tiempos en los transportes y en las comunicaciones. Esto desemboca en la percepción de que nuestro planeta no es tan grande y los actos locales tienen consecuencias globales. Es la globalización.

Toni Comín define globalización como "un proceso fundamentalmente económico que consiste en la creciente integración de las distintas economías nacionales en un único mercado capitalista mundial"[18]. Comín afirma que si queremos democracia, necesitamos una economía de mercado, pero ésta debería estar controlada democráticamente. ¿Por qué tenemos una globalización "fundamentalmente económica"?, pues porque lo que se ha hecho global son los mercados, pero además muchas veces de forma asimétrica: Los países ricos pueden vender sus productos y poner sus fábricas en el resto del mundo mientras que la migración a la inversa cuenta con muchos problemas.

En síntesis, los capitales y las empresas tienen libertad de movimiento, hay globalización económica, pero no hay globalización social ni política, por lo que las personas, las leyes o los sindicatos no tienen libertad de movimiento o actuación. Las empresas de países ricos se llevan sus industrias a los países pobres por su mano de obra barata, pero no se llevan las normas de seguridad, ni los convenios sindicales, ni las leyes aplicables en los países ricos, por lo que no se está globalizando la llamada sociedad del bienestar.

Ladan Sobhani es la coordinadora del programa energético para esclarecer las causas y las soluciones de la crisis energética de California. Recientemente ha publicado un trabajo en el que relaciona globalización con libertad de comercio y ésta con consumo no sostenible: "Mediante la liberalización de las inversiones de las compañías multinacionales y la supresión de las barreras comerciales, la globalización económica también está estimulando un mayor uso de los productos que consumen mucha energía, como coches y diversos aparatos eléctricos cuyo consumo se va introduciendo en los países, que dependen cada vez más de ellos". La publicidad es capaz de convertir en necesidad lo más innecesario.

Algunos de los datos que demuestran esa asombrosa injusticia no pueden justificarse fácilmente sin hacer un esfuerzo para auto-perdonarnos, sobre todo, porque los que solo ven ventajas en la globalización suelen evitar descubrir los inconvenientes de ésta, o bien, los esquivan como si fueran los daños inevitables. Galeano nos habla ahora: "Una mujer embarazada corre cien veces más riesgo de muerte en África que en Europa. El valor de los productos para mascotas animales que se venden, cada año, en los Estados Unidos, es cuatro veces mayor que toda la producción de Etiopía. Las ventas de solo dos gigantes, General Motors y Ford, superan largamente el valor de la producción de toda el África negra. Según el Programa de las Naciones Unidas para el Desarrollo, diez personas, los diez opulentos más opulentos del planeta, tienen una riqueza equivalente al valor de la producción total de cincuenta países, y cuatrocientos

---

[18] Su artículo titulado "Democratizar la economía para globalizar la democracia" está en el libro "Aldea Global, Justicia Parcial", editado por Cristianisme i Justícia (véase un resumen en blogsostenible.wordpress.com)

cuarenta y siete multimillonarios suman una fortuna mayor que el ingreso anual de la mitad de la humanidad".

La deuda externa de los 20 países que la tienen más elevada alcanza los 5.500 millones de dólares, igual que el presupuesto para la construcción de un gran parque de atracciones. Por cada euro que recibe el Tercer Mundo en concepto de ayuda, entrega 3 por la deuda. Para garantizar la educación básica universal bastarían también 5.500 millones de dólares, mientras que el doble de esa cantidad es lo que se gasta Europa al año en helados. Para erradicar la pobreza extrema bastaría el 1% de la riqueza mundial. Los gastos mundiales de defensa se elevan a 800.000 millones de dólares al año (dato de 1995, ahora es mínimo un 10% mayor). EE.UU. gasta aproximadamente por sí solo más de un 40% del total mundial, pero en ese mismo país hay 40 millones de personas sin medicina garantizada y 13 millones de niños que padecen desnutrición, hambre o están en grave peligro de padecerla: ¿Cuántas vidas puede matar un tanque y cuántas vidas puede sacar de la pobreza si se invierte adecuadamente su precio?. Así, en palabras de F. Álvarez, "la globalización es un proceso devastador, también en el terreno energético. Se extraen los recursos lejos de donde se elaboran. Y se elaboran muy lejos de donde se venden a los intermediarios. Y éstos se encuentran lejos de los consumidores finales".

Como dice Galeano: "Paradójicamente, muchos trabajadores del sur del mundo emigran al norte, o intentan contra viento y marea esa aventura prohibida, mientras muchas fábricas del norte emigran al sur. El dinero y la gente se cruzan en el camino. El dinero de los países ricos viaja hacia los países pobres atraído por los jornales de un dólar y las jornadas sin horarios, y los trabajadores de los países pobres viajan, o quisieran viajar, hacia los países ricos, atraídos por las imágenes de felicidad que la publicidad ofrece o la esperanza inventa". Y añade un ejemplo ilustrativo: "La cadena McDonald's regala juguetes a sus clientes infantiles. Esos juguetes se fabrican en Vietnam, donde las obreras trabajan diez horas seguidas, en galpones cerrados a cal y canto, a cambio de ochenta centavos. Vietnam había derrotado la invasión militar de los Estados Unidos; y un cuarto de siglo después de aquella hazaña, que muchos muertos costó, el país padece la humillación globalizada". Y estas empresas lo tienen y lo ponen muy claro: "Si no se portan bien, nos vamos a Filipinas, o a Tailandia, o a Indonesia, o a China, o a Marte. Portarse mal significa: defender la naturaleza o lo que quede de ella, reconocer el derecho de formar sindicatos, exigir el respeto de las normas internacionales y de las leyes locales, elevar el salario mínimo".

Con este panorama no es extraño que Galeano considere que *"países en desarrollo es el nombre con que los expertos designan a los países arrollados por el desarrollo ajeno"*.

Uno de los problemas de la globalización es que rara vez se globalizan las ventajas y con demasiada frecuencia se globalizan los inconvenientes. En demasiadas ocasiones las personas marginadas (o países pobres) se exponen a los riesgos ambientales, a la contaminación y a la degradación del medio ambiente de una forma desproporcionada y hasta premeditada, por el llamado "racismo medioambiental" (Dorsey y Nebel también escribieron sobre ello). Incluso la llamada "Carta de Aalborg", un documento firmado en Aalborg (Dinamarca) en 1994 en el que algunas ciudades europeas reconocen que el rumbo debe cambiarse "hacia la sostenibilidad", dice (en su artículo I.7) que "son los pobres los más afectados por los problemas ambientales", y que "el desigual reparto de la riqueza es la causa de un comportamiento insostenible", por lo que el objetivo debe ser "mejorar la calidad de vida de los ciudadanos en lugar de maximizar simplemente el consumo".

El movimiento "*antiglobalización*" ha sido muy criticado porque entre ellos se introducen algunos grupos violentos, demostrando la veracidad de lo que decía la filósofa española María Zambrano (1907-1991): "*Todo extremismo destruye lo que afirma*". Otros, acomodados en las ventajas de la globalización, critican a "los antiglobalización", con la falacia de intentar hacer creer que éstos luchan contra todo lo que significa la globalización, pero en realidad no es difícil desenmascararlos. Decía Miret Magdalena que "esta globalización, que se ha apoderado del mundo actual, nos ha invadido en parte para bien, y, al mismo tiempo, para mucho malo, sobre todo para los más débiles". Es, sigue diciendo, "el imperialismo económico que todo lo invade y lo domina por medio de los bancos, las multinacionales y hoy sobre todo por la especulación bolsista a nivel universal". Sin ninguna ética, los especuladores suben el precio de la vivienda haciéndola inalcanzable para el que más la necesita, y luego, los políticos tienen la desfachatez de asegurar que el mercado de viviendas va bien porque todas las viviendas se venden (declaraciones del ex ministro español Álvarez Cascos). Encima, en una sociedad como la actual, los especuladores presumen sin rubor de haber ganado mucho sin haber aportado ningún trabajo o beneficio a la sociedad, y son erigidos, no es raro, como héroes populares. Mientras los políticos protejan la especulación, mal favor hacen a una sociedad dirigida "por las decisiones poco razonables, que produce este deseo neurótico de lucro en esa ingente cantidad de especuladores".

Se ha perdido el origen de la bolsa como medio de apoyar una causa (empresa) que te parece que debe ser apoyada. En principio, no es malo apoyar con tu dinero a una empresa, ser copropietario y recibir sus beneficios y pérdidas. Invertir en bolsa es siempre un riesgo. El problema radica cuando en realidad el inversor no quiere apoyar a una empresa sino que lo único que quiere es ganar dinero, independientemente de lo que la empresa haga o de lo que ello implique. Es ético ganar dinero aportando algo positivo para la sociedad. En cambio, la naturaleza actual de casi todas las inversiones actuales en bolsa es la especulación. Así, se consigue (a veces) ganar mucho dinero aportando cosas negativas para la sociedad: subir los precios de los alimentos, apoyar empresas contaminantes, industrias armamentísticas... Si uno no sabe a qué causa dedica su dinero, lo más ético es no invertir ahí. Si queremos estar seguros de colaborar a los desastres de la humanidad, basta con invertir en empresas petroleras, en industrias químicas, en grandes constructoras, en bancos en general... Es muy complicado encontrar multinacionales éticas.

Como decía Galeano, "sin transformar la materia, y sin tocarla siquiera, el dinero se reproduce con más fecundidad haciendo el amor consigo mismo", usando los "paraísos fiscales" que también suelen ser paraísos "legales" y que ni el FMI ni el Banco Mundial se atreven a limpiar, como sería su obligación. El máximo exponente es Suiza, pero hay otros, incluso dentro de la Europa comunitaria, como Liechtenstein o Gibraltar, ciudades con escasos recursos naturales o industriales, y con una densidad de bancos superior a Suiza. Decía Galeano que "Suiza no participó en la guerra. Participó en el negocio de la guerra, vendiendo sus servicios a muy buen precio a la Alemania nazi. Un negocio brillante: la banca suiza convertía en divisas internacionales el oro que Hitler robaba a los países ocupados y a los judíos. (...) El oro entraba en Suiza sin ningún inconveniente, mientras los perseguidos por los nazis eran devueltos en la frontera. Bertold Brecht decía que robar un banco es delito, pero más delito es fundarlo. Después de la guerra, Suiza se convirtió en una cueva internacional de Alí Babá para los dictadores, los políticos ladrones, los malabaristas de la evasión fiscal y los traficantes de drogas y de armas". Ahora está más clara su reticencia a formar parte de la Comunidad Económica Europea.

Por su parte, Gibraltar es un foco de actividades bancarias poco éticas, pero también un foco de contaminación del estrecho y de todo el Mediterráneo, por sus actividades de bunkering (gasolineras flotantes). Esto, unido al fuerte tráfico de la zona hace que sea un punto caliente de contaminación en el que un accidente provocará, tarde o temprano, graves daños a la industria turística del Sur de España. Mientras esto ocurre, ni España, ni el Reino Unido quieren prohibir que petroleros de un solo casco puedan circular por la zona. ¿Por qué se permite?

Araújo parodia el mundo bursátil con unas palabras que pueden hacer reír o llorar, pero que no tienen desperdicio:

"Los que jamás hemos comprado una sola acción mercantil, de esas que a veces trabajan por uno sin mover un dedo y sin quemar una neurona, tenemos, por el contrario, una amplia cartera de valores. No pretendemos que se coticen, pues en ese mismo instante se extinguiría su sentido. Pero nos resultan imprescindibles para vivir, porque nos recuerdan que la dignidad, la estimación, la misma utilidad de lo que no tiene precio, nos rescata de las cuantías al dar prioridad a las valías.

Con todo, los valores con verdadero valor pasan por un momento equivalente a la gran depresión del 29. (...) La transparencia ha bajado 130 enteros en relación a las cotizaciones del pasado ejercicio. El sosiego descendió 96 puntos en tan solo el último trimestre. La levedad ha quedado suspendida ante la amenaza de una OPA agresiva. El bosque se acerca a la quiebra técnica. La costa, despilfarrando su capital inicial hasta en un 70%, podría seguir el mismo camino. Los fluyentes ríos decididamente han perdido sus precios nominales. Nuestros suelos acumulan un decrecimiento en un PIB del 3% anual desde hace una docena de lustros. La biodiversidad en su conjunto es destruida a un ritmo de seguramente unos 10.000 títulos anuales. Y éstas son pérdidas sin retorno, el cero absoluto que jamás volverá a crecer. (...)

Uno de los más preocupantes síntomas de la actualidad es que haya que tener valor para escribir o hablar de estos valores, que no queremos se coticen en la bolsa. (...) Al parecer somos capaces de medir la arritmia del sistema a través de los PIBS, IPCS, los índices generales en la bolsa y las paridades monetarias. Por el contrario, poco, o nada, ausculta la neumonía del espíritu."

Toni Comín pedía democracia total en todos los organismos internacionales (ONU, FMI, Banco Mundial, Organización Mundial del Comercio, UNIDO, OIT, OMS, PNUMA, UNESCO…), como una condición indispensable a la que hay que tender urgentemente.

3.7. Religión... ¿Qué religión?

Y de esa vorágine del ganar sin trabajar, no se escapan ni aquellos que, llamándose cristianos, olvidan lo que el fundador del cristianismo dijo de la riqueza y de la pobreza. Hasta la propia Iglesia Católica reconoce invertir en bolsa y, por el escándalo de GesCartera, en España, sabemos los muchos millones de los que disponen algunas diócesis para invertir. No hace falta ser teólogo para afirmar rotundamente que Jesús, ese que dijo lo del camello y el ojo de la aguja, no hubiera invertido en bolsa ni un denario. Porque para invertir en bolsa no basta con tener dinero (palabra que proviene precisamente de denario), sino que hay que tener dinero de sobra, porque nadie invierte en bolsa el dinero de su sustento.

No es raro que la religión resulte descreída, y la sociedad occidental tienda a ser cada vez más laica, a pesar de las presiones de grupos y líderes religiosos. Los líderes religiosos saben que no tienen el monopolio de la filosofía religiosa y han perdido mucho poder con el que contaban en el pasado. Aún falta, está por llegar, el momento en el que los políticos también pierdan el enorme poder del que hoy disfrutan (aunque tras ellos se esconden las multinacionales que "manejan" al poder político). La política es hoy la sustituta de la religión que, embaucando a muchos ciudadanos, les dicen lo que tienen que hacer, pensar y cómo actuar. Los afiliados a cada partido se ahorran tener que pensar, porque el partido les da la ruta marcada.

Una religión, la que sea, tiene que ser algo más que los líderes que quieren dirigirla. Muchas voces de dentro y fuera de la Iglesia católica, por ejemplo, se quejan de la falta de compromiso con los problemas del mundo, de dar importancia a preceptos y mandatos con escaso o nulo fundamento bíblico y olvidar lo importante. Así, el sacerdote Emilio Galindo Aguilar afirmaba que "pasamos el tiempo mirándonos el ombligo de nuestra religión institucionalizada, de nuestras doctrinas teológicas, de nuestro camino único, de nuestro dios raquítico y hecho a escala humana, repitiendo todos el eslogan miope y despectivo de que fuera de la religión propia no hay salvación, encerrando miserablemente a Dios en una teología, una estructura, un ritual". Voltaire llegó a afirmar que "Dios nos ha hecho a su imagen, y le hemos pagado con la misma moneda". Pues efectivamente quienes ven a Dios y se atreven a hablar de Él con seguridad, lo ven a una escala humana, lo ven como ellos se lo imaginan sin poner en duda el poder de esa imaginación. Lo ven, definitivamente, "a escala humana".

Tampoco es raro (lo raro sería lo contrario), que en este ambiente muchos pidan un cambio de rumbo radical en esa Iglesia. En un pequeño libro titulado "La Iglesia que Quiso el Concilio" (2001) el jesuita José Mª Castillo[19] pedía muchas cosas, pero sobre todo pedía diálogo, pero "dialogar no es simplemente hablar. Dialogar es, ante todo, respetar las diferencias, escuchar a los que no piensan como uno piensa, estar dispuestos a aprender de los demás, aceptar sus puntos de vista, dejarse interpelar por quienes incluso creen cosas distintas de las que creemos nosotros". Lo decía pidiendo

---

[19] Puede verse un ensayo titulado "Buscando la Esencia de Jesús" en blogsostenible.wordpress.com, en el que se incluyen algunas citas de esa obra.

que "la Iglesia no tenía que estar centrada en sí misma y obsesionada solo por sus propios problemas, sino que es tarea suya fundamental dialogar con el mundo, con la cultura, con los gozos y los sufrimientos de las gentes de cada momento y de cada lugar", porque con demasiada frecuencia hay un "fanatismo fundamentalista" que "aglutina a gentes que buscan en la religión una paz que, de hecho, les libera del compromiso por transformar el mundo asombrosamente injusto en que vivimos".

La Iglesia, desde luego, tiene mucho que cambiar. No son pocos los que piensan que han traicionado el Evangelio, porque Jesús defendió una forma de vida y ellos defienden otra que ignora el mensaje principal de Jesús. Anecdótico resultaría explicar el fundamento bíblico de algunos de sus mandatos y la utilidad de los mismos, desde el dogma de la Trinidad o el de la virginidad de María, hasta el tipo de confesión auricular actual (condenada en el III Concilio de Toledo del año 589, e instaurada en el Concilio de Trento en 1563), pasando por su batalla contra los anticonceptivos, o su silencio ante el despilfarro y fundamentalismo iconográfico que se sufre en las procesiones de la semana santa. Como decía el teólogo Miret Magdalena, "creo que nadie puede negar que nos han engañado". Y quizás con ese objetivo establecen que el bautismo se haga cuando uno no puede decidir nada, y la primera comunión cuando aún uno es fácil de manipular. Tras eso, muchos son los que deciden seguir a Jesús y no a la Iglesia, y otros ni eso, como rebelión ante el engaño. El católico francés Gustave Thibon afirmó: "me siento más cerca de un ateo profundo que de un creyente superficial", y el escritor argentino Jorge Luis Borges decía en el relato "Deutsches Requiem" (1949) que "morir por una religión es más simple que vivirla con plenitud; batallar en Éfeso contra las fieras es menos duro (miles de mártires oscuros lo hicieron) que ser Pablo, siervo de Jesucristo".

La religión en auge es la religión del consumo: ¿Se construyen más centros comerciales o centros de culto de religiones tradicionales? Hay que terminar diciendo que el Papa Francisco difundió una encíclica[20] en la que llamaba a todos los católicos a respetar la naturaleza, pero por desgracia, no ha tenido ningún efecto sustancial.

3.8. Consumismo total (de materias, energía, terreno…)

Como ya hemos apuntado anteriormente, si el ritmo de consumo de los países ricos llegara a los pobres, el colapso sería inmediato. También la nombrada "Carta de Aalborg" (artículo I.1) reconoce que "los actuales niveles de consumo de recursos en los países industrializados no pueden ser alcanzados por la totalidad de la población mundial". De hecho, por culpa del consumo exacerbado de los países ricos, unos 8.100 metros cuadrados (unos 2 acres) de bosque tropical desaparecen cada segundo. Joaquín Araújo decía en el 2000 que: "A la velocidad de consumo actual, el colapso está literalmente garantizado antes de medio siglo (…) La generación viva de los 20 países «desarrollados», ha consumido más energía, materias, naturaleza en suma, que las 460

---

[20] Encíclica "Laudato Si" (2015), del Papa Francisco I (puedes encontrar un resumen en Blogsostenible).

precedentes y actuales en el resto del planeta. Es decir: más que todos los otros miembros de nuestra especie desde que ésta existe".

Otro dato revelador es que aún no llega al 9% el porcentaje de humanidad que viaja en coche. Y si sube la gasolina más de lo esperado las protestas no se hacen esperar en una sociedad (la de los países ricos) que solo se mira el ombligo de su propio bienestar. Por si fuera poco, ya no se contentan con carreteras buenas, tienen que ser autopistas, catedrales del culto a la velocidad al que demasiadas veces se ofrece la vida en sacrificio. Nuestras autopistas rompen todo a su paso, cultivares, bosques, montañas, prados... y separa para siempre grupos animales. Si los conductores fueran conscientes del daño que provoca "el coche", y no solo sus emisiones tóxicas, pedirían a sus políticos soluciones alternativas para cambiar sus hábitos, si la sensatez dejara paso al egoísmo de la comodidad. Por ahorrar 5 minutos y evitarnos andar un rato consideramos herético dudar de las ventajas de los coches y sus autopistas. Hay que reconocer que el transporte es uno de los mayores problemas a los que se enfrenta la Humanidad en el siglo XXI, también recogido en la "Carta de Aalborg" (artículo I.9).

En el libro "Rebelión en la Tienda. Opciones de Consumo, Opciones de Justicia" escrito por el Centro Nuovo Modello di Sviluppo-Cric, se demuestra que algunas actuaciones típicas de los países ricos afecta muy negativamente a los países más pobres y que el consumo despiadado de los ricos está destrozando el planeta y aumentando la pobreza de los pobres. Así, llegan a afirmar que "universalizar el estilo de vida del primer mundo implicaría la necesidad de disponer de 6 planetas Tierra como fuente de materias primas y basurero". Y esto es obvio, porque, repetimos, no es sostenible que todos los ciudadanos del planeta consuman tantos bienes, materias y energía como lo hacen los ciudadanos del primer mundo (especialmente EE.UU.). ¿Acaso los chinos o los sudaneses, por ejemplo, no tienen el mismo derecho que otros a tener uno o varios coches por familia, y varias televisiones, y microondas, y teléfonos móviles, y consumir ropa anualmente, y consumir tantos pañuelos de papel, y tantos muebles, y tantos...? El caso es que aunque tienen el mismo derecho, si lo hicieran, el colapso sería inmediato.

Para medir la sostenibilidad global de cada ciudadano, ciudad o región, existe la llamada "huella ecológica". En Internet existen varias webs que ayudan a calcular su huella personal. Búsquelas[21].

3.9. Vivir rápido, para llegar... ¿A dónde?

La cultura del éxito y la competitividad, es decir, el intentar no mejorarnos a nosotros mismos por superación personal, sino ser mejores que los demás a costa de lo que sea, es también desastroso para la Naturaleza y para nuestra sociedad. Araújo también afirma que "aquello de «más alto, más fuerte, más rápido», que no estaba nada

---

[21] Webs relacionadas con la huella ecológica, en las que puede calcular su huella individual: ecofoot.org, footprint.wwf.org.uk, www.footprintnetwork.org, www.bestfootforward.com, http://www.ecologicalfootprint.org...

mal como retos físicos personales, es hoy, en realidad, más dinero, más fama y más poder". Pensemos que cuando uno gana suelen ser muchos los que pierden y no estaría de sobra un poco de humildad sobre los perdedores: repartir beneficios entre ellos, sean humanos o sea, como tantas veces, la Naturaleza la que sale perdiendo, sin contabilizar esa pérdida en el balance final. A esto, hay que añadir que el afán de ser el primero nos quita salud (con tanto estrés y tantas prisas) y tiempo para disfrutar de la familia, los amigos, la lectura... ¿Por qué olvidaremos tan fácilmente que la vida es corta?

El escritor brasileño Paulo Coelho, en su obra Maktub[22] (1994), nos recordaba que "no importa lo que pensamos, lo que hacemos o en qué creemos: TODOS MORIREMOS ALGÚN DÍA. Es mejor hacer como los viejos indios yaquis: usar la muerte como una consejera. Preguntarse siempre: «Ya que voy a morir, ¿qué debo hacer ahora?»".

Jorge Riechmann[23] nos recordaba un dicho africano que dice que todos los blancos tienen reloj, pero nunca tienen tiempo.

3.10. El consumo abusivo de carne

En este mundo, donde la riqueza está tan mal repartida y donde ya somos tantos humanos, comer en exceso es, realmente, un gran problema. Un solo dato: cada kilogramo de carne ha necesitado 1.000 litros de agua para formarse (algunas fuentes dicen que más aún) y otros 100 de alimentos vegetales. Un kilogramo de cereal solo precisa 100 litros y unos pocos gramos de abonos. Así, es claro que comer carne es un privilegio: En Norteamérica se ingieren 132 kilogramos anuales por habitante, en Indostán son 2 y en España son 90. La cifra española ya supera en un 30% lo recomendado por la O.M.S. (Organización Mundial de la Salud). La media mundial estaría en unos 30 kilogramos anuales. Según algunas fuentes, con el 15% de los cereales empleados en el engorde de ganado se podría solucionar el hambre crónica del llamado Tercer Mundo. Una vez más, nos hacemos eco de las palabras de Araújo que pide una reducción en el consumo de carne porque, aunque su precio podamos pagarlo, el planeta no puede pagar el precio de sobrealimentar a tanta población: "mientras el 10% de los humanos ingerimos diariamente un 40% más de lo estrictamente necesario y enfermamos por comer demasiado, el 40% de la humanidad tampoco está muy sana porque ingiere un 10% diario menos de lo imprescindible. Otros casi 500 millones pasan hambre crónica. (...) El espectacular incremento del vegetarianismo en los países industrializados, identificado por los sociólogos como la más relevante demostración del aumento de la conciencia ambiental. (...) Para empezar hay demasiado ganado en el mundo (...) más de tres por cada ser humano. A ellos destinamos el 30% de la producción agraria final y algo más del 50% de la superficie productiva del planeta. Al mismo tiempo, los ganados contribuyen con sus cuescos de

---

[22] Puede verse un resumen de algunas de sus obras en: blogsostenible.wordpress.com

[23] Poeta madrileño, en su obra "Tiempo para la Vida" (2003): Léanse unas citas de este autor en blogsostenible.wordpress.com

metano a la destrucción del ozono y con su demanda de pastos a un retroceso notable de los bosques, sobre todo tropicales". Recordemos también que el metano es un gas de efecto invernadero, responsable también del cambio climático (Apéndice C) y no hablamos de un rebaño de vacas sino de que en el mundo hay cerca de 2.000 millones de cabezas de ganado vacuno.

El ecologista brasileño Chicho Méndez (1944-1988) fue asesinado un 22 de diciembre por defender la selva amazónica contra los ganaderos. Las palabras que nos dejó, bien merecen una reflexión: *"Al principio creí que luchaba para salvar los árboles del caucho; luego creí que luchaba por salvar la selva amazónica; ahora me he dado cuenta de que estoy luchando por la Humanidad"* (sobre los árboles, léase el Apéndice A).

Desgraciadamente, en los países ricos somos demasiada gente cuyo trabajo no consiste en producir alimentos y hacemos depender nuestra alimentación de la agricultura y ganadería intensivas y del buen funcionamiento de los transportes. Con el crecimiento demográfico la situación, lógicamente, empeorará más aún.

Por tanto, una sociedad "sostenible" no solo debe reducir el consumo de carne, sino también de los derivados de los animales (leche, huevos...), especialmente los adultos, pero también los más jóvenes, para que aprendan las grandes ventajas de comer más frutas y más verduras.

3.11. El agua

Más de 1.000 millones de personas no poseen agua potable y casi 3.000 padecen una falta de higiene grave. El acceso al agua se está convirtiendo también en una lucha de intereses en algunos países (como España), donde cada vez escasea más. Queda claro que el agua es un bien preciado y que su posesión es un lujo, aunque, por desgracia, muchas veces los que lo poseen no son conscientes de ello. Si Vd. piensa que tener libertad para consumir toda el agua que se desee no es un lujo es que Vd. se incluye en este último grupo.

Más aún, en España, por ejemplo, la mayoría de sus ríos están contaminados y llenos de basuras y, a pesar de ser el país europeo con mayores problemas de agua, es de los que más agua consume (o derrocha) y en los que está más barata. Un estudio del Consejo Mundial del Agua revela que de los grandes ríos del mundo solo el río Amazonas y el río Congo están en condiciones aceptables.

Muchas veces se piensa que la solución está en construir más embalses y trasvases, sin pensar que el agua la necesita el río y toda la fauna y flora que lo habita y lo rodea, que la tuvieron y conservaron durante siglos. La cuestión no es si vale más la vida de un pez o de una persona, sino que necesitamos los peces para vivir y por tanto, necesitamos no derrochar agua. En el Amazonas los embalses están destruyendo grandes áreas, por lo que las ONG brasileñas convocan el 14 de marzo de todos los años una jornada de protesta y reflexión, en lo que se ha convertido en el Día

Internacional contra los Grandes Embalses. También existe el Día Mundial del Agua, que se celebra cada 22 de marzo.

Siguiendo con el problema del agua en España, se planteó hacer una obra faraónica (de más de 4.200 millones de euros) para trasvasar agua de ríos del Norte a ríos del Sur y construir multitud de nuevos embalses. El trasvase ya existente entre el río Tajo y el Segura ha demostrado ser nefasto para la fauna del Tajo. Incluso, un agricultor de Murcia, en el Sur, decía que bastaría con el agua que se utiliza en verano en las piscinas particulares. A eso, podemos sumar el derroche de agua de un turismo masivo e inconsciente (con muchos golfistas y golfos incluidos) y la existencia de regadíos ilegalmente establecidos. Claro, el turismo (sobre todo el de golf y playa) da mucho dinero, pero el dinero no se bebe. España no hacer lo suficiente ante la inmensa cantidad de agua que se pierde en la red de distribución (en Andalucía, el INE[24] dice que se pierde el 20%, 70 litros por habitante y día). Hace años que las pérdidas son así de alarmantes y los políticos se han mostrado incapaces de resolverlo.

Ante esto, muchos ciudadanos piensan que es absurdo ahorrar agua en su casa ya que su ahorro es insignificante frente a las pérdidas en la red o el excesivo consumo de la agricultura. Lo correcto es intentar siempre minimizar agua en casa y exigir a los políticos que arreglen esas fugas y establezcan políticas para disminuir el consumo de la agricultura.

Por otro lado, en los países industrializados se dispara el consumo de agua embotellada. Al lujo que supone disponer de agua en nuestra casa, se suma el lujo de ser agua traída desde lejanas tierras, en costosos envases de plástico no reciclado y usando combustibles fósiles para su transporte. Con pocos números se demuestra que es insostenible que la mitad de la población mundial consuma agua mineral en botella de plástico. ¿Cuántas toneladas de combustibles y plásticos se ahorrarían si solo bebiera agua mineral el que no tuviera, definitivamente, ninguna otra opción?

3.12. ¿Pobreza?... ¿Dónde?

Quizás el mayor problema es la pobreza mundial, otra demostración clara e inequívoca del egoísmo humano. Es curioso constatar que la mayoría de los países ricos dicen considerarse mayoritariamente de alguna religión cristiana, seguidores de Cristo, que dicen que vivió en la pobreza y predicó el amor a los pobres. Es curioso también ver que las celebraciones cristianas de la Navidad son auténticos ejemplos del poderío económico y del despilfarro (luces por todos los sitios[25], comidas copiosas, consumismo exacerbado, compras de regalos absurdos e innecesarios...), cuando lo que celebran es el nacimiento de su Dios, convencidos de que fue en la más absoluta pobreza.

---

[24] Instituto Nacional de Estadística de España: www.ine.es

[25] Cada vez son más los que nos atrevemos a pedir que se apaguen las luces navideñas de mero adorno o, al menos, se enciendan solo unas horas y los días señalados.

El psicólogo Daniel Goleman, en su libro "Inteligencia Emocional" (1995) indica los trastornos psíquicos que la pobreza deja en los niños. Y se refiere principalmente a la pobreza existente en las grandes ciudades de los países ricos. Imaginemos por un momento el mismo problema pero en países pobres y/o con guerras. En la Tabla 5 podemos ver unos datos "curiosos", por lo menos por la indiferencia que producen. De alguna forma, tan malo como el consumismo es asumir la pobreza extrema como algo inevitable.

3.13. Alimentos transgénicos y nuevas biotecnologías, ¿soluciones o problemas?

Algunos han visto la solución a la alimentación en la Ingeniería Genética, los OMG (Organismos Modificados Genéticamente). Sería ideal que así fuera, pero los riesgos de los alimentos transgénicos son tan altos y es tanto lo que nos jugamos que no podemos permitirnos "jugar a la ruleta rusa". Demasiado se puede decir sobre esto, pero tan solo nos centraremos en lo más básico: Modificar los genes de plantas y alimentos es algo muy delicado y el "principio de precaución", al que ya aludíamos antes, debería siempre imperar, pues no es fácil predecir lo que ocurrirá. Ya se han detectado algunos efectos negativos, como la muerte de grandes poblaciones de insectos al cruzar campos transgénicos, resistencia a los antibióticos de algunas bacterias, reacciones alérgicas...

El siguiente dato es esclarecedor: Los defensores de los alimentos transgénicos son grandes multinacionales agroquímicas que se dedican a intentar vender sus productos (semillas, herbicidas, plaguicidas químicos, fumigantes...) y algunos científicos de dudosa independencia, pues ya se han dado casos de científicos despedidos al publicar los resultados auténticos de sus investigaciones. Por otro lado, en contra de estos alimentos modificados genéticamente encontramos ecologistas, agricultores y algunos científicos[26], sin más intereses demostrados que conseguir un mundo mejor para todos y alimentos más sanos. No olvidemos que algunas semillas transgénicas son resistentes a determinados venenos insecticidas y tanto las semillas como los insecticidas son vendidos por la misma empresa agroquímica. Esto provoca un abuso en los insecticidas que envenena el campo, el aire y las aguas.

---

[26] La sociedad agraria COAG, algunos grupos ecologistas como Amigos de la Tierra, Ecologistas en Acción y Greenpeace, con la colaboración de Científicos por el Medio Ambiente (CIMA) y más de 300 investigadores, presentaron en 2008 la Declaración de personalidades y organizaciones de la sociedad civil sobre las aplicaciones de la biotecnología en la modificación genética de plantas, ante la amenaza que representan para la agricultura y la sostenibilidad. Puede verse más en: www.greenpeace.es (la lista de científicos y asociaciones firmantes no para de aumentar).

Tabla 5: Datos Asombrosos.

Periodo en incrementar 1.000 millones de personas al ritmo actual	14 años
Mujeres que mueren anualmente por el embarazo o el parto	580.000
Porcentaje de niñas sin escolarizar respecto al total	60%
Personas sin vivienda digna	1.000 millones
Personas sin techo alguno	100 millones (5 en los países ricos)
Analfabetismo entre adultos	840 millones
Población con menos de 40 años de esperanza de vida	20%
Niños con malnutrición grave o moderada	160 millones
Sin agua potable	1.200 millones
Mortandad por enfermedades infecciosas/parasitarias curables	7 millones al año
Porcentaje de mujeres pobres en países en desarrollo	70%
Porcentaje de mujeres analfabetas en países en desarrollo	65%
Porcentaje de mujeres refugiadas	80%
La suma del patrimonio de los 3 mayores multimillonarios equivale a	Suma del PIB de los 48 países menos desarrollados (600 millones hab.)
Deuda externa de los 20 países con mayor endeudamiento	5.500 millones de dólares
Gasto electoral en EE.UU. (Elecciones noviembre 2000)	Más de 4.000 millones de dólares
Presupuesto del club de fútbol Real Madrid (2000/2001)	199,8 millones de euros

Los alimentos transgénicos no pueden solucionar el hambre del mundo porque el hambre no es un problema de falta de alimentación, sino de falta de buena partición de la riqueza. Si algún día los países pobres no tienen deuda externa y dedican sus terrenos para alimentarse y no para vender los productos a los ricos (té, cacao, café, algodón, cacahuetes...), entonces su hambre podrá ser saciada. De otras causas ya hemos hablado antes.

En 2002 saltó la noticia de que una empresa había conseguido descifrar el genoma del arroz y que esto llevaría a paliar el hambre del mundo. Esa empresa pretende hacer creer al mundo que el hambre que padece es por culpa de que el arroz que la naturaleza ha creado es imperfecto. Pretende hacer creer al mundo que son capaces de mejorar el arroz, sin ningún efecto secundario, por supuesto, y que además, todo ese inmenso trabajo lo realizan por amor a la humanidad. Los millones de dólares que cuesta esa investigación pretenden lógicamente ser recuperados con creces vendiendo ese arroz cuando supuestamente lo consigan, lo cual, generará más hambre, más diferencias sociales, más injusticia y más dependencia de los países pobres de las multinacionales de los países ricos. Así, los países ricos pueden sentirse bien al facilitar un arroz "con vitaminas" evitando que los pobres tengan derecho a buscar una alimentación rica y variada.

Por otra parte, es urgente establecer mecanismos para que el precio que pagan los consumidores vaya al agricultor más que a los intermediarios, y que el agricultor sienta la responsabilidad de conservar su suelo y la vida que albergan sus tierras, al igual que conservar las semillas y las variedades que históricamente le han legado sus antepasados. No podemos permitir que la biotecnología ponga en peligro esas variedades, cosa que está ocurriendo. El hombre ha cultivado entre 7000 y 10000 especies, pero hoy solo se cultivan unas 150, de las que 12 representan el 70%. Los cultivos muy homogéneos son inherentemente inestables y cualquier problema puede convertirse en una plaga, en un drama.

3.14. La energía

Ya hemos visto anteriormente la fuerte dependencia que tiene el mundo actual de la energía y esa dependencia es cada vez mayor. Hasta la segunda mitad del siglo XX en todos los países, incluidos los más desarrollados, la mayoría de la población se contentaba con tener un trabajo digno que le permitiera comer y mantener una familia. En la sociedad actual de los países ricos la mayoría de la población aspira a más que eso y, por eso, es frecuente que no se acepten determinados trabajos "duros" (en el campo, por ejemplo) dejando esos empleos en manos de inmigrantes, que son menos exigentes. Las clases medias de los países ricos se pueden permitir multitud de "lujos" impensables en otros países, o hace no muchos años (varias viviendas, coches, televisores, frigoríficos, ordenadores...). Por supuesto, eso supone un aumento en la calidad de vida y eso es, así visto, indudablemente muy bueno.

El problema surge cuando se observa que muchos de esos "lujos" necesitan energía para producirse y para funcionar. Recordemos que la mayor parte de la energía eléctrica actual se produce de forma no limpia, principalmente en centrales térmicas (carbón, petróleo o gas) o nucleares. Es una pena, en nuestra opinión, que los ciudadanos de los países ricos estén tan acostumbrados a esos lujos que no los aprecien en su justa medida.

La dependencia del petróleo es tan inmensa que, por ejemplo, una subida brusca en su precio provocó en el año 2000 fuertes manifestaciones de diversos colectivos (agricultores, transportistas...) en bastantes países de Europa (Francia, España...). Este problema se hace aún mayor en cuanto añadimos el progresivo desarrollo de los países más desfavorecidos que, lógicamente quieren desarrollarse a costa de consumir más energía. El crecimiento demográfico es otro factor que induce a pensar que en el futuro se consumirá mucha más energía.

Es urgente ir desplazando la dependencia del petróleo, por otras fuentes de energía. Además de las razones ya expuestas están las siguientes:

1. Los combustibles fósiles son una fuente de energía finita, aunque se sospecha que hay petróleo para, al menos, unos 50 años más. También el uranio para las

centrales nucleares es finito y se agotará en un plazo de 50 u 80 años, si no se abren nuevas centrales en el mundo.

2. Crea una fuerte dependencia de los países productores y está en su mano provocar disturbios sociales en los países consumidores. Esto se irá agravando conforme se incremente el consumo de petróleo, especialmente por los países en desarrollo que no pueden optar por otras fuentes de energía. Así, una posible revuelta en Arabia Saudita, uno de los principales exportadores de petróleo, podría afectar a medio mundo. De ahí se explica la rentabilidad de la guerra del Golfo (1990-1991) en la que los países desarrollados (con EE.UU. a la cabeza) defendieron Kuwait (otro gran productor de petróleo) de la invasión de Irak. Al menos, EE.UU. no consigue ya engañar al mundo. En las manifestaciones contra la ocupación de Irak por parte de EE.UU. en 2003, un clamor típico fue "no más sangre por petróleo"[27]. Las fuentes de uranio están también en su mayoría fuera de la Unión Europea.

3. Cambio climático: Ya nadie duda de los inconvenientes del petróleo y de su responsabilidad en el cambio climático, en el aumento de los desastres climáticos naturales, desaparición de los polos, crecimiento del nivel de los océanos, desertización, aumento de enfermedades respiratorias, lluvia ácida... Pero, de hecho, si el cambio climático fuera falso, nuestras obligaciones para con el planeta no cambian, como se muestra en el Apéndice C.

4. Contaminación que se produce en los lugares de extracción o por accidentes de petroleros, roturas de oleoductos... Por desgracia la lista de ese tipo de accidentes es muy larga, y junto con la limpieza ilegal que hacen algunos buques, podemos decir que en España ya casi podemos hablar de que estamos acostumbrados a ver petróleo en nuestras costas, mientras la ineficacia de nuestros políticos es ya más que patente... pues hay muchas dudas sobre si alguien pagará los daños del petrolero Prestige (igual que aún nadie ha pagado por el accidente de Aznalcóllar de 1998).

5. Con petróleo pueden fabricarse multitud de materias primas (fibras, plásticos...), por lo que parece absurdo quemar tan valioso recurso.

Respecto a la energía nuclear, parece que hay bastante consenso social e institucional de no promoverla y de ir eliminándola paulatinamente. Los partidarios de esa forma de energía se han quedado aislados pues en varias conferencias sobre el

---

[27] En esa guerra, lo primero que defendieron los militares estadounidenses fueron los pozos de petróleo y el edificio del "Ministerio del Petróleo", mientras que museos, hospitales y aeropuertos eran saqueados (en particular, el aeropuerto principal fue saqueado por los propios militares estadounidenses). Demostrado que EE.UU. buscaba solo petróleo, han pasado ya 4 años de la invasión y aún en Irak no hay paz. Todos los días muere gente en atentados y ataques indiscriminados. Se sospecha que en este conflicto el 90% de los muertos son, están siendo, civiles, lo que confirma que este porcentaje está aumentando con el tiempo, conflicto a conflicto. No obstante, los pozos petrolíferos de Irak siguen funcionando y el petróleo sale de Irak diaria y puntualmente.

clima se ha llegado al consenso generalizado de que no son la solución. De hecho, el problema de estas centrales no es solo el rechazo social, sino sus enormes costos económicos y medioambientales, que hacen que la rentabilidad sea solo asumida si hay dinero público. Francia, el país que más utiliza este tipo de energía (72,9%) ha visto incrementado el costo, pues tras el atentado del 11 de septiembre de 2001, ese país ha reforzado la seguridad de sus centrales con misiles y fuerzas militares. A ese costo económico y al riesgo de accidente que ya había antes, hay que aumentar ahora el riesgo de un atentado. Sencillamente, el riesgo es tan grave que no es rentable asumirlo por unos cuantos megavatios de energía.

Y aún en condiciones óptimas, el problema más grave de esta forma de energía son sus desechos radiactivos de larga duración. Esos desechos son tan peligrosos que no es fácil encontrar un sitio donde ponerlos y garantizar que no se producirá ningún evento que libere la contaminación en 240.000 años (10 veces la vida media del plutonio). Ningún cementerio nuclear tiene garantías suficientes en ese tiempo. ¿Qué opinarán los habitantes del año 3000 si un terremoto (por ejemplo) deja al descubierto un cementerio nuclear?

A todo lo dicho hay que sumar el riesgo que supone el transporte de este tipo de residuos. Para tener una idea del tamaño de los residuos de los que hablamos, tengamos en cuenta que una planta nuclear puede generar unas 250 toneladas de desechos radiactivos por cada 1.000 megavatios de electricidad producida. A esto hay que añadir que desmantelar una central nuclear generará más desechos radiactivos que los que produjo en toda su vida útil, cuestión que hay que tener en cuenta en los gastos totales.

Como colofón, comentaremos que el plutonio (residuo de una central nuclear) se purifica y se convierte en armamento más fácil que el Uranio-235, por lo que hay que contar con la posibilidad de desviarlo para la fabricación de armas nucleares o las llamadas "bombas sucias", por parte de grupos terroristas.

4. ¿Soluciones?

Hemos visto, muy resumidamente, algunos de los problemas que se plantean por el hecho de ser muchos habitantes en un mundo, por una parte con recursos tan limitados y por otra con esos recursos tan mal repartidos y tan sobreexplotados, donde el hombre, demasiadas veces, piensa localmente sin ni siquiera intentar la sostenibilidad de sus actos a largo plazo. Por esto, un "grito de guerra" muy extendido por muchas ONG de ayuda al desarrollo de países pobres es el siguiente: *"Piensa globalmente y actúa localmente"*.

Porque pensar globalmente da una visión de las consecuencias a nivel global de cada acto local o personal. Sin embargo, actuar globalmente es difícil, pues los problemas son inabarcables para un ciudadano corriente. Las actuaciones a nivel global son, principalmente, para políticos y grandes empresarios y los demás podemos contentarnos con demandarles soluciones[28].

Por otro lado, está en nuestra mano actuar localmente, en cada uno de nuestros actos cotidianos. Demasiadas veces podemos elegir entre cerrar o no cerrar un grifo que gotea. Las pequeñas actuaciones locales tienen eco a nivel global, aunque muchas veces ese eco no pueda oírse y, por consiguiente, puede dar la sensación de no obtener recompensa. No hay que actuar localmente esperando ver las consecuencias, sino sabiendo que cada pequeño acto influye a nivel más global y más aún cuando se junta con miles de otros pequeños actos.

Por eso, los siguientes puntos no tienen mucho sentido si pensamos solo localmente. Cerrar un grifo que gotea nos hace ahorrar poca agua, pero si ese ahorro lo juntamos con el ahorro de una ducha rápida y con el ahorro de miles de ciudadanos, obtenemos un resultado global muy interesante. Cierto es que desanima el saber que se desperdicia mucha agua por culpa de tuberías defectuosas que no se arreglan, pero caer en el desánimo es perder esta batalla.

Si bien algunos puntos de los siguientes van enfocados más bien a políticas generales, otros se enfocan en nuestros actos cotidianos y todos deben ser leídos pensando en las consecuencias a nivel global y en lo que nosotros podemos hacer a nivel local. Como ciudadanos, no tenemos poder para cambiar el mundo o cambiar a

---

[28] Por ejemplo, escribirles una carta con nuestros deseos u opiniones puede parecer perder el tiempo pero no lo es si la carta cae junto a muchas otras demandando lo mismo. Para los políticos cada carta cuenta por muchos ciudadanos. Conscientes de esto, muchas ONG organizan campañas para demandar actos concretos enviando cartas y correos electrónicos a ciertas personalidades. Este tipo de campañas puede consultarse por Internet en organizaciones como GreenPeace (www.greenpeace.es, www.colaboracongreenpeace.org) o WWF/Adena (www.wwf.es) para cuestiones medioambientales, o Amnistía Internacional (www.a-i.es) para defender los derechos humanos de ciudadanos concretos. Estas organizaciones han demostrado la eficacia de sus campañas con resultados positivos en muchos casos, por lo que siempre tienen campañas abiertas invitando a la gente a colaborar con ellos actuando conjuntamente.

los demás, pero sí podemos cambiarnos a nosotros mismos. Incluso eso, puede no ser fácil, pero merece la pena intentarlo, ¿o no? Así pues, aquí van algunas ¿soluciones?

4.1. Conocer el problema de la superpoblación

Todos los políticos de todos los países deberían estudiar el problema del crecimiento demográfico y su influencia directa en los daños medioambientales y en los problemas sociales a nivel global. Los políticos, sean de la ideología que sean, deben ser conscientes de que aunque es más cómodo "esperar y ver", puede ser que se llegue tarde con la solución. Un acuerdo sobre las políticas a desarrollar en este sentido es más necesario que nunca. Las alarmas están sonando, muchos son los que están avisando y pocos los que están actuando. Esta actitud "políticamente correcta" debe cambiar. Encima, las leyes sobre protección de la Naturaleza se incumplen reiteradamente, y es frecuente que los políticos estén más interesados en otros problemas que en estos. Por ejemplo, suele preocuparles el efecto del envejecimiento de la población, pero este problema no es tan grave si se estudia a fondo, como lo hicieron Paul y Anne Ehrlich:

1. El crecimiento demográfico no puede mantenerse indefinidamente, por lo que el efecto del envejecimiento tendrá que ser afrontado tarde o temprano. Si es tarde, la humanidad tendrá que solucionarlo en un mundo más desgastado, con mayor cantidad de ancianos y donde los problemas actuales serán aún más graves.

2. Es cierto que los ancianos necesitan más cuidados médicos y este gasto podría aumentar estrepitosamente. Pero también es cierto que en un mundo con menos jóvenes bajaría la delincuencia, ya que una inmensa mayoría de los delincuentes tienen entre 16 y 30 años, y esto reduciría gastos del sistema judicial y los gastos sociales y económicos de estas actividades delictivas.

3. Actualmente, las tasas de paro de casi todos los países (pobres y ricos) son mayores de lo deseable. De ahí podríamos deducir que "sobran" jóvenes. Esto influye en el punto anterior, ya que una alta tasa de paro hace aumentar la delincuencia.

4. La inmigración, como veremos, puede ayudar a solventar varios problemas, y éste es uno de ellos. Actualmente todos los países industrializados necesitan cierta tasa de inmigración anual, por ejemplo, para cubrir ciertos puestos de trabajo.

5. Es erróneo pensar que una mayor población joven es mejor para el bienestar del país, como lo demuestran los casos de China e India.

En EE.UU., la organización Population Connection[29] tiene como objetivo principal concienciar a sus ciudadanos sobre el problema del crecimiento demográfico e intentar paliarlo a base de atacar directamente otros problemas. En la Tabla 6 se muestran algunos datos interesantes que difunde esta organización, referidos al mundo y a su país de origen, Estados Unidos. Su planteamiento se resume diciendo que hay que construir una sociedad ideal para los niños (*kid-friendly*) porque ellos son los que más sufren los problemas derivados del exceso de población. Así, ellos intentan difundir la conexión entre población, niños y calidad de vida, hacer ciudades mejores para los niños, porque según ellos esa es la mejor forma de conseguir un mundo mejor (incluyendo ahí frenar el crecimiento demográfico). Este informe es distribuido por muchos medios, incluyendo Internet (www.populationconnection.org), y está enfocado hacia la sociedad estadounidense, aunque, naturalmente, puede aplicarse con algunas modificaciones a otros países. En el preámbulo del informe, el presidente de Population Connection, Peter H. Kostmayer, se quejaba de cómo, conforme crece la población, la gente conoce menos a sus vecinos, estando las ciudades masificadas y despersonalizadas y eso afecta negativamente a los niños (lejanía de sus amigos, individualismo, uso excesivo de televisión y videojuegos...).

El informe de Population Connection está dirigido a todos y cada uno de los ciudadanos indicando lo que se puede hacer para conseguir una ciudad mejor para los niños. Sus ideas son agrupadas en diez categorías, que son una estupenda guía de acción para los ciudadanos y también para nuestros políticos. Aquí pretendemos enumerar estas diez categorías intentando resumir la conexión de cada categoría con el problema de la población:

1. Educación: Clave para estabilizar la población. En todo el mundo, la carencia educativa se traduce en graves problemas, incluyendo pobreza y nacimiento de hijos demasiado temprano.

2. Salud y vida familiar: Tener buena salud es muy importante para tener una buena calidad de vida. Aquellas parejas que tienen acceso a buenos servicios sanitarios (incluyendo planificación familiar) podrán decidir mejor cuántos hijos tener y cuándo tenerlos. En Estados Unidos, 13 millones de niños padecen desnutrición, hambre o están en grave peligro de padecerla. Además, esa desnutrición no solo trae problemas de salud sino también problemas de aprendizaje e integración.

3. Prevención de embarazos en adolescentes: Este es un objetivo básico para reducir el crecimiento demográfico en Estados Unidos, ya que ese país tiene la mayor tasa de embarazos en adolescentes de todo el mundo desarrollado. Cada año, cerca de un millón de adolescentes se quedan embarazadas, de las que más de la mitad concluyen con éxito su embarazo (el resto se distribuye entre abortos voluntarios e involuntarios). Otra estadística señala que cuatro de cada diez chicas se quedan embarazadas antes de alcanzar los 20 años y, como es de esperar, la mayoría son embarazos no deseados. Además, este tipo de embarazos generan muchos problemas de diversa índole. La

---

[29] Population Connection (Education and Action for a Better World): www.populationconnection.org/

probabilidad de que los hijos de madres adolescentes tengan problemas (de salud, de aprendizaje, en el colegio...) es mucho más alta que la media. En esos niños se registran altas tasas de delincuencia y en las niñas altas tasas de maternidad prematura.

4. Pobreza: Según Population Connection no hay forma más rápida de frenar el crecimiento de la población que luchando contra la pobreza. En Estados Unidos la maternidad prematura es causa y consecuencia de la pobreza. Un 83% de las madres adolescentes viven en la pobreza incluso antes de que tengan el hijo, lo cual empeora la situación. También puede resultar asombroso conocer que el país más rico del mundo tiene la tasa de pobreza mayor de todo el mundo occidental industrializado.

5. Preparación para la vida: Enseñar los valores de la sociedad a niños y jóvenes marginados, para que puedan encontrar el camino de su propia vida, tomando las decisiones acertadas.

6. Vida comunitaria: Fomentar las relaciones entre vecinos y respetar nuestro entorno más inmediato. Esto reduce la pobreza, el crimen, los problemas del desarraigo... y puede reducirse el impacto medioambiental con acciones que afecten a toda la comunidad (transporte colectivo, recogida selectiva de basura...). Esto sugiere que la vida comunitaria es más ventajosa que vivir de forma aislada, y no solo porque vivir aisladamente implica construir más carreteras sino porque quita espacio al campo, y las ciudades no pueden crecer ilimitadamente y menos aún si ese crecimiento es un crecimiento disperso de casas aisladas. La gente que trabaja junta, vive junta y juega junta comprende que todos estamos conectados, mejora su calidad de vida y reduce su propio impacto negativo en su entorno.

Tabla 6: Hechos Demográficos.
Fuente: Population Connection (www.populationconnection.org).

Datos de un informe de 2004, excepto los datos en cursiva que son anteriores

Concepto	Mundo	Estados Unidos
Población en el 2003 (en millones): Ahora nos acercamos a los 6700	6.300	291,5
Población prevista en el 2025 (en millones)	7.900	351.1
Nacimientos por cada 1000 personas	22	14
Defunciones por cada 1000 personas	9	9
Periodo de duplicación al actual ritmo de crecimiento	53 años	116 años
Fertilidad media	2,8	2.0
Población menor a 15 años	30%	21%
Población mayor a 65 años	7%	13%
Esperanza de vida masculina	65	74
Esperanza de vida femenina	69	80
Población adulta con SIDA (HIV/AIDS)	1,2%	0,6%
Número de huérfanos por SIDA (menores a 15 años)	13,4 millones	125.000
Defunciones infantiles por cada 1000 nacimientos	55	6,9
Defunciones de madres por cada 100.000 nacimientos	400	12

Mortalidad infantil en niños menores a 5 años	81	8
Vehículos por cada 1000 personas	176	774
Emisiones de dióxido de carbono (toneladas per cápita)	3,9	19,8
Porcentaje de hombres que viven de la agricultura	46%	4%
Porcentaje de mujeres que viven de la agricultura	52%	1%
Tractores por cada 1000 agricultores	20	1.542
Especies de plantas conocidas (solo los géneros más comunes)	270.000	19.473
Especies de plantas amenazadas	25.971 (10%)	2.449 (13%)
Especies de animales conocidos (mamíferos, aves, reptiles, anfibios y peces de agua dulce)	50.723	2.454
Especies de animales amenazadas	3.314 (7%)	260 (11%)
Producto Interior Bruto (PIB) per cápita, (GNP, PPP)	6.300 dólares	29.240 dólares
Media de calorías consumidas per cápita diariamente procedentes de productos animales (Kilocalorías)	441	995
Porcentaje de grano usado para alimentación del ganado	3%	66%
Porcentaje de población (respecto al total mundial)	100%	5%
Consumo de recursos (respecto al total mundial)	100%	25%
Porcentaje de energía generada de fuentes renovables	14%	5%

7. Construcción de la democracia y de la paz: Para construir una nación con éxito son necesarias tres cosas: educación, estabilizar la población y un gobierno democrático. Es necesario que todos sepan que tienen voz dentro de la comunidad y que, además, tienen una responsabilidad en la construcción de esa comunidad. Ese sentimiento de que existe cierto control personal sobre nuestra vida y la de nuestra comunidad hay que transmitirlo a los jóvenes, junto con otros valores que apoyen ese aspecto (cooperación, amistad, comunicación, resolución de problemas...).

8. Medio Ambiente: El crecimiento de la población conlleva, casi inevitablemente, la degradación medioambiental: crecimiento de las ciudades, pérdida de espacios verdes, más vías de comunicación, contaminación de agua, aire y mar, efecto invernadero y cambio climático, extinción de animales... Como se ve en la Tabla 6, Estados Unidos supone el 5% de la población mundial y consume el 25% de los recursos del mundo, a pesar de tener una alta tasa de reciclaje, pero que comparativamente esa tasa es casi insignificante. Su sociedad consume mucho de todo y recicla poco de algo. La educación en el respeto a la Naturaleza es fundamental, pero el cambio necesario es, sin duda, más profundo.

9. Ocio: El objetivo es permitir que los niños sean niños, jueguen, se diviertan y hagan amigos. Esos niños mejoran en salud, rendimiento escolar, relaciones familiares y se reduce su riesgo de caer en comportamientos de riesgo (drogas, delincuencia...). El deporte puede ayudar mucho en esta faceta y no puede olvidarse su promoción y la creación de zonas adecuadas para su práctica. Además, es importante fomentar el deporte entre las niñas.

10. Otros objetivos: Existen proyectos que no encajan en ninguna de las nueve categorías anteriores, pero que también mejoran la vida de los niños y adolescentes. Estos programas se encargan principalmente de niños con problemas especiales y jóvenes sin hogar (incluyendo los que se hayan escapado de su casa). Por ejemplo, en casi todas las ciudades del mundo rico hay gente que reparte comida, ropa y mantas entre los necesitados, especialmente los jóvenes. Además, también ofrecen asistencia socio-psicológica, asesoramiento general, revisiones médicas, vacunas y albergues. Como ventajas añadidas se consigue dificultar que los jóvenes caigan en las drogas o el tabaco, en diversas formas de delincuencia (incluyendo abusos sexuales), en embarazos no deseados y en enfermedades de transmisión sexual.

La labor de la organización Population Connection es, como hemos visto, actuar directamente sobre problemas sociales en los jóvenes, para mejorar su calidad de vida. Ese es el objetivo principal, aunque saben que tras conseguir ese objetivo también se habrá conseguido, en parte al menos, que esos jóvenes formen una familia cuando quieran y como quieran, libre y responsablemente. Evidentemente, la calidad de vida de los hijos de los jóvenes que participan en esos proyectos será mejor, porque igual que un hijo maltratado será muy probablemente un padre maltratador, también un joven que viva la generosidad y el cuidado, también probablemente lo aprenda y lo ejerza en su tarea educadora.

Es cierto que ese tipo de acciones también deberían ser una prioridad de los gobiernos, pero también hay que aplaudir a aquellas organizaciones que se encargan de llenar esos huecos que dejan los gobiernos por su incompetencia o incapacidad. Existen otras demandas que, por su naturaleza, deberían ser abanderadas por los gobiernos y de ellas nos ocuparemos una a una a continuación. Que nadie entienda que se trata de verter toda la responsabilidad sobre los gobiernos, porque ello haría fracasar cualquier acción. La responsabilidad principal es de todos y cada uno de nosotros, primero porque conjuntamente somos más efectivos y poderosos que todos los gobiernos juntos, y segundo porque, en democracia, somos nosotros, el pueblo, los que elegimos quien queremos que nos gobierne y cómo queremos que nos gobierne. Por otra parte, no podemos despreciar el enorme poder que tienen los gobiernos para actuar y legislar, algo que, evidentemente, resulta fundamental para conseguir cualquier objetivo de los que vamos a proponer a continuación. Con esto queremos dejar claro que las acciones que a continuación se detallan son responsabilidad de todos, cada uno dentro de su ámbito y de sus convicciones.

Todas esas actuaciones propuestas son indudablemente buenas, aunque algunos argumentan que no es necesario preocuparse por el aumento de la población ya que la llamada transición demográfica se encargará de estabilizarla. Esta es, de hecho, otra cuestión que no imaginó Malthus. La llamada transición demográfica de los países avanzados se ha producido en la mayoría de estos países y consiste en pasar de elevadas tasas de natalidad y mortalidad a las bajas tasas actuales en ambos sentidos. En esta transición suele sufrirse una etapa intermedia en la cual la tasa de crecimiento aumenta más debido a que la tasa de mortalidad decrece antes que la de natalidad. En los países industrializados la bajada en la tasa de mortalidad se produjo por mejoras paulatinas en la sanidad e higiene que hicieron que la tasa de natalidad se adaptara bajando progresivamente. A esto se unió que el exceso de población emigró a otros continentes en la etapa de colonización, principalmente al llamado Nuevo Mundo.

Pero confiar en la transición demográfica de los países en desarrollo centrándose en potenciar el libre comercio y otros factores que aceleren el crecimiento económico de los países en desarrollo es un error, tal y como lo afirman los científicos Nebel y Wrigth[30]. Primero porque en algunas naciones el crecimiento demográfico es tan rápido que imposibilita el progreso económico al tenerse que distribuir los adelantos entre un número creciente de personas. Segundo, porque la presión sobre la biosfera y la pérdida de biodiversidad son en gran parte consecuencia del estilo de vida consumista de los más de 1.200 millones de habitantes de los países desarrollados. Y si esos 1.200 millones causan tantos desastres, un mundo sin países en desarrollo provocaría un colapso antes de que esa meta se consiguiera. A eso hay que añadir la tendencia a aumentar el número de familias (de lo cual hablamos antes) y que, por otra parte, hay factores que influyen en la transición demográfica más que el desarrollo.

Desde el punto de vista de las sociedades acomodadas puede resultar difícil de entender el porqué las familias de los países en desarrollo suelen ser tan numerosas. En los países ricos los hijos requieren gran parte del presupuesto familiar, que se ve así disminuido para otros usos. Sin embargo, en otros países es bastante razonable optar por familias numerosas. Las razones para ello pueden ser muy diversas pero podemos sintetizarlas en seis, que nos sirven para mostrar también seis acciones que habría que potenciar para evitar estas seis razones:

1. **Seguridad en la vejez:** Como en los países pobres no existe seguridad social, jubilaciones, ni servicios médicos adecuados, entonces los ancianos necesitan de los hijos para ser cuidados.

2. **Mortalidad infantil:** Una elevada mortalidad infantil produce una tasa de fertilidad mayor (por el punto anterior). Tener una alta mortalidad infantil no estabiliza la población y, por supuesto, es inaceptable.

3. **Explotación infantil:** Cuando los niños en vez de ir al colegio contribuyen notablemente al trabajo familiar, los hijos son vistos como ayudas y no como cargas. En los países desarrollados los hijos no contribuyen notablemente al bienestar familiar por lo que son vistos como cargas: alimentarlos, vestirlos, educarlos...

4. **Educación:** Es evidente la relación de este factor con el anterior. Cuando los niños van a la escuela se les retira del trabajo familiar y suponen una carga extra (vestido, material...). La educación de las niñas es todavía vista como innecesaria en multitud de países. Por supuesto, la educación ofrece multitud de oportunidades nuevas.

---

[30] Puede verse un resumen de su libro "Ciencias Ambientales: Ecología y Desarrollo Sostenible" en Internet: blogsostenible.wordpress.com

5. **Condición de las mujeres:** La discriminación de la mujer (acceso restringido a educación, a negocios, a la propiedad, a la política...) fuerza a que sean vistas casi exclusivamente como cuidadoras de hijos. En los países en desarrollo (en particular los de África), las mujeres son las que hacen la mayor parte del trabajo, desde el cuidado de los hijos, hasta las duras tareas del campo.

6. **Disponibilidad de anticonceptivos:** Los estudios demuestran una fuerte correlación entre tasas menores de fertilidad y el porcentaje de parejas que los utilizan. La plaga del SIDA (VIH) también debe tenerse en cuenta.

Con todos estos ingredientes, se forma un círculo vicioso en el que la pobreza obliga a la degradación ambiental[31] para subsistir, y esto hace que sea ventajoso tener familias numerosas, lo cual, unido a la falta de anticonceptivos, produce una fertilidad elevada que hace dividir los recursos entre una población mayor, lo cual nos lleva a la pobreza de la que partimos.

En los países en desarrollo la rápida mejora de la sanidad ha reducido la mortalidad infantil sin dar tiempo a las parejas a adaptarse a esa nueva situación. Incluso las empresas de alimentos infantiles, con una absoluta falta de ética, han fomentado sus productos en países en desarrollo, lo que hace que se pierda la alimentación materna y con ello aumenta la posibilidad de que la madre quede nuevamente embarazada. Aparte, el uso de esos alimentos con agua sin esterilizar y sin las medidas higiénicas necesarias, hace aumentar las enfermedades infantiles.

Se demuestra, por tanto, que no basta el crecimiento de la riqueza para reducir todos estos problemas y, además, ese crecimiento suele dejar al margen a la mayoría de la población. La Conferencia de El Cairo de 1994 estableció también la necesidad de parar el crecimiento demográfico a través de los factores expuestos. Lewis Preston, que era presidente del Banco Mundial[32], resumió: "si no nos ocupamos del rápido crecimiento demográfico no vamos a reducir la pobreza y el desarrollo no será sostenible".

4.2. Potenciar el papel de la ONU

En 1969 se creó el Fondo para Actividades de Población de las Naciones Unidas, conocido por sus siglas en inglés **UNFPA** (United Nations Fund for

---

[31] Que la pobreza genere degradación ambiental no implica que la riqueza no genere esta degradación. De hecho, la degradación de los países ricos es aún más grave y con menor justificación. Podemos criticar las causas de la pobreza, pero no los daños ambientales que esa pobreza genera. En cambio, la degradación ambiental de los países ricos puede ser criticada abiertamente porque sus causas, en muchos casos, no se basan en artículos de primera necesidad o en cuestiones de salud básica, sino en una calidad de vida basada en productos prescindibles. De aquí inferimos, la llamada "austeridad ecológica" de la que se habla posteriormente.

[32] Recomendamos la lectura del libro "La doctrina del shock" de Naomi Klein en el que analiza algunos efectos ingratos del FMI y del Banco Mundial (tienes un resumen en blogsostenible.wordpress.com).

Population Activities)[33], una sección de la **ONU** (Organización de las Naciones Unidas) cuyo objetivo principal es mejorar la asistencia sanitaria en reproducción, incluyendo la sanidad infantil y la planificación familiar voluntaria. Desde entonces, el UNFPA participa activamente en la solución de todos esos problemas comentados, pero aún queda mucho por hacer.

En un informe reciente de este Fondo de la ONU, titulado "Población, Pobreza y Oportunidades", se concluye que es necesario bajar la natalidad de las naciones en desarrollo para no empobrecer. En los países ricos fue demostrado en tiempos de la revolución industrial: a menor tasa de fecundidad, mayor productividad, mayor ahorro, mayor inversión y, en definitiva, mayor desarrollo tanto a nivel familiar como nacional. El informe aclara que ahora estamos en una "ventana de oportunidad" y que aún estamos a tiempo para aprovecharla, pero que esa "ventana" se cerrará al cabo de una generación. Los beneficios los cuantifican del siguiente modo: Una reducción del 4 por mil en la tasa de natalidad se traduciría en una reducción del 2,4% en el número de pobres en la próxima década. La ONU parte de que cuando se disponen de opciones reales, las familias pobres tienen menos hijos. En Brasil, por ejemplo, la caída de la fecundidad en un 0,7%, ha permitido un crecimiento anual idéntico del PIB. Resumiendo, los objetivos que se proponen son erradicar la pobreza extrema, promover la planificación familiar, lograr la educación primaria universal y que ésta no sea interrumpida o abreviada, reducir la mortalidad infantil, mejorar la salud materna y combatir ciertas enfermedades como el SIDA, la tuberculosis o el paludismo. El informe también añade que hay más mujeres viviendo en la pobreza que hombres, y que más de 3 mil millones de personas (la mitad de la población del mundo) sobreviven con solo 3 euros al día.

En el año 2000, UNFPA prestaba asistencia a 142 países de todo el mundo y en algunos de esos países la mortalidad infantil ha caído a la mitad, igual que la tasa de natalidad. Esta organización está subvencionada por gobiernos de países desarrollados y en el año 2000 solo eran seis (Holanda, Japón, Reino Unido, Noruega, Dinamarca y los Estados Unidos). Hay que pedir que a esos países se sumen otros, porque la eficacia de UNFPA está sobradamente probada. España prometió 543.969 euros para UNFPA, pero al final ha disminuido la cantidad prometida. Más radical, el ex presidente Bush retiró toda la ayuda a UNFPA, a pesar de que esta organización no financia ni promociona el aborto, como método para el control de la natalidad. UNFPA afirma que los 34 millones de dólares de la contribución estadounidense son suficientes para prevenir 2 millones de embarazos no deseados, 4.700 defunciones por maternidad y más de 77.000 muertes infantiles.

El Departamento de Asuntos Económicos y Sociales de las Naciones Unidas, emitió también un informe titulado "Población, Medio Ambiente y Desarrollo" (2001), en el que se mostraban algunas conclusiones y datos interesantes, como los siguientes:

- En 1950, el 68% de la población mundial vivía en las regiones menos desarrolladas, mientras que en 2001 el porcentaje ascendía al 80%. De los 77

---

[33] www.unfpa.org (tiene mucha información en español).

millones de personas que se suman anualmente a la población mundial, el 97% vive en regiones menos desarrolladas.

- Si nos vamos a los gobiernos, resulta curioso pero razonablemente egoísta que en las regiones más desarrolladas haya mucha menor preocupación de los gobiernos por el vínculo entre población y contaminación. Así, en los países desarrollados las actuaciones sobre el medio ambiente no hacen referencia a la dinámica demográfica, mientras que en las regiones menos desarrolladas este crecimiento demográfico está presente en la prevención de la degradación del medio ambiente.

- Las encuestas de opinión reflejan un interés creciente, en todo el mundo, por las políticas que defiendan el medio ambiente. Solo en Estados Unidos y Canadá disminuyó esa preocupación respecto a los datos de 1992. El informe señala que la aplicación de leyes más estrictas y del principio según el cual "quien contamina paga", son consideradas por los ciudadanos de todo el mundo como las mejores maneras de reducir la contaminación.

- Es curioso y descorazonador saber que actualmente en los países en desarrollo se utiliza más tierra para cultivar pienso y forraje, que para cultivar alimentos directamente consumidos por los seres humanos. Esto se debe a una creciente preferencia por la carne y los productos lácteos. Como decía Peter Singer en su "Ética Práctica"[34], "la carne es un **lujo** y se consume porque a la gente le gusta su sabor", un argumento "relativamente secundario con respecto a la vida y el bienestar de los animales". Pero además, Singer no olvida algo que ya hemos dicho anteriormente, que "se hace que los animales tengan una vida miserable para conseguir que su carne esté disponible para los humanos al menor coste posible"[35].

- Algunos tipos de contaminación están mucho más vinculados a determinadas tecnologías que a la presión demográfica o al crecimiento económico, pero aunque esas dos causas no sean ni las únicas ni las principales, sí contribuyen a agravar la magnitud del daño ecológico y su influencia es global. Por tanto, el crecimiento demográfico influye en muchos tipos de contaminación o perturbaciones y pasa a ser "el factor más importante". Por ejemplo, las altas tasas de emisión de CO_2 y otros gases están vinculadas a los altos niveles de desarrollo y al crecimiento económico más que al crecimiento demográfico, pero en igualdad de condiciones resulta evidente que el aumento de la población influye directamente en el aumento de esta contaminación. Lo mismo puede decirse respecto a los residuos generados. Sin embargo, algunas

---

[34] Puede verse un resumen en: blogsostenible.wordpress.com

[35] El documental "EARTHLINGS" muestra con toda dureza el maltrato animal que genera el consumo abusivo de productos de procedencia animal. Puede verse en Internet (por ejemplo en es.youtube.com).

ciudades de alto crecimiento poblacional han sabido adaptarse sin demasiados problemas ambientales: Curitiba y Porto Alegre en Brasil son ejemplos de ello.

- El informe concluye que si hay riqueza, aumenta la demanda de bienes, lo cual intensifica una producción intrínsecamente contaminante (por el uso de energía, o de sustancias químicas...). Si hay pobreza, el crecimiento demográfico inherente conduce a sobreexplotar los recursos naturales.

- Es especialmente triste la conclusión de que conservar un ecosistema único e interesante es "intrínsecamente incompatible" con asentamientos humanos densos, o, por supuesto, con la explotación intensiva de sus recursos.

- En las soluciones hay que tener en cuenta que los factores sociales e institucionales pueden tener la misma importancia, o más, que los tecnológicos.

- Respecto a las ciudades se concluye que "la concentración de la población y las empresas en las zonas urbanas reduce apreciablemente los costes unitarios que conlleva dotar a cada edificio de agua, alcantarillado, electricidad... En las ciudades grandes, además, se optimiza el uso del transporte colectivo y se consume menos terreno y energía per cápita. Como el transporte aumenta con la dispersión de la población, es preferible pocas grandes ciudades que muchas pequeñas.

4.3. Desarrollo sostenible: las cuatro leyes básicas

Los políticos son responsables de promover el *desarrollo* social, económico y científico y ese desarrollo debe tender, urgente y obligatoriamente, a lo que se ha llamado como "desarrollo sostenible", algo que, aunque ya empieza a ser una expresión común y que hemos usado ya en este documento, no está aún muy definido, pero que tiene, forzosamente, que contar con todos los factores que analizamos en esta obra. Pero no podemos escudarnos en esa responsabilidad de la clase política para justificar nuestra inactividad. Conseguir un desarrollo adecuado depende de todos.

Una buena definición para Desarrollo Sostenible es la aportada por el Informe de la Comisión Mundial sobre el Medio Ambiente y el Desarrollo (Comisión Brundtland: Nuestro Futuro Común, 1987): "*Es el desarrollo que satisface las necesidades actuales de las personas sin comprometer la capacidad de las futuras generaciones para satisfacer las suyas*".

Una definición muy bonita, pero que dice poco sobre lo que hay que hacer para que un pueblo o el mundo pueda desarrollarse sosteniblemente.

El actor, humorista y escritor estadounidense Groucho Marx (1895-1977) decía que "Inteligencia militar son términos contradictorios". Lo mismo le ocurre, según algunos, a la expresión "desarrollo sostenible", pero no pueden ser términos contradictorios, porque tenemos que encontrar la forma de compaginar nuestros descubrimientos científicos con la sostenibilidad. Ahora bien, si hasta ahora ha primado más el desarrollo que la sostenibilidad, en el siglo XXI se tiene que efectuar la que yo llamaría la segunda "gran mutación", primar más la sostenibilidad que el desarrollo[36].

Porque el desarrollo no es un consumo desmedido de bienes y energía cuyo objetivo pretende únicamente el bienestar personal. Algunos, consideran que los defensores del desarrollo sostenible pretenden volver a la época de las cavernas. El desarrollo sostenible debe verse más como un avance que como un retroceso, pero no un avance a cualquier precio, sino un avance controlando el precio que se paga por él y, por supuesto, prestando atención a otros aspectos que pueden ser más importantes que el propio desarrollo. Alcanzar la sostenibilidad es un paso más del desarrollo humano, y tal vez, para alcanzar eso sea necesario un decrecimiento en lo económico, porque el mero crecimiento económico no mide el bienestar. El crecimiento económico continuo en el sentido actual de los países desarrollados no es viable a nivel global[37].

Por otro lado, también es cierto que alcanzar el desarrollo sostenible no es fácil. Así, Nebel y Wrigth indican que alcanzar el desarrollo sostenible "va a requerir un grado especial de dedicación, compromiso e interés mutuo de los ciudadanos de la comunidad mundial. (...) Si realmente logramos la transición a una sociedad sostenible, será un acontecimiento único en la historia de la humanidad; ninguna sociedad sobre la Tierra lo ha conseguido". El reto es difícil pero necesario. No hay que ser pesimistas, sino realistas, y darse cuenta de que la ciencia tiene tanta responsabilidad como la política.

Afortunadamente, cada vez son más escasos los críticos del ambientalismo (a veces llamados cornucopianos) que confían en la capacidad del hombre para encontrar una solución a cualquier problema que surja, tildando a los ecologistas y ambientalistas de pesimistas. Carl Sagan comparaba a los ecologistas con el personaje mitológico de Casandra, quien era considerada catastrofista porque avisaba de las catástrofes con antelación:

> La princesa de Troya **Casandra** era la más bella e inteligente de las hijas del rey Príamo. Apolo, dios del Sol en la mitología griega, se enamoró de ella y Casandra prometió casarse con él si le concedía el don de la profecía, para adivinar el futuro. Tan pronto como Apolo le concedió el don pactado, Casandra retiró su palabra y Apolo, como justo castigo, declaró que nadie

---

[36] La primera gran mutación es citada por Bertrand De Jouvenel en su obra "La Civilización de la Potencia: De la Economía política a la Ecología política" (blogsostenible.wordpress.com). Consiste en la transición en el uso de las formas de energía básicas, de las fuerzas del suelo (biológicas y superficiales como el viento o el agua), a las fuerzas del subsuelo (carbón, petróleo...). Un fantástico libro que estudia el desarrollo humano y su influencia ambiental.

[37] El decrecimiento ha sido analizado por economistas como Herman Daly, Georgescu Roegen o Serge Latouche. Es un movimiento muy criticado y muy controvertido, pero si el sistema actual no funciona, hay que buscar alternativas. Busquémoslas.

creería en sus predicciones. Así fue como ella anunció las desgracias por las que pasaría Príamo, su hermano Paris y el pueblo troyano, y hasta quiso impedir que los troyanos introdujesen en su ciudad el caballo de madera que les trajo la destrucción. No solo no la creyeron sino que la tomaron por loca y la encerraron. Ni siquiera Agamenón creyó en sus profecías, lo que les costó la vida a ambos.

Pero... ¿alguien ha conseguido alguna vez el desarrollo sostenible para que podamos copiar su modelo? Sí, existe una organización que ha demostrado no solo desarrollarse sosteniblemente, sino saber adaptarse a los cambios, mejorar en cada generación y respetar los derechos de las futuras generaciones. Nos referimos a la Naturaleza. La idea es simple: Estudiar porqué y cómo la Naturaleza consigue ese desarrollo sostenible y aplicar sus principios a las sociedades humanas. La primera parte de esa afirmación ya se ha hecho, sintetizándose en cuatro **leyes básicas de la sostenibilidad** de los seres vivos. Estas leyes indican unas propiedades necesarias para que un ecosistema pueda mantenerse indefinidamente. No es difícil comprobar que las cuatro leyes se cumplen en todos los ecosistemas naturales y no son satisfechos por la mayoría de los ecosistemas artificiales en donde el hombre vive y donde el hombre ha intervenido demasiado. Vamos a resumir estas cuatro leyes de la sostenibilidad.

4.3.1. Los ecosistemas RECICLAN todos sus elementos

Con el reciclaje, la naturaleza se libra de los desechos y repone los nutrientes, formando parte de un ciclo coherente. Muchas veces el hombre establece el flujo (de nutrientes, materiales...) solo en un sentido, provocando problemas de agotamiento en unos lugares y de contaminación en otros.

Por ejemplo, los residuos de los productos orgánicos que utilizamos (basura orgánica), en vez de devolverlos al suelo (abono) son depositados masivamente en basureros o tirados a las aguas (ríos y mares) donde contaminan muchísimo (eutroficación). Quitamos nutrientes al campo y los depositamos en vertederos. Por otro lado, como las tierras de cultivo están muy explotadas, se requieren abonos y como los anteriores se tiran, se recurre a abonos químicos que, usados en exceso, contaminan las aguas subterráneas y de ahí gran parte de la cadena alimenticia. A eso hay que sumar la contaminación en el lugar de extracción de esos productos químicos, transporte... Hay que recordar que con la basura orgánica y con los residuos de las plantas de tratamiento de las aguas negras se puede hacer el mejor abono, reciclando los nutrientes, como hace la Naturaleza.

Reducir un 20% de productos químicos en la agricultura puede significar un ahorro económico, sanitario y ambiental que compensaría con creces la posible reducción de la cosecha. Esta reducción es urgente y debería exigirse, acompañándola con la información pertinente a los agricultores. Resulta llamativo que sean los productos ecológicos los que llevan una etiqueta y un control, mientras que los productos contaminantes y contaminados no tienen que pasar tantos controles.

4.3.2. Los ecosistemas aprovechan la ENERGÍA SOLAR

El Sol es la fuente de energía básica en la Naturaleza. En cambio el hombre utiliza otras fuentes de energía contaminantes (nuclear, petróleo...). Incluso, para la producción de alimentos, que utilizan forzosamente la energía solar para producirse, el hombre también utiliza energías contaminantes en las actividades de la agricultura moderna (preparación de los campos, fertilización, control de plagas, cosechado, procesado, conservación, transporte...).

En la Naturaleza prácticamente el 100% de la energía utilizada se obtiene del Sol a través de las plantas verdes (productores), que realizan la fotosíntesis usando la energía solar y otros compuestos para crecer (agua, dióxido de carbono, nitrato, fosfato, potasio...). Así, no es poético decir que una fruta encierra la energía del Sol.

Por otra parte, los consumidores son, en la Naturaleza, aquellos que no producen materia orgánica, sino que utilizan la creada por los productores. Con el proceso llamado respiración celular, los consumidores devuelven a la Naturaleza el agua y el dióxido de carbono que almacenaron los productores, y utilizan la energía obtenida de esa reacción química para vivir. Obsérvese que en la Naturaleza los productores y los consumidores se necesitan para poder vivir, reciclan entre ambos los materiales y utilizan para todo la energía solar. Esta es una de las razones más importantes para defender los bosques y crear nuevos. Las plantas limpian el aire que ensucian los coches, fábricas... ¡Anímate a plantar árboles! ¡Deja de leer esto y planta un árbol cuanto antes! Bueno, más que plantar un árbol lo que hace falta es un hábito en plantarlos y en respetarlos[38].

4.3.3. El TAMAÑO de las POBLACIONES de consumidores debe permitir la regeneración de los alimentos consumidos

La tercera ley de la sostenibilidad exige que no haya pastoreo excesivo. Como vimos antes, en la Naturaleza los seres vivos se comen unos a otros excepto los productores. Estos niveles son llamados alimentarios o tróficos. Pues bien, solo una pequeña parte de los alimentos puede pasar al nivel trófico superior, por lo que en cada nivel trófico debe haber menos individuos para garantizar la sostenibilidad (debe haber menos leones que gacelas y menos gacelas que pasto). Sin embargo, especialmente en los últimos años el hombre está provocando un desequilibrio global, debido a un crecimiento desmedido de la población humana que provoca una ingente pérdida de biodiversidad, deforestación, pesca y ganadería excesiva... en definitiva un *consumo excesivo de todo* en general.

En el caso de los humanos, el incumplimiento de este tercer principio es lo que está haciendo que el incumplimiento de los otros tres sea más grave cada día que pasa. Este no es un problema fácil de solucionar, pero tampoco se puede mirar para

---

[38] Puedes aprender cómo plantar árboles fácilmente en el Apéndice A.

otro lado: mejorar en igualdad en todos los países, evitar medidas que fomenten la natalidad...

Es frecuente que en España haya políticos que defienden las políticas para fomentar la natalidad escudándose en que hacen falta jóvenes para garantizar las pensiones. Es un argumento falso por dos motivos. Primero, las tajas de paro juvenil demuestran que no hacen falta más niños, y segundo, si hiciera falta mano de obra basta con abrir más las fronteras, pues desgraciadamente hay demasiada gente que estaría encantada de venir a trabajar a Europa.

4.3.4. La BIODIVERSIDAD debe mantenerse

Cada ser vivo tiene un código genético (ADN) único (excepto gemelos y clones) que garantiza la variedad y la riqueza de adaptación en caso de cambiar o alterarse las condiciones de vida. Conforme se reduce una población concreta, se reducen también las posibilidades de adaptación en el futuro. Incluso, si una especie es rescatada del borde de la extinción y su número se restablece, tendrá una uniformidad genética que hará que sea muy vulnerable ante cualquier imprevisto (una enfermedad, por ejemplo).

De ahí la importancia de conservar los bosques, ríos y mares, que es donde se conserva la biodiversidad natural. Por lo mismo, las autopistas o autovías para coches separan poblaciones de individuos evitándose las bondades del intercambio genético entre las distintas poblaciones. En España, por ejemplo, ese es uno de los principales motivos por los que el Lince Ibérico es el felino con mayor peligro de extinción del mundo.

Los científicos Nebel y Wrigth concluyen que "los ecosistemas más estables son los que tienen un grado mayor de biodiversidad. Los sistemas simples, en particular los monocultivos, son inherentemente inestables". Por tanto, "conforme reducimos el tamaño de las poblaciones supervivientes (lo que estamos haciendo con innumerables mamíferos, aves y otras especies), disminuimos inevitablemente la variación genética de sus fondos y con ello socavamos sus posibilidades de adaptación en el futuro" ante cualesquiera cambios inesperados en el entorno.

Por ejemplo, los monocultivos extensivos imponen una uniformidad genética que "es extremadamente vulnerable a la aparición de plagas y enfermedades". Más aún, los cultivos de Organismos Manipulados Genéticamente (OMG), los llamados transgénicos, imponen aún más esa uniformidad llevando a muchas variedades naturales (de maíz, soja...) a su extinción. Nos referimos a variedades naturales que se han adaptado con el tiempo a cada zona en particular. Aparte, en algunos casos los OMG generan otros problemas colaterales ya comentados anteriormente (alergias, daños a otras especies...) y, en todo caso, tienen difícil garantizar su validez y seguridad a largo plazo.

La brutal pérdida de biodiversidad que se lleva produciendo en los últimos años nos lleva a perder numerosas posibilidades. Pensemos, por ejemplo, que el 98%

de la flora esta aún sin examinar y que "si esta flora queda destruida antes de ser examinada, perderíamos sustancias medicinales de valor incalculable".

Ante este panorama, es urgente proteger legalmente todos los lugares que deban ser conservados (ampliar la red de Parques Nacionales con la que cuentan muchos países, la red Natura 2000…). Lo que se protege, no está exento de ataques[39] pero lo no protegido solo es visto como una oportunidad. También deben protegerse urgentemente áreas marinas, litorales y oceánicas.

Vistas estas cuatro leyes… ¿seremos capaces algún día de cumplirlas?

4.4. Ciudades y políticas sostenibles

Hay muchas cosas que se pueden hacer para conseguir una "ciudad sostenible" (o algo que se parezca a eso)[40]: Mejora en los transportes colectivos, reciclaje de sus basuras, depuración de sus aguas residuales, crear parques y carriles para bicicletas, fomentar las plantas (tanto ornamentales como hortícolas), fomentar el uso de energía solar en los edificios (empezando por los públicos, por ejemplo) y muchas más. Sin embargo, la más importante de ellas es, quizás, de la que menos se habla: Poner límite al crecimiento de las ciudades. Las ciudades no pueden crecer indefinidamente y con cada expansión se pierden zonas agrícolas y naturales. En Estados Unidos, según Nebel y Wrigth, se pierden 567.000 hectáreas de tierras de cultivo al año, y otra cifra similar se pierde en áreas naturales.

Las ciudades crecen y crecen y, curiosamente, no parece haber relación entre ese crecimiento y el crecimiento demográfico. Málaga y toda la Costa del Sol española son un ejemplo claro. Las zonas residenciales crecen sin parar a un ritmo frenético mientras su demografía no sigue ese patrón. Esto va unido muy estrechamente al estilo de vida centrado en el uso continuo del automóvil. El coche se usa demasiado para ir a cualquier sitio (trabajo, compras, ver a las amistades, ocio, cine, deportes…). Como la gente vive lejos de los sitios a los que necesita ir y utiliza el coche en sus desplazamientos, se provocan atascos en calles y carreteras que se solucionan haciendo nuevas autovías que, a su vez, permiten que la gente se pueda ir a vivir más lejos por lo que, con el tiempo, esas autovías también acaban colapsándose. Hace pocos años en Málaga se abrió un tramo de autovía en el Este para solucionar los problemas de una autovía ya colapsada. Ya están construyendo más autovías y circunvalaciones. Madrid es otro ejemplo claro.

---

[39] Lo demuestra la lluvia ácida y accidentes o agresiones que son demasiado frecuentes. En España, un accidente en una balsa minera en la localidad de Aznalcóllar estuvo a punto de arruinar el Parque Nacional de Doñana, lugar emblemático y clave para la supervivencia de algunas especies.

[40] A nivel individual una lista de acciones básicas para cada ciudadano es la llamada "Cadena Verde" y puede verse en el Apéndice B, aunque también puede encontrarse en Internet, incluso en formato PDF que facilita su difusión y su impresión (blogsostenible.wordpress.com).

En las ciudades que limitan el uso de los coches se ha demostrado que aumenta la calidad de vida, la salud de los ciudadanos y que la gente busca alternativas con menor impacto. Pontevedra es un buen ejemplo de ello.

Por otra parte, la urbanización dispersa es un serio problema que consiste en urbanizar casas aisladas, chalets o casas adosadas con un pequeño jardín. Esta forma de urbanización consume gran cantidad de espacio. Si, en vez de ello, se construyen edificios más altos se obtienen muchas ventajas que no pueden olvidarse:

- Se evita que se pierda terreno forestal o agrícola, consiguiendo que el suelo pueda absorber el agua de lluvia y evitando que se agoten los acuíferos.
- Acondicionar climáticamente casas aisladas es más caro que calentar o refrigerar viviendas agrupadas. El aire acondicionado es uno de los electrodomésticos que más consumen, junto con la secadora y la vitrocerámica (para cocinar es más barato el gas, aunque lo más ecológico es usar electricidad pero contratando la electricidad a una empresa que solo venda electricidad 100% de fuentes renovables).
- Disminuye el costo de servicios públicos: agua, luz, recogida de basuras y de materias reciclables, transporte público y escolar...
- En el resto de espacio pueden hacerse zonas de recreo públicas como pistas deportivas, piscinas y, aún sobra espacio para zonas verdes tanto en forma de parques artificiales como naturales o forestales. También puede haber una zona para jardines o huertos privados, donde se puedan plantar flores, tomates o cualquier cosa.

En algunas zonas del mundo, como la nombrada Costa del Sol del Sur de España, la urbanización dispersa debería prohibirse o limitarse extraordinariamente, porque el acoso a las zonas naturales es excesivo. Por otra parte, no hay un problema de escasez de viviendas, ya que, por ejemplo, el centro de la ciudad de Málaga está lleno de casas viejas, abandonadas y deshabitadas.

Solucionar el problema puede no ser simple, pero tampoco es tan complejo si hay voluntad política: Poner un límite al crecimiento de las ciudades y fomentar que los propietarios no tengan pisos vacíos. Incentivar el alquiler y la rehabilitación, frente a la nueva construcción. Y por supuesto, garantizar un mínimo de zonas verdes de esparcimiento en todos los barrios.

Básicamente, para conseguir ciudades sostenibles y habitables la idea global consiste en fomentar el centro y los barrios de las ciudades y evitar un crecimiento desmedido e innecesario. El ejemplo de la ciudad de Portland (EE.UU.) demuestra que no es utópico imponer un límite al crecimiento de la ciudad. Esa ciudad prohíbe nuevas urbanizaciones fuera de ese límite. Además, un sistema efectivo de transporte colectivo hizo que una antigua vía rápida y un enorme estacionamiento se convirtieran en un gran parque costero. Es necesario, y citamos literalmente a Nebel y Wrigth, *"proporcionar acceso seguro a los ciclistas y los peatones entre las áreas residenciales y los sitios de trabajo"*. Los ejemplos de otras ciudades como Ginebra, Copenhague o Curitiba resultan también muy interesantes y demuestra que no es utópico acercarse a la sostenibilidad.

Volvemos a Málaga para centrarnos en algunos puntos de su insostenibilidad. Por ejemplo, los carriles bici son escasos y de poca calidad (encima de la acera, por ejemplo). Si a esto se une el pésimo servicio de los autobuses urbanos, tenemos caos circulatorio diario y contaminación excesiva. En ese sentido una medida fundamental es bajar el precio de los transportes colectivos pues la gente percibe que es caro. La prueba de ello es que cuando se celebró el día del autobús en Málaga y todos eran gratuitos, todos iban abarrotados... Además es necesario enlazar con autobús urbano áreas desconectadas. Para solventar esos problemas los políticos han decidido hacer un metro subterráneo, que conectará muy bien tres puntos de la ciudad, pero sigue olvidándose el resto. No es la solución mejor, y es la más cara.

A parte de toda la Costa del Sol malagueña, tampoco se libran del acoso las sierras del interior. Un ejemplo increíble es la construcción de un circuito de velocidad en el municipio de Ronda, ubicado en parte de una zona declarada como Patrimonio de la Biosfera por la UNESCO. Además, muchas de las construcciones aledañas (hoteles...) no cuentan con los informes obligatorios de "impacto ambiental" según han denunciado algunas organizaciones. Más útil sería construir alguna depuradora de aguas residuales que permitiera recuperar los ríos de Ronda del actual estado de cloaca en el que se encuentran.

Para zanjar el tema de Málaga, diremos que es la provincia de España con más plantas en peligro de extinción de España y la quinta en lo que se refiere al número de especies amenazadas. Además, Málaga es la provincia andaluza con menos porcentaje de suelo protegido.

En definitiva, se trata de exigir a nuestros políticos que velen por la habitabilidad de nuestras ciudades, pero también de todo nuestro planeta. Las compras públicas deberían estar sujetas a criterios ecológicos y sociales (madera FSC, materiales reciclados y reciclables, maximizar la eficiencia eléctrica, jardines acordes a la climatología…).

4.5. No fomentar la natalidad: planificación familiar y adopciones

No fomentar la natalidad no quiere decir que se deba restringir el número de nacimientos como ya se está haciendo en China, al menos en un primer momento. En China solo se permite un hijo por pareja, dos en zonas rurales, y el incumplimiento de esta ley provoca nacimientos clandestinos en malas condiciones y, lo que es más grave, miles de niños que no existen oficialmente, sin derecho a sanidad, educación...

Se deben respetar las libertades individuales, ampliar la información y la educación en general. Es posible que esa libertad para la procreación deba ser restringida, pero es un tema tan delicado que, al menos por ahora, está descartado totalmente, aunque los científicos Paul y Anne Ehrlich indican que "el precio de la libertad personal, por lo que afecta a la decisión de tener hijos, puede significar la destrucción del mundo en que viven nuestros hijos y nietos. El número de hijos que decida tener una persona tiene serias consecuencias en todas las naciones y, por tanto, afecta a toda la sociedad".

Dejando al margen el controvertido asunto del aborto, tanto entre los partidarios como entre los detractores se encuentra gente que defiende lo que se ha venido a llamar "planificación familiar", que consiste, resumiendo mucho, en informar a las parejas y especialmente a la mujer, para conseguir que tengan tantos hijos como se desee, si se desea y cuando se desee. Este tipo de servicio va, por supuesto, más allá del aborto y, estrictamente hablando, el objetivo debe ser evitar que la gente se plantee el aborto como solución. La planificación familiar debe incluir facilitar el acceso a cuidados básicos en el embarazo y evitar la dispersión de enfermedades de transmisión sexual.

En muchos países industrializados se crean políticas para fomentar la natalidad, ignorando los graves problemas globales que hemos mencionado anteriormente. Con una mirada miope y muy local se tiene miedo a que disminuya la población. Lo cual puede ser positivo para mejorar la educación y/o aceptar una mayor inmigración. Tengamos claro que en el mundo no hay problemas de falta de gente, por lo que es absurdo fomentar la natalidad, salvo que no aceptemos a inmigrantes como conciudadanos, lo cual tiene el nombre de racismo. Otro aspecto es que se creen políticas que mejoren la calidad de vida de la gente y, como efecto secundario, ello fomente la natalidad. Lo que no debe hacerse es directamente políticas con ese objetivo y deben evaluarse con cuidado las políticas que tengan ese efecto como secundario. Por ejemplo, la gratuidad de los libros de texto es una medida buena, que ayuda a las familias a aumentar su calidad de vida. Pero con eso estamos haciendo que tener un hijo no sea tan visto como "carga económica", algo que vimos que era muy positivo y que no ocurre en los países pobres (allí porque no van al colegio), con los efectos nefastos en su crecimiento demográfico. Desde luego no hay solución óptima, pero es preciso tomar conciencia de las implicaciones globales de políticas que fomenten la natalidad, directa e indirectamente, y luego decidir.

Por otra parte, no podemos olvidar que en el mundo existen millones de niños y niñas huérfanos o abandonados por sus padres. Viven (o mejor dicho malviven) en la calle o en un orfanato. Ciertamente, los trámites para adoptar un niño, tanto en adopciones nacionales como internacionales, han mejorado bastante en los últimos años en los países industrializados, pero, no obstante, aún siguen existiendo demasiadas parejas en lista de espera o que descartan esa posibilidad por los mareos burocráticos que supone.

Naturalmente, esto es un tema importante que no puede tratarse a la ligera. O sea, otorgar artificialmente la paternidad a un niño es algo demasiado importante para hacerlo un asunto de mero trámite y aunque es cierto que la propia Naturaleza no se toma demasiadas molestias para otorgar esa paternidad, la sociedad debe minimizar ese "fallo de la Naturaleza". Con esto nos referimos a que, ciertamente, la Naturaleza otorga hijos sin estudiar antes si esos hijos serán o no queridos o podrán ser o no mantenidos (alimentados, educados...), pero, evidentemente, una adopción no puede hacerse de esa forma. Es necesario, de alguna forma, verificar que los padres realmente quieren y pueden ser padres. Y ese "poder" va más allá del mero "poder económico", sino que hay que valorar también otros aspectos como la capacidad e interés en ser buenos padres.

Pero repetimos: No podemos olvidar que en el mundo existen millones de niños y niñas necesitados de cariño y, así visto, tampoco es éticamente plausible que mientras se garantiza que los padres receptores sean razonablemente buenos padres, haya tantos niños esperando que ese trámite finalice. Es necesario, por tanto, llegar a un consenso entre rapidez en los trámites y calidad en los padres. Por supuesto, será fundamental informar a dichos padres de sus obligaciones y deberes para con sus hijos, algo que, de nuevo, la Naturaleza no hace siempre. Pero lo importante no es facilitar trámites y gastos a los padres adoptivos, sino agilizar que el niño llegue cuanto antes a un hogar.

Existe el riesgo de que ciertos países conciban la adopción de sus niños como una fuente de ingresos. Es preciso que los costes sean los mínimos y cierto control de instancias internacionales. Los países que adopten niños internacionalmente deben demostrar políticas dirigidas a abatir los embarazos no deseados en su contexto.

Relacionado con este asunto surge un tema que ya ha sido tratado políticamente en diversos países europeos. Nos referimos a la cuestión de si es admisible o no que parejas homosexuales adopten niños. Este también es un tema controvertido y, seguramente, la mayoría de las personas que han crecido y se han educado en una familia tradicional normal no les gustaría haber crecido y haberse educado en una familia con padres homosexuales. Pero la pregunta que hay que hacerse no es esa, sino si le importará demasiado ser adoptado a un niño que no tiene ningún tipo de padres.

No hace mucho se emitió un documental en España sobre los orfanatos en China, un país donde tener una niña es casi una desgracia y, como está prohibido tener más de un hijo, si el primogénito es niña no es raro que ésta sea abandonada en cualquier hospicio. Así, los orfanatos se llenan de niñas y, sin apenas medios, son tratadas peor que animales en muchos casos. Las imágenes de una niña de apenas un año atada a una silla, casi desnuda y en condiciones higiénicas lamentables, dieron la vuelta al mundo e hicieron poner en marcha muchas adopciones de niñas de China, pero pasado el primer impacto la situación no ha mejorado como debería. No creemos necesario emitir dicho documental una vez al día, pero sí es necesario que desde las instituciones públicas se informe a los ciudadanos de la posibilidad de una adopción nacional e internacional.

Más aún, incluso aunque la estancia fuera en un orfanato de gran calidad, los efectos para el niño son siempre negativos y, de hecho, en los países industrializados no existen orfanatos como tales, sino que se buscan otras alternativas (casas de acogida temporales...). Cuando no se hace así, surge la enfermedad conocida con el nombre de hospitalismo. El hospitalismo es considerado como una enfermedad provocada por un exceso de hospitalización con ruptura de los lazos familiares y sociales. Este síndrome es completamente distinto en los niños y en los adultos, siendo en los primeros especialmente grave y significativo. Según el psiquiatra Dr. Juan Antonio Vallejo-Nájera (1926-1990), en su libro "Introducción a la Psiquiatría" (1981), jamás, en el transcurso de la historia, un niño criado desde sus primeros días en un orfanato ha alcanzado una personalidad destacada en su vida adulta. Los hospitales u orfanatos privan a los niños del cariño, simpatía, gestos amables, diversiones y alegría que son fundamentales para la salud y el buen desarrollo de una buena personalidad. Los 3 primeros años de vida son críticos (especialmente la segunda mitad del primer año). Bourne (1955) calculó que 5 meses era el período máximo en el que un niño puede quedar privado de afectividad sin provocar daños permanentes en su desarrollo intelectual (oligofrenia) o incluso la muerte. Hasta que este hecho quedó claramente demostrado era, para muchos, un misterio la altísima mortalidad de estos centros infantiles, independientemente de los cuidados sanitarios o alimenticios. En menor medida también pueden provocarse daños por falta de afectividad en niños cuyos padres no les prestan la debida atención y cuidados. Efectos similares se han demostrado también experimentalmente en monos y otros animales, aunque uno de los experimentos más inquietantes fue el realizado en el siglo XIII por el Emperador del Sacro imperio romano germánico Federico II (1194-1250), quien hablaba 4 ó 5 lenguas y quiso saber qué clase de idioma hablarían los niños que nunca hubiesen oído hablar a nadie. Para ello, ordenó que a un grupo de niños abandonados en un hospicio se los entregasen a cuidadores que nunca les hablasen ni les hiciesen ningún ruido ni gesto expresivo o afectuoso. Todos los niños del experimento murieron.

Por fortuna, las adopciones nacionales en los países industrializados son menos necesarias y, de hecho, adoptar un bebé es casi imposible en muchos de esos países (España entre ellos). Sin embargo, en todos los países hay niños que necesitan un hogar y el no ser ya bebés les dificulta encontrarlo, ya que los padres prefieren adoptar un niño lo más pequeño posible. Para ello se han establecido fórmulas de acogimiento por las que una familia acoge a un niño durante varias temporadas, de forma que ambos se vayan acostumbrando mutuamente y ambos deciden si desean hacer efectiva una adopción. Tampoco esta fórmula está teniendo toda la publicidad que debería y, sin embargo, muchos gobiernos sí dedican grandes esfuerzos en publicar las ventajas fiscales que supone el traer un hijo.

El "derecho" a la paternidad es, hoy día, incuestionable en todo el mundo, excepto en China (aunque ya han eliminado su política de hijo único). Más conflictos éticos plantea ese derecho cuando es la naturaleza misma la que lo niega. O sea, una pareja estéril no podría tener hijos propios si no fuera a través de medios artificiales, la llamada fecundación *in vitro*. De aquí surge la cuestión de hasta qué punto es "rentable" invertir esfuerzos en crear una nueva persona, cuando hay ya tantas en el mundo que necesitan urgentemente ser amadas como hijos. Desde luego, la respuesta no es, en absoluto, simple y es fácil encontrar argumentos en un sentido o en otro. La cuestión que demandamos una vez más es difundir el mensaje de necesidad de cientos de niños que requieren unos padres urgentemente. Tras este llamamiento de urgencia deberían ser los futuros padres los que decidan si optar por traer un nuevo niño al mundo o acoger a un niño ya existente que además, y no es licencia literaria, los está esperando. Por supuesto, no debería subvencionarse ningún tipo de fecundación artificial. Peter Singer, en su "Ética Práctica", decía que "se necesitaría investigar sobre (...) la conveniencia de destinar escasos recursos médicos a esta área en un momento en el que el mundo tiene un grave problema de sobrepoblación".

Este "exceso" de niños en el mundo da lugar a que muchos de ellos vivan en la calle, como los famosos "niños de la calle" de Brasil (*meninos de rua*), que se busquen la vida en basureros o como delincuentes, que entren en el mundo de la droga y en muchos casos esnifando pegamento sin conocer y sin que nadie les informe de las consecuencias, que sean explotados como esclavos sin posibilidades de ir al colegio y entren en el contrabando de niños para muy diversos usos: objetos sexuales, fuente de órganos para trasplantes, mano de obra barata...

Y para acabar con esos abusos no basta la vía policial, sino que es necesario acudir a la raíz misma del problema tal y como hemos expresado más arriba. En todo caso, los países industrializados deberían exigir que sus propias empresas no ejerzan la explotación infantil en las sucursales que instalan en los países del llamado tercer mundo. Por desgracia, ejemplos de esto no faltan, como el escándalo de algunas empresas deportivas (Nike, Adidas...) que emplean mano de obra infantil sin las más mínimas medidas de seguridad que son obligatorias en sus países de origen. Otro ejemplo, es el ya citado de Vietnam, sacado del libro de Eduardo Galeano.

4.6. Conseguir la plena igualdad entre hombres y mujeres

Igualar los derechos de la mujer y los del hombre en los países en desarrollo y fomentar la intervención de la mujer en la vida pública, social y política. Esto es una cuestión de justicia básica que, además, influye directamente en las tasas de natalidad. Todavía, en demasiados entornos la mujer no es más que un bien material y, en algunos casos, tienen menos derechos que los animales. La información sobre la ablación, los anticonceptivos y la planificación familiar también debería considerarse como prioritaria tal y como ya hemos dicho.

Está sobradamente documentado que conseguir esa igualdad es clave para mejorar la calidad de vida de toda la sociedad y reducir el crecimiento demográfico.

En los países en desarrollo es normal que una mujer tenga más hijos de los que desea. En Burundi, por ejemplo, un estudio reveló que las mujeres querían tener 5,4 hijos, de media y la media real se situaba en 6,5 hijos. En Bolivia las mujeres desean tener una media de 2,7 hijos pero tienen una media de 4,6 hijos. Se calcula que, en todo el mundo, alrededor de la tercera parte de los embarazos son no deseados y esto supone 80 millones de embarazos cada año. Ese porcentaje en Estados Unidos alcanza una de las mayores tasas de embarazos no deseados de entre los países industrializados.

Esta falta de acceso a una planificación familiar por parte de las mujeres también es causa y consecuencia de una falta de acceso a servicios médicos o sanitarios. Y esto también nos deja cifras espectaculares: En todo el mundo, más de 580.000 mujeres mueren anualmente por causas relacionadas con el embarazo o el parto (una mujer cada minuto). La planificación familiar permite a las mujeres retrasar su maternidad, prevenir embarazos no deseados y, así, abortos clandestinos e inseguros. También permite el control del espacio temporal entre hijos, dejar de tenerlos cuando se desee hacerlo, así como protección contra enfermedades de transmisión sexual. Según la organización Population Connection, incrementar el acceso de la mujer a servicios de planificación familiar puede reducir la mortalidad infantil hasta un 25% (3 millones de muertes al año).

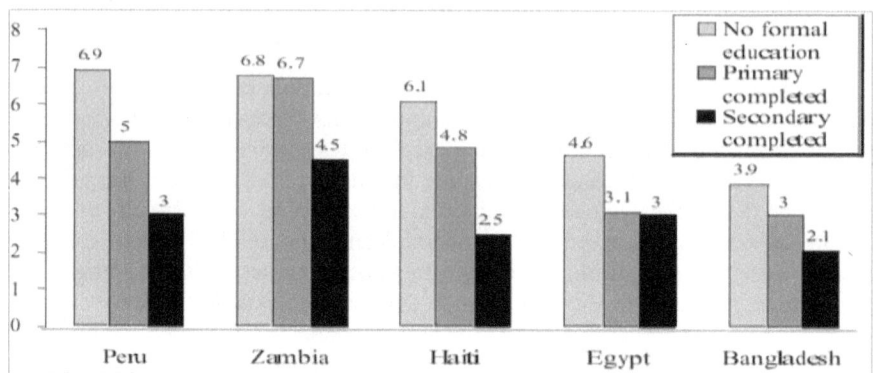

Figura 5: En todos los países el Número Medio de Hijos por Mujer decrece según su Nivel Educativo (1994/97).
(Fuente: Population Reference Bureau, PRB).

En el mundo hay unos 960 millones de adultos analfabetos y, de esos, dos terceras partes son mujeres. Diversos estudios coinciden en mostrar que las mujeres con más educación tienen familias menos numerosas y más saludables. La educación hace que la maternidad se retrase, a la vez que, esa formación facilita el acceso a un mayor poder económico, mayor información, y mayores oportunidades sociales. En la Figura 5 se aprecia una reducción importante en el número de hijos en madres con mayor nivel educativo, y esa reducción se puede apreciar en todos los países. Esta es otra causa por la que el crecimiento demográfico se frena en los países industrializados.

El hombre debe implicarse en el cuidado y educación de los hijos. Lo contrario parece ser la norma en todo el mundo, especialmente en los países en desarrollo, y encima, según revela un estudio, en algunos países africanos (Camerún, Mali y Senegal) menos del 50% de los hombres aprueba la planificación familiar. Incluso, suele ocurrir que los hombres quieran tener más hijos que sus esposas.

La violencia contra la mujer es también otra injusticia habitual. En todo el mundo, entre un 20 y un 50% de mujeres ha sido golpeada, violada o se ha abusado de alguna forma de ella y, en la mayoría de los casos el autor es alguien que ella conoce (conocer con precisión los datos es una tarea imposible). El paroxismo llega cuando el delincuente es su propio marido en lo que se ha venido a llamar "violencia doméstica", algo que no es raro ni en los países industrializados.

En muchos países la mujer no se atreve a usar servicios de planificación familiar por miedo a sus maridos. En Ghana, cerca de la mitad de las mujeres y el 43%

de los hombres dijeron que estaba justificado que un hombre golpeara a su esposa si ella usa anticonceptivos sin el consentimiento de su marido.

La igualdad de género requiere cambios en todos los sectores de la población. En todo el mundo la mujer tiene más dificultades que el hombre para acceder a una igualdad de oportunidades (educación, sanidad...). Por eso, es necesario fomentar que la mujer pueda acceder con mayor facilidad que el hombre a ciertas capacidades que deberán ser diferentes según el país (educación a todos los niveles incluyendo la universitaria, empresarial, político...). El economista Sen comentaba, en general, la importancia de estas medidas: "El considerar a todos por igual puede resultar en que se dé un trato desigual a aquellos que se encuentran en una posición desfavorable". Ejemplos de esta llamada discriminación positiva de la mujer hay muchos a lo largo de todo el mundo y, en general, el objetivo es poder algún día eliminar esa discriminación positiva.

Las normas sociales dictan, en muchos casos, reglas asombrosamente injustas que son asumidas con el yugo de la palabra "tradición". Por "tradición" se cometen y se justifican barbaridades. En muchos lugares la mujer no tiene derecho a la propiedad, ni a tener ingresos, ni a participar en política... y en todo el mundo sus salarios son menores. La "tradición" manda en muchas culturas practicar la ablación (o circuncisión femenina), algo que es un símbolo de su sumisión y discriminación, además de una práctica por la que mueren muchas niñas dadas las pésimas condiciones higiénicas en las que se suele practicar. En muchos casos son las propias mujeres las que han asumido dicha tradición como necesaria y aíslan a la que no ha pasado por ese trance. Una organización que lucha por mejorar la situación de los niños somalíes y de combatir la mutilación genital femenina en el mundo es Desert Dawn (www.desertdawn.com), fundada por Waris Dirie, una mujer que nació en el desierto de Somalia, en el cuerno de África, en el seno de una familia nómada. A los cinco años sufrió la ablación y a los trece escapó para huir de un matrimonio concertado. Consiguió llegar a Londres y trabajar como asistenta hasta que un fotógrafo la descubrió y llegó a ser supermodelo y embajadora de las Naciones Unidas, para luchar por los derechos de la mujer. No es fácil que una niña que cuidaba camellos en un desierto africano llegara a ser supermodelo, pero ella lo consiguió y lo cuenta en su libro "Amanecer en el desierto" (2002).

Es demasiado evidente que el poder está en manos masculinas pero demos algunos datos para medir esa discriminación: En todo el mundo solo el 12% de los parlamentarios son mujeres, porcentaje que baja al 3,7% en los países árabes y sube solo al 19% en los países industrializados.

Si el mundo toma conciencia de la importancia de la igualdad de género habremos dado dos pasos de gigante, uno en el marco de la justicia y otro para frenar el crecimiento de la población mundial.

4.7. Facilitar cierta inmigración, pero no del campo a la ciudad

Las Naciones Unidas, en un reciente informe, han propuesto que la migración es la solución más simple y quizás la única realista, para solucionar de un lado la pobreza extrema de países pobres y de otro la falta de mano de obra y el envejecimiento de la población en los países ricos. Por ejemplo, para mantener la actual relación entre trabajadores y retirados de Japón, este país necesitará 10 millones de inmigrantes cada año durante los próximos 50 años. Otra solución general a ese problema sería retrasar la edad de jubilación, lo cual, va en detrimento de la calidad de vida, aparte de no estar justificado si tenemos en cuenta las horas de trabajo que ahorran las nuevas tecnologías.

A propósito de la delincuencia que provocan en ocasiones los inmigrantes, Emma Martín, del grupo GEISA (Grupo de Estudio de las Identidades Socioculturales en Andalucía, España) indica, que "es cierto que hay brotes de delincuencia, pero éste es un comportamiento habitual en colectivos que están en situaciones de exclusión". También añade que la mayoría de los delitos son menores. En muchos casos los inmigrantes aceptan trabajos que no quieren los ciudadanos locales y, encima, es frecuente que los empresarios abusen de su situación de necesidad, pagándoles salarios poco dignos. Luego, se quejan de la situación de delincuencia cuando, en muchos casos, son ellos los que han colaborado a esa situación. En los trabajos temporales (como la recogida de frutas y verduras), es necesario no solo pagar dignamente, sino prestar alojamiento a los trabajadores, para que no tengan que vivir en condiciones lamentables, tal y como ocurre en la actualidad, en España al menos.

Hay que tener en cuenta que los emigrantes no emigran por gusto, sino por necesidad, por cuestiones personales que suelen ser demasiado duras y trágicas. Es obvio que el futuro de los países ricos pasa por aceptar cierto grado de inmigración y tanto los inmigrantes como los ciudadanos de los países receptores de tal inmigración debemos hacer un esfuerzo por una convivencia pacífica, en libertad y justicia. Todos saldremos ganando y cuanto antes lo asimilemos, mejor.

Por otra parte, la gente espera que viviendo en las ciudades su vida mejore. En esto, como en el punto anterior, tienen mucha influencia determinados programas y series de televisión, cuando son vistos en países en desarrollo, pues muchas veces muestran el lujo y comodidades de la vida en la ciudad y suponen, para muchos, un modelo de vida que desean alcanzar. No olvidemos que, en general, cuanto más grande es una ciudad, mayor cantidad de gente vive en ella en la pobreza extrema, independientemente de la riqueza del país. Nueva York o Ciudad de Méjico son un claro ejemplo.

4.8. Potenciar fuentes de energía limpia: solar, eólica...

Se debería invertir más en energías limpias[41], tanto en su implantación como en su investigación. Es una clara necesidad. El mundo no puede permitirse, como hemos argumentado anteriormente, la dependencia actual del petróleo, primera causa del **cambio climático**[42]. Tenemos que encontrar la energía suficiente para los cerca de 3.000 millones de habitantes en los que crecerá la población mundial para el año 2050.

Las centrales nucleares no provocan, en síntesis, efecto invernadero pero sí unos riesgos, unos peligros y unos costos inadmisibles, que han hecho que en casi todo el mundo se esté aplicando una moratoria en la creación de nuevas centrales (como en EE.UU.) o el desmantelamiento de las existentes (como en Italia, Suecia o Alemania). Adicionalmente, un informe del "*U.K. Royal Institute for International Affairs*", de Inglaterra, revela que de las energías no fósiles (sin petróleo, carbón...), la energía nuclear es la que más CO_2 vierte a la atmósfera, si se incluye todo el ciclo de la energía (minería del uranio, enriquecimiento del uranio, fabricación del combustible nuclear, construcción, funcionamiento y desmantelamiento del reactor nuclear, transporte y gestión de los residuos radiactivos...). Algunos desechos radiactivos pierden su peligrosidad en pocos meses, mientras que otros requieren ser almacenados hasta por 240000 años (10 veces la vida media del plutonio). Calcule los costos de vigilar y proteger un lugar durante 240000 años. Cuando la energía nuclear no pueda utilizarse por agotamiento, nuestros descendientes tendrán que pagar por vigilar miles de cementerios nucleares.

Este es el drama de la energía. Se paga por producirla, pero no se pagan todos sus costes ambientales o a largo plazo. La filosofía de "que pague el último" es cómoda y barata para el primero.

El físico americano Amory Lovins propone en vez de grandes centrales, pequeñas centrales de energía limpia cerca de los lugares de consumo e imagina 50 años para hacer la transición total. Los italianos Colombo y Bernardini creen mejor el sistema de energía centralizado pero dicen que para el año 2030, el 41% de la energía debería ser ecológica (17% de hidrocarburos, 31% de carbón y 11% de energía nuclear), que permita parar la migración a las ciudades pero sin volver a la dura vida del campo, sino que será una vida llena de tecnologías y de similar calidad a la vida en las ciudades.

Puede parecer que el ciudadano normal no puede hacer mucho para potenciar las fuentes de energía limpia, pero es falso. Algunas sugerencias:

---

[41] Para aprender más en energías renovables y en los problemas de las llamadas energías sucias recomendamos el libro de Nebel y Wrigth: blogsostenible.wordpress.com

[42] El Apéndice C examina un poco el tema del cambio climático, desde una perspectiva crítica.

1. Escribir a políticos y a dirigentes de empresas energéticas para hacerles saber que queremos un mundo más limpio. Algunas empresas petroleras están invirtiendo ya en energía solar, algo que pedían muchos de sus accionistas.

2. Entérate de la rentabilidad de instalar paneles solares en tu vivienda, edificio y proponlo también en tu lugar de trabajo. El principal inconveniente es que este tipo de instalaciones requieren un desembolso económico inicial que no es excesivo, pues los panes han bajado de precio de forma brusca. La inversión puede ser mínima inicialmente y poco a poco añadir más paneles. Si ya se tiene conexión a la red eléctrica, la instalación puede eliminar las costosas baterías, usando normalmente la energía de la empresa eléctrica suministradora. España es un país con un sol espléndido y generoso y tiene una producción de energía solar de las más bajas de Europa.

3. Se están extendiendo los llamados "huertos solares", centrales solares en los que los particulares pueden invertir.

Conscientes de la creciente preocupación popular, los políticos europeos decidieron en enero 2008 acordar unos objetivos básicos a conseguir en el año 2020: Aumentar al 20% la energía limpia consumida y reducir un 20% las emisiones de CO_2. Esperemos que este tratado no sea tan incumplido como el protocolo de Kyoto, en el que España es el país que más lo vulnera. En ese acuerdo se habla también de aumentar la eficiencia para ahorrar un 20% del consumo, pero no se habla de reducir el consumo. Para frenar la devastación ambiental, de poco sirve alcanzar la máxima eficiencia posible, si el consumo aumenta. Hay que hablar de reducción en el consumo y no solo de eficiencia. En los países en desarrollo, hablemos solo de eficiencia.

4.9. Potenciar políticas de ahorro energético

Todos podemos ahorrar algo nuestro consumo de energía[43] (electricidad, gasolina...), y esto es muy necesario, más por motivos sociales y medioambientales que económicos. El ahorro por parte de empresas y organismos públicos es aún más necesario, por ejemplo, usando políticas de ahorro en los edificios públicos (ministerios, ayuntamientos, hospitales, colegios, universidades...) y controlando el alumbrado público (aparatos eficientes, reducir la potencia en horas de poco uso, evitar encendidos diurnos, reducir adornos luminosos…).

Decía Araujo que "se ganaría muy bien el sueldo un empleado, por cada 25, exclusivamente dedicado a minimizar los costes de energía", y muchas empresas ya lo están aplicando consiguiendo un ahorro económico y una mejora en la imagen tanto externa como interna. Por supuesto, somos conscientes de que muchas políticas de ahorro energético requieren tiempo e inversiones y, por tanto, no pueden adoptarse de la noche a la mañana, pero es necesario reflexionar sobre esto, hacer los cambios y establecer los objetivos que se estimen convenientes. Algunas ideas al respecto son:

---

[43] Véase en el Apéndice B la "Cadena Verde", o en Internet, (blogsostenible.wordpress.com).

1. **Potenciar los transportes colectivos**, especialmente los urbanos, que deberían ser gratuitos o a un precio mínimo y ridículo para los abonos. Así, se conseguiría que la gente utilizara más los transportes colectivos y menos el coche privado. Habría que poner más autobuses y habría menos atascos, menos humos y menos enfermedades respiratorias, alergias y otras dolencias directamente relacionadas con la polución. La financiación de esta medida puede salir, entre otras medidas, de los impuestos sobre la gasolina a particulares y de la publicidad en los, entonces, más numerosos autobuses. Un impuesto sobre la publicidad de automóviles también podría utilizarse para este fin.

2. **Subir los impuestos de carburantes** para particulares (no a transportistas, agricultores...). Esos impuestos deberían emplearse en el apartado anterior y en plantar árboles (Apéndice A) que limpien el aire que ensucian los que queman esa gasolina. Hay que seguir la máxima de *"el que contamina, paga"*. No es justo que uno abuse del coche, porque puede pagarlo. El que quiera usar su coche, que lo use, pero que pague, en su justa medida, lo que vale contaminar el aire, contribuir al efecto invernadero y a la lluvia ácida, aumentar el tráfico y molestar a los demás. La tendencia es a prohibir los coches de combustión en las ciudades. Esta medida, evidentemente, debe ir acompañada de una mejora en el transporte público para que no se perjudiquen las clases medias/bajas que dependen del coche para trabajar.

3. **Dejar de construir autovías**, para de frenar el crecimiento del número de coches, para evitar que la gente se vaya lejos a vivir, para respetar el campo y lo que allí vive.

4. **Restringir la publicidad de coches**, como ya se está haciendo con la publicidad del tabaco. Si esto suena "raro", habría que preguntarse qué mata más gente y qué causa más problemas, si el coche o el tabaco.

5. **Subvencionar las bicicletas y crear una red de carriles bici** en todas las ciudades, grandes y pequeñas. Facilitar aparcamientos en mercados, cines, colegios, universidades, organismos laborales, públicos y privados... Esto tendría efectos también muy beneficiosos en la salud de los usuarios, implicando ahorros en sanidad.

La bicicleta es un medio de transporte, no solo un deporte de élite. Además, andar es sanísimo. Es triste ver los datos de un reciente estudio en el que se concluye que la mayoría de los recorridos urbanos en coche son para ir a lugares que distan "menos de 5 kilómetros". Cada vez que usas la bicicleta en vez del coche, no solo estás ahorrando gasolina, evitando contaminación y haciendo un ejercicio muy saludable, sino que estás dando un ejemplo a tus vecinos y reivindicando un lugar para las bicicletas, en las ciudades. Hay muchas excusas para usar el coche y no usar la bicicleta, ni ir andando, ni en transporte público, pero, al menos, no uses esas excusas una vez a la semana, para empezar.

Pedir todo esto es casi como pedir la Luna, porque en la práctica la política a seguir es justo la contraria, o sea, facilitar la movilidad en automóviles privados:

construir más autovías, más carreteras, más aparcamientos subterráneos, facilitar el cambio de coche...

4.10. Evitar el consumismo: ecotasa a la publicidad

Diferenciar entre consumo (responsable) y consumismo. El consumismo es (algo así como) consumir lo innecesario o lo fácilmente evitable, en cualquiera de sus formas, multitud de veces pensando simplemente en "puedo permitírmelo" y sin pensar en las consecuencias a nivel más global. El "puedo permitírmelo" está destrozando el planeta, pues aunque uno pueda permitirse pagar algo, el planeta no puede asumir tantos gastos.

Un ejemplo: tener ropa es bueno, es consumo, no consumismo, pero cuando uno hace acopio de ropa, cuando uno se compra más ropa de la necesaria, más ropa de la que puede gastar, almacenando (tirando o regalando) la de años anteriores en perfecto estado (o casi), entonces, eso es consumismo. Tenemos un solo cuerpo que vestir y una sola vida. Consumismo es correr con el coche, gastar pañuelos o servilletas de papel, dejar la TV o las luces encendidas sin usarse, comprar lo que se nos antoje simplemente si tenemos dinero suficiente... El derroche no estaría justificado ni aunque existiera un sistema óptimo de reciclaje. Es bueno fomentar los puntos limpios para reciclar y reutilizar todo lo posible los materiales, pero es preciso medidas para reducir la generación de residuos.

Pensemos que cada cosa que compramos ha necesitado GASTAR ciertos materiales y energía para su fabricación, aparte de gasolina para su transporte y otros gastos. En palabras de Araújo: "La religión del crecimiento como panacea es descreída en cuanto se resta el daño ambiental a las cuentas de resultados. El modelo CONSUMISTA queda socavado no solo con la evidencia de su inviable futuro, sino también porque en nombre del individualismo destruye al individuo en cuanto esto no consigue triunfar".

Es también significativo que el consumo responsable es defendido por asociaciones ecologistas tanto como por asociaciones humanitarias y de ayuda al desarrollo (como Ayuda en Acción, por ejemplo), y también por el científico Lovins del que ya hemos hablado, y por un grupo de Premios Nobel de la Paz que creó el Manifiesto 2000, por la paz, el respeto, la generosidad, el diálogo, el consumo responsable y la solidaridad (los 6 puntos de ese documento).

Criticar la publicidad en general (no solo la de coches y la del tabaco) es, en este entorno, considerado como querer retroceder, como una locura más del cómico Leo Bassi o de El Roto[44]. Se considera un país más moderno y mejor, cuanto más invierta en publicidad, cuando en realidad, eso es solo señal del poder económico. El catedrático de psiquiatría español Enrique Rojas Montes, en su libro "*El hombre*

---

[44] El genial humorista gráfico El Roto, sugería en una de sus viñetas que la publicidad debería considerarse delito ecológico.

light"⁴⁵ (1992) afirma que "*el consumismo tiene una fuerte raíz en la publicidad masiva y en la oferta bombardeante que nos crea falsas necesidades*". En este sentido, la publicidad (toda o casi toda ella) también debería considerarse como una actividad contaminante y, por tanto, exigir una cuota de los anunciantes que se empleara, por ejemplo, en plantar árboles (Apéndice A), en limpiar ríos, o en abaratar los transportes eficientes.

Lo que ocurre en las llamadas sociedades "modernas" es que se desvirtúa la función del dinero. El dinero deja de ser un medio para ser un fin. Se considera más listo al que más gana, independientemente de si su trabajo crea riqueza o pobreza. Ganar dinero con dinero es de listos especuladores, de listos "inversores" (bursátiles), sin plantearse siquiera qué de productivo tiene especular o simplemente invertir, pues el objetivo no es producir o mejorar, sino enriquecerse. Se valora lo caro más que lo valioso.

Siguiendo a Araújo, criticamos aquí la tendencia al endeudamiento de los países ricos, especialmente EE.UU., donde la tasa de endeudamiento familiar es altísima. El invento de pedir un préstamo es formidable si no se abusa como se está haciendo en todos los países ricos, pues es curioso que sean los ricos los que más préstamos piden. Pedir un préstamo para permitirnos consumir más (coche nuevo, viviendas vacías, renovar muebles, estar a la última en tecnología...) es un lujo inaceptable desde un punto de vista global, aunque las sociedades ricas sean muy reacias a admitirlo. Admitámoslo, aunque nos cueste ser consecuentes. Los préstamos adquiridos deben ser cancelados lo antes posible y a ello puede contribuir cierta austeridad.

4.11. Austeridad ecológica sostenible y feliz: *"Nequid Nimis"* y *"Carpe Diem"*

Vivir humildemente como forma de alcanzar la felicidad: El consumismo es nefasto para la Naturaleza y para nuestros semejantes, pero además, debemos ser conscientes de la mejor forma de ser rico, dada por el filósofo griego Epicuro de Samos (341-270 a.C.): "*¿Quieres ser rico? Pues no te afanes en aumentar tus bienes, sino en disminuir tu codicia*". Este sistema de vida se apoya directamente en una expresión de algunos filósofos presocráticos: "*Nequid Nimis*" ("*de nada demasiado*"). Aunque, como pronosticó Epicuro, "*nada es suficiente para quien lo suficiente es poco*".

Quizás lo contrario del "*nequid nimis*" es el coleccionismo, pues pasamos del "de nada demasiado" al "mucho de algo". Por supuesto, el daño a la Naturaleza o al espíritu será mayor o menor dependiendo de lo que sea acopiado.

El profeta Jesús de Nazaret, dejó bien claro en su mensaje la importancia de la austeridad, hasta en el vestir: "Guardaos de los escribas, que gustan de pasearse con rozagantes túnicas" (Marcos 12, 38). Y es fácil demostrar que no es necesario

---

[45] Puede verse un resumen de este y otros de sus libros en: blogsostenible.wordpress.com

comprarse ropa todos los años. Aunque, según parece, su objetivo principal no era el respeto a la naturaleza, tampoco el nuestro lo es (más importante es el respeto a los demás, incluyendo los no nacidos). Quizás por eso, Galeano, haciendo de profeta decía que "la Iglesia también dictará otro mandamiento, que se le había olvidado a Dios: «Amarás a la naturaleza, de la que formas parte»". Es posible que más que mala memoria, a ese Dios le faltó comprender que el hombre es como un niño y hay que hablarle claro... porque resulta difícil vivir con humildad y no amar ni respetar a la Naturaleza.

Cada cosa tiene su energía y es necesario que esa energía se emplee y no se estanque. En Maktub, Coelho nos recordaba: "las cosas tienen energía propia. Cuando no se utilizan, acaban por transformarse en agua estancada dentro de casa, un buen lugar para mosquitos y podredumbre. Es preciso estar atento, dejar que la energía fluya libremente". Donar esa energía es fundamental para evitar esa "podredumbre" y "dejar que la energía fluya libremente".

Quintus Horatius Flaccus, más conocido como Horacio (65-8 a.C.), fue un poeta latino, educado en Roma y Grecia, que escribió en una de sus *odas* (exactamente la oda XI, del Libro I) la famosa expresión "*Carpe diem quam minimum credula postero*", ("Aprovecha el día, no asegures que otro igual vendrá después" o, resumidamente, "Disfruta el momento"), expresión propia de la filosofía epicúrea. Aunque se ha usado esta expresión para justificar vivir sin preocuparse del futuro y malgastar recursos, no es ese su significado original, que consiste en valorar el momento presente para hacer algo grande de él. Debemos preocuparnos más por los demás y más por nuestro interior, pues, si miramos en nuestro interior, veremos que muchas de las cosas que hacemos no aportan nada positivo ni a nosotros, ni al mundo, ni a nadie. Enrique Rojas Montes lo sintetiza diciendo que "en este final de siglo, la enfermedad de Occidente es la de la abundancia: Tener todo lo material y haber reducido al mínimo lo espiritual", así, surge lo que llama "*El hombre light*" el cual, resumiendo, "no tiene vida interior ni intimidad y vive más pendiente de su apariencia externa que de su estado interior". También eso es apoyado por el filósofo indio, místico antireligioso Osho (1931-1990) y, pidiendo un cambio decía: "La multitud te da certidumbre, seguridad, a costa tu espíritu. Te esclaviza. Te da unas directrices de cómo vivir: qué hacer, qué no hacer"[46].

Vale, Horacio, aprovecharemos el día pero... ¿cómo?

A través de sus múltiples estudios y encuestas, el psicólogo Mihaly Csikszentmihalyi descubrió que, en general, "cuando la gente realizaba actividades de ocio que resultaban caras desde el punto de vista de los recursos requeridos para ello —actividades que exigían un equipo caro, electricidad u otras formas de energía medidas en julios, tales como la potencia de una embarcación, conducir o ver la televisión— eran significativamente menos felices que cuando realizaban actividades de ocio barato. Eran más felices cuando simplemente hablaban con otros, cuando se dedicaban a cultivar la tierra, a tejer, o andaban ocupados por una afición; todas estas

---

[46] Puedes ver más citas de Osho y otros célebres personajes en: blogsostenible.wordpress.com

actividades requieren pocos recursos materiales, pero exigen una inversión relativamente alta de energía psíquica. Sin embargo, el ocio que usa muchos recursos externos frecuentemente requiere menos atención y, como consecuencia, generalmente ofrece menos gratificaciones memorables". El voluntariado cumple esa característica, además de la enorme satisfacción que produce.

Singer también explica la importancia del tipo de ocio elegido, explicando que "la proliferación de seres humanos, junto con las consecuencias del crecimiento económico, se parecen a las viejas amenazas de acabar con nuestra sociedad, y también con todas las demás. Todavía no se ha elaborado una ética que haga frente a esta amenaza. Algunos principios éticos que tenemos son exactamente lo contrario de lo que necesitamos. El problema, como ya hemos visto, es que los principios éticos cambian lentamente y es poco el tiempo que nos queda para desarrollar una nueva ética del medio ambiente. Dicha ética consideraría que todas las acciones que son perjudiciales para el medio ambiente son éticamente discutibles, y las que son innecesariamente perjudiciales sencillamente son malas. (...) Para una ética del medio ambiente la virtud supondría guardar y reciclar los recursos, y lo contrario sería el despilfarro y el consumo innecesario. Por poner solo un ejemplo: (...) nuestra elección de esparcimiento no es éticamente neutral. (...) Una vez que nos tomemos en serio la necesidad de conservar nuestro medio ambiente, las carreras de coches y el esquí acuático dejarán de ser una forma aceptable de entretenimiento, al igual que ya no lo son hoy las peleas de gallos".

4.12. Generosidad, cooperación y sosiego: medicinas para la salud y la naturaleza

Así pues, desterrar de nosotros el afán de ganar más o de tener más poder es una medicina para la Naturaleza y para nuestra felicidad. Compartir genera más bienestar que acaparar. En esta línea, la competitividad agresiva queda reemplazada por la cooperación. El estrés por trabajar más, se cambia por más sosiego, más descanso y más disfrute, aunque sea a costa de ganar algo menos. Se trata de trabajar menos para vivir más. Pero ese trabajar menos debe entenderse como un trabajar menos solo por lo "económico", para poder conseguir un "trabajar más" en tareas que llenen nuestro espíritu y que, tras un balance serio, podamos considerarlas globalmente positivas. Evidentemente, no se trata de fomentar en los países ricos la vagancia, sino de darse cuenta que no necesitamos ser esclavos de nada y que podemos intentar vivir la vida siendo dueños de ella y sin necesitar muchos bienes materiales. Las cosas realmente necesarias son realmente muy pocas.

También habría que cambiar el trabajo rápido, por un trabajo lento y concienzudo pues, como decía Araújo, "la primera reconquista de un Tiempo creativo sería la de dejar de valorar el trabajo en relación a las horas invertidas en él. (...) Estaríamos ya en el buen camino de al menos desterrar el extendido insulto social de ese «*no tengo tiempo para nada*» que los atareados han convertido en impúdico exhibicionismo de su propia esclavitud".

En ciertos sectores de la sociedad gusta presumir de trabajar mucho y de no tener tiempo para nada. Y encima, ese trabajo tan absorbente suele ser por puro egoísmo, porque suele ser trabajo remunerado y de tal modo que si así no fuera, no se haría. También están los que se apuntan a todo por miedo al vacío, al silencio o a la soledad, usando mal la expresión de Horacio, tal y como hemos comentado anteriormente.

Hay que conseguir tomar conciencia de en qué influye nuestro trabajo, en nosotros y en la sociedad, y evitar centrar nuestra vida en nuestro trabajo, mientras éste no sea tal que lo haríamos incluso si nos pagaran la mitad. Y centrar nuestra vida en lo que queremos que ella sea. También aquí se incluye el luchar porque nuestro trabajo nos guste, incluso sin cambiar éste. Es una aplicación de lo que decía Ortega y Gasset: "el que no pueda lo que quiera, que quiera lo que pueda".

Pero además, el objetivo debe ser mejorar la sociedad, el mundo, porque eso es bueno para el que así lo hace. En el libro que comentamos más arriba de Miret Magdalena, éste alaba las virtudes del "voluntariado" por cuanto su trabajo tiene de útil, pero también por el efecto que tiene en el voluntario, llegando a afirmar que "no podemos ser felices si no hacemos algo para intentar remediar los males del mundo actual".

Y es que, como ya dijimos antes las democracias actuales son muy imperfectas, pero aunque así no fuera, hay muchos problemas que no pueden ser solucionados por los gobiernos unilateralmente. Es necesario colaborar. Se puede ser voluntario de alguna ONG cuyos objetivos nos parezcan loables (ayuda al tercer mundo, ecologismo, sanitarias, ayuda a inmigrantes, drogodependientes...). Pero para ayudar, no es necesario ser voluntario de alguna ONG, sino que las posibilidades de ayudar surgen cada día. Se trata de estar con el radar conectado para no perdernos posibilidades. Por otro lado, el voluntariado tiene aspectos muy positivos, como son: fomentar las relaciones humanas, actuando en lo local suele tenerse una visión global, ayudar a la concienciación y al cambio de la sociedad, y ser independiente de políticos, empresarios, y de la sociedad (el discurso de las ONG puede contener razonamientos que la sociedad no quiere oír y que, por tanto, los políticos evitan).

Otra opción es mirar para otro lado para no sufrir viendo las desgracias que ocurren, o decirse y repetirse que, realmente, no son culpa nuestra, a la vez que ni siquiera se está interesado en descubrir y denunciar a ese culpable. Es más fácil, sin duda, dejarse llevar por la corriente de una sociedad que nos uniformiza y nos marca el camino de lo "políticamente correcto". El periodista estadounidense Walter Lippmann (1889-1974) decía: "Donde todos piensan igual, ninguno piensa mucho". Este es un problema de la sociedad y un problema de los partidos políticos que uniformizan a sus políticos y pretenden uniformizar la sociedad. La sociedad debe liberarse de los políticos y sentirse libre de pensar transversalmente, sin tener que seguir un partido, una ideología cerrada, un camino marcado.

Hay que recuperar (o no perder) esas ansias revolucionarias de la juventud, aquello que Paulo Coelho llamaba la "Leyenda Personal", en su novela "El Alquimista" (1988):

"Todas las personas, al comienzo de su juventud, saben cuál es su Leyenda Personal. En ese momento de la vida todo se ve claro, todo es posible, y ellas no tienen miedo de soñar y desear todo aquello que les gustaría hacer en sus vidas. No obstante, a medida que el tiempo va pasando, una misteriosa fuerza trata de convencerlas de que es imposible realizar la Leyenda Personal. (...) El Amor nunca impide a un hombre seguir su Leyenda Personal. (...) Desgraciadamente, pocos siguen el camino que les ha sido trazado, y que es el camino de la Leyenda Personal y de la felicidad. Consideran el mundo como algo amenazador y, justamente por eso, el mundo se convierte en algo amenazador".

Definitivamente, tenía razón Coelho: "solo una cosa hace que un sueño sea imposible: el miedo a fracasar", porque el miedo (a lo que sea) es muchas veces peor que el mal que se teme.

Si a todo lo dicho, sumamos las tasas de paro de los países ricos (donde hay más de 37 millones de desempleados) podremos entonces entender mejor aún las peticiones de los sindicatos obreros de disminuir la jornada laboral. Pero esa solicitud sindical también la han hecho suya muchos ecologistas, sociólogos, científicos... En este tema la pregunta clave es ¿hay que reducir los salarios proporcionalmente? La respuesta es que habrá que llegar a un convenio, pero que los empresarios deberían ver su responsabilidad en la creación de trabajo digno aún a costa de reducir sus beneficios, y los empleados deberían ver los beneficios de disponer de más tiempo libre para leer, estar con la familia, pasear... aún a costa de reducir también parte de sus beneficios económicos. No es utópico, como se mostró al hablar de la "Economía de Comunión". En la misma línea, pedir más vacaciones es también deseable, pues no por mucho trabajar se aumenta la calidad de vida. También sobre esto Araújo decía que: "Más fiestas y no menos nos merecemos. Todavía estamos lejos de aprovechar el ahorro de horas de trabajo que la tecnología regala. Y aún más de ese 75% de tiempo para holgar que disfrutaron las culturas del bosque o del 50% de días feriados que fueron norma durante la Edad Media". Aparte queda su magnífica idea de establecer un año sabático universal, que cada año el 10% de cada categoría profesional quede descansando en su casa. La idea, utópica en esta sociedad, no deja de ser genial.

El muro con el que chocan estas propuestas es que en esta sociedad resulta sagrado el llamado "poder adquisitivo". Hace falta un sobreesfuerzo, inhumano por lo grande pero humanísimo por lo que significa, para ganar en empatía hacia los que están en paro y comprender que todos podemos tener responsabilidad en eso. Sin tortícolis, podemos ejercitar nuestro cuello para mirar atrás, tal y como hacía el sabio que nos describió el madrileño Pedro Calderón de la Barca (1600-1681) en su inmortal obra "La vida es sueño" (1635), entre los versos 253 y 262:

> Cuentan de un sabio, que un día
> tan pobre y mísero estaba,
> que solo se sustentaba
> de unas yerbas que cogía.
> ¿Habrá otro, entre sí decía,
> más pobre y triste que yo?

> Y cuando el rostro volvió,
> halló la respuesta, viendo
> que iba otro sabio cogiendo
> las hojas que él arrojó.

El mundo necesita más conciencia de lo que ocurre y de sus interrelaciones ocultas. Pero eso no se consigue por azar sino que necesita una voluntad que lo dirija, tal y como decía San Juan de la Cruz (1542-1591): "Buscad leyendo, y hallaréis meditando".

4.13. Reducir el consumo de carne y la sobrealimentación

En esto coinciden ecologistas y humanistas, médicos y sociólogos, los científicos Ehrlich, Araújo y otros como Harvey Diamond, que en su libro "Salud y Ecología" ("Your Heart, Your Planet", 1990) dice que "por cada hectárea de tierra dedicada al consumo humano, se dedican 20 a la alimentación del ganado". La deforestación del Amazonas es en gran parte debida a dedicar sus zonas para el pastoreo del ganado vacuno, que luego se vende como hamburguesas en los restaurantes de comida rápida de multinacionales estadounidenses de sobra conocidas[47]. El problema afecta a muchas más zonas. Por ejemplo, Guatemala exporta carne a EE.UU., mientras el país padece una grave desnutrición infantil y este caso no es uno aislado. En dicho libro, Diamond estudia los problemas del consumo abusivo de carne, tanto para la salud como para la Naturaleza, aportando valiosos y contrastados datos (que no exponemos por cuestiones de espacio) y llega, igual que Araújo, a la siguiente conclusión: "Nuestro apetito de productos animales está borrando del mapa nuestros bosques, ensuciando nuestras aguas, contaminando el aire, devorando nuestros recursos naturales y diezmando nuestras tierras" y, por si fuera poco, "¡está matando a nuestro pueblo!" (arterioesclerosis, obesidad, colesterol...). Se da la paradoja curiosa de que un gran número de individuos de los países ricos se quejan de sobrepeso por estar sobrealimentándose y tienen "pánico" a comer menos o a ir andando o en bicicleta a los sitios. Es como comprar productos *"light"* para no engordar y luego subir en ascensor. En otra de las predicciones que Galeano deseaba hacer decía que "nadie morirá de hambre, porque nadie morirá de indigestión". Diamond propone que cada ciudadano, independiente de los demás, se proponga un día a la semana de alimentación vegetariana, por nuestra propia salud y la del planeta.

El consumo excesivo de carne se hace *insostenible* al ser tantos humanos generando ese consumo. En Estados Unidos, la mitad de las hectáreas cultivadas son para producir alimento para animales (sin contar lo invertido en la alimentación de mascotas domésticas). Para producir un kilo de carne de vaca se necesitan 16 kilos de granos y forraje. Dicho de otra forma, los vegetales necesarios para que una persona coma carne vacuna son suficientes para que 16 personas pudieran mantenerse comiendo directamente esos vegetales. Esa relación de 16:1 para la carne vacuna, varía en otros alimentos, como el cerdo (6:1), el pavo (4:1), la gallina (3:1) o los huevos

---

[47] Véase el Informe de GreenPeace sobre la Amazonia (2006), del apartado Referencias.

(3:1). Además, para que la carne producida sea barata es preciso dar un trato indigno a los animales.

No se trata de ser vegetarianos o veganos[48] estrictos, lo cual es otra opción, sino de conocer las razones que hay para tender a una dieta básicamente vegetariana. Los argumentos los podemos reunir en cuatro:

1. **Por tu salud o estética:** A parte de lo dicho, las grasas animales son poco saludables. Últimamente se está usando para todo aceite de palma, que además de no ser sano, contribuye a la deforestación de selvas tropicales (especialmente en Indonesia, donde los orangutanes se están quedando sin su hogar). La solución al sobrepeso no es hacer una dieta temporal, sino cambiar nuestra dieta y evitar un estilo de vida sedentario. En todo caso, una dieta sana no debe incluir carne roja (cerdo, vaca...) más de una o dos veces al mes. Y esto también se aplica a dietas infantiles. Si la carne fuera criada de forma natural sería más sana, pero como los animales comen piensos artificiales y hormonas de engorde, esa carne contiene también hormonas que, al final, hacen engordar más aún al consumidor.

2. **Producir carne contamina en exceso:** Ya hablamos de esto antes. Recordemos que producir carne requiere consumir muchísimos más recursos que su equivalente en alimentación vegetariana: más agua, más abonos, más insecticidas, más hidrocarburos, más transportes...

3. **La carne es un lujo, en un mundo hambriento:** Se pueden enlazar estos dos conceptos. Si se reduce la demanda de carne globalmente, sobrarán cereales y recursos para alimentar a más gente. Bertrand De Jouvenel llamó la «paradoja de la carne», exponiendo que "el desarrollo de una civilización lleva consigo el incremento de la demanda de carne" de cada ciudadano, pero "una misma superficie produce mucho menos alimento en forma de carne que en forma de cereales", lo que conlleva un "despilfarro de espacio". Este economista resaltó que la riqueza de los países ricos se debe básicamente a que se está explotando el mundo. Todo lo que usamos y comemos proviene de la naturaleza y muchos avances tecnológicos han permitido explotar la Naturaleza de forma *insostenible*. Este mismo economista nos dejó unas palabras que demuestran que no todos los economistas son igual de materialistas: "Tenemos motivos para invertir las prioridades, tanto más teniendo en cuenta que una gran parte de la especie humana no ha alcanzado todavía la seguridad de la propia existencia biológica. Y mientras nosotros nos compadecemos en términos abstractos de la suerte de esa gran parte de la humanidad, los buques de pesca más poderosos de los países avanzados (...) salen a la captura en sus aguas del pescado que necesitarían para la alimentación, y que va a parar a la alimentación de nuestro ganado".

---

[48] Los veganos no solo no comen animales muertos, sino que tampoco comen productos procedentes de los animales, tales como leche, huevos o miel.

4. **El consumo abusivo de carne conlleva el maltrato a los animales:** Para que la carne producida sea barata se maltrata a los animales (hacinamiento como mínimo), se les medica en exceso, se les administra alimento poco natural y se les engorda artificialmente, pero hay más: castración, separación de la madre y sus crías, la ruptura de los rebaños, la marca, el trauma del transporte... Esto es una práctica común en los países industrializados, porque lo que prima es la cantidad de carne producida y no la calidad de la misma. En ciertos casos, los ganaderos caen en la ilegalidad de utilizar medicamentos y hormonas en exceso. Los análisis revelan que en la carne que se consume hay antibióticos que muchas veces se administran sin necesidad y solo para prevenir enfermedades.

Según Peter Singer, si tuviéramos en cuenta el sufrimiento de los animales (aunque fuera considerado como menos malo que el sufrimiento humano) "nos veríamos obligados a realizar cambios radicales en el trato que damos a los animales; estos cambios afectarían a nuestra dieta, a los métodos de cría, a los métodos de experimentación en muchos campos de la ciencia, a nuestro planteamiento con respecto a la fauna y a la caza, al uso de trampas y de prendas de piel, y a algunos lugares de diversión tales como circos, rodeos, parques zoológicos. Como resultado, se reduciría de forma considerable la cantidad total de sufrimiento provocado; de forma tan considerable que es difícil imaginarse otro cambio en la actitud moral que llevara consigo una reducción tan importante de la suma total de sufrimiento que se produce en el universo". Suiza por ejemplo, (un país poco ético en cuanto a la banca se refiere) prohibió la cría de aves en jaulas. En todo caso, Singer dice que "la cuestión trascendental no es si la carne de los animales podría producirse sin sufrimiento, sino si la carne que pensamos comprar ha sido producida sin sufrimiento".

Los cuatro argumentos expuestos se resumen en que debemos potenciar el vegetarianismo *por nosotros, por la Naturaleza, por los demás y por los animales*.

Por último, también es importante potenciar los cultivos frescos locales, que estimulan la economía local y requieren menos transportes. Los congelados consumen mucha más energía. Si es posible, elige alimentos ecológicos, cultivados sin pesticidas ni insecticidas químicos. ¿Por qué son más caros los cultivos ecológicos? Pues sencillamente porque los cultivos no-ecológicos no pagan los daños ambientales que provocan. El sistema agrario actual permite dañar la naturaleza gratuitamente.

4.14. Reforestación y huertos urbanos

Como decía Araújo: "*La faceta más apreciada de los múltiples intentos de reparar la degradación ambiental es la reforestación*". De forma oficial, se deberían organizar cuadrillas de trabajadores (voluntarios y asalariados), para plantar árboles (Apéndice A). Los gastos deberían cubrirse por quienes contaminan (impuestos sobre carburantes, a empresas contaminantes...). También se ha pedido que las petroleras y las industrias químicas inviertan en este fin parte de sus pingües beneficios.

Jean Giono (1895-1970) es uno de los escritores franceses más importantes del siglo XX. Su obra, inspirada en su Provenza natal, es una exaltación de la vida rústica y de las fuerzas naturales. En 1953 una editorial le pidió que escribiera algo sobre un personaje real inolvidable, pero Giono escribió la historia de "*El Hombre que Plantaba Árboles*", un pastor imaginario que consiguió plantar, con total desinterés, cientos de árboles, convirtiendo una tierra yerma en un paraíso de vida que llegó a contar con la protección del Estado. Como el personaje no era real, la editorial puso objeciones y Giono donó el escrito a la Humanidad. Ese pequeño y ameno relato es conmovedor y consigue el propósito que pretendió su autor: "Hacer que la gente amara a los árboles, o, para ser más exacto, que amen el plantar árboles". Desde entonces, el libro fue traducido a multitud de idiomas y ha inspirado proyectos de reforestación por todo el mundo.

El biólogo español Ángel M. Romo destacaba la importancia de amar y de conocer los bosques y los árboles, porque "si los conocemos y valoramos, los percibiremos de otra forma, los llegaremos a diferenciar y a respetar. Pues en su salvaguarda está nuestra propia salvaguarda y en su destrucción, nuestra propia destrucción".

Y plantar árboles es muy fácil. Basta ir al campo, hacer un pequeño hoyo, meter unas semillas, y tapar el hoyo. Incluso, si no queremos cansarnos, podemos simplemente esparcir las semillas por una zona pelada. Hay que plantar muchos árboles para que uno solo llegue a adulto... por eso los árboles suelen ser tan fecundos produciendo tantas semillas. Si uno quiere aumentar su probabilidad de éxito hay distintas técnicas que se resumen en el Apéndice A. Conseguir semillas es muy simple. Seguro que encontramos árboles con semillas cerca de nosotros en cualquier época del año.

Otra forma de colaborar a la limpieza del aire es no derrochar la energía solar que llega a nuestra ventana, balcón, patio o jardín. Si colocamos plantas, éstas utilizarán esa energía para crecer y limpiar. Incluso, hay árboles que se adaptan y crecen muy bien en macetas grandes (las higueras y los limoneros, por ejemplo). A la satisfacción de ver crecer el árbol se unirá el placer de recoger y degustar fruta fresca. Plantar hortalizas, tampoco es imposible y casi todas pueden crecer en macetas (tomates, espárragos...). Lo más importante es agua, sol y buena voluntad (a partes iguales).

Los huertos urbanos han sido propiciados por muchas organizaciones con el objetivo de entretener, educar, limpiar y favorecer la sostenibilidad, a través del cultivo ecológico a pequeña escala, evitando los transportes y favoreciendo el reciclaje de nutrientes (haciendo compost). Hay muchas webs interesantes al respecto[49].

---

[49] Un ejemplo es la web www.totcompost.com/huertosurbanos.htm

4.15. Reciclaje, reutilización y reducción: la ley de las 3 erres y porqué reciclar no es ecológico

Una política severa y práctica de reciclaje es cada vez más necesaria. Reciclar papel, vidrio, plástico, metales, aceites, componentes eléctricos y electrónicos... no solo es rentable económicamente sino que es necesario para ahorrar árboles, materiales y energía. Pero antes de reciclar algo puede, en muchos casos, ser reutilizado. Y antes de todo ello, lo más importante es, como ya hemos apuntado, reducir el consumo, en general, de bienes que no sean del todo necesarios (según el criterio de cada cual, porque es el método más viable). Por ejemplo, los equipos electrónicos anticuados pueden donarse a organizaciones sociales o a países en desarrollo, pero tal vez podamos aguantar un año más con esos equipos.

En particular, ya se están empleando aceites desechados para fabricar "bio-diésel", un sustituto de la gasolina diésel, más ecológica, pero el apoyo a estas iniciativas por parte de las compañías petroleras y de los estados es muy tímido. Se apuesta más por los cultivos energéticos para producir agro-combustibles, con los problemas que generan éstos si no son cultivos ecológicos y se transportan muchos kilómetros, como ya se comentó en la Introducción.

En las sociedades modernas de los países ricos ya debería ser obligatorio para todos los ciudadanos la separación de basuras para su posterior reciclaje. Igual que es obligatorio depositar la basura en los lugares habilitados para ello, también debe ser obligatorio depositar adecuadamente los productos fácilmente reciclables, al menos el papel y cartón (contenedor azul), el vidrio (contenedor verde) y los envases de plástico y metal (contenedor amarillo). Y también otros como aceites, ropa, calzado...

También se debe educar para la reducción, y fomentar la reutilización a través de políticas ya inventadas. Cuando yo era pequeño (años 70-80 del siglo XX) mi madre me mandaba a comprar leche y siempre me daba las botellas de cristal vacías. Al entregar las botellas, el tendero nos aplicaba una rebaja al precio de cada botella de leche. Lo mismo ocurría con otras bebidas. Luego, se inventó el tetra-brick y este envase reemplazó al mejor envase del mundo, el vidrio retornable o reutilizable. Los envases de usar y tirar no son nunca ecológicos. Al contrario que el reciclaje, la reutilización ahorra gastos a las empresas y solo consume agua y detergente para la limpieza de estos envases, pero ni siquiera aumenta el gasto de transporte ya que el transporte de estos envases usa el mismo transporte que los envases llenos. Los envases de usar y tirar son más baratos porque no pagan por la contaminación que producen en su fabricación y en su desecho[50].

---

[50] Hay que insistir mucho en acabar con los envases de usar y tirar y en fomentar el comercio local o, en su defecto, nacional o de nuestros vecinos, porque efectivamente, un sistema de envases "ecológico" no es simple de instaurar pero con productos que viajan intercontinentalmente el problema es aún mayor.

> <u>Solución para los envases</u> (ver Apéndice C)
> Estas dos actuaciones solucionarían muchos de los problemas de este tipo de residuos que están invadiendo todos los ecosistemas:
> 1. **Implantar el SDDR[51] para envases reutilizables y exigir que los envases de vidrio sean siempre reutilizables.**
> 2. **Las empresas pagarán una tasa por cada envase NO reutilizable que pongan en circulación, y esa tasa irá creciendo año a año.**
>
> Los envases no reutilizables pueden (y deben) tener también su SDDR, pero si la tasa que pagan las empresas es elevada, este tipo de envases tenderán a desaparecer. Esta tasa puede ser pequeña durante unos pocos años, pero debe subir progresivamente. Las empresas tendrán así tiempo para hacer que sus envases sean reutilizables, y para adherirse al SDDR para envases reutilizables.
>
> Estos dos puntos conseguirán que todos los envases tiendan a ser retornables y, por tanto, apenas habrá que reciclar. Recordemos: **reciclar no es ecológico**, es solo lo más ecológico antes de tirar algo a un vertedero.

4.16. La importancia de la justicia: el Tribunal Penal Internacional

Sin justicia no puede haber paz. Y sin paz no puede haber desarrollo (y mucho menos que éste sea sostenible). Basándose en ese concepto algunos han propuesto al juez español Baltasar Garzón, como candidato al Premio Nobel de la Paz, por su amplia trayectoria de lucha contra todo tipo de injusticias (narcotráfico, terrorismo, crímenes contra la humanidad...).

En este sentido, la humanidad dio un paso de gigante con el Tribunal (o Corte) Penal Internacional (TPI), constituido oficialmente en 2003 en La Haya (Países Bajos) con 18 jueces. Pese al boicot estadounidense, se hace realidad el primer tribunal permanente para juzgar el genocidio y los crímenes de guerra y contra la Humanidad (esclavitud, desapariciones, exterminio, torturas...).

El canadiense Philippe Kirsch, presidente del Tribunal Penal Internacional, aseguró que este tribunal "nace para proteger a los más débiles", y que "el derecho y la justicia serán nuestro horizonte, a fin de que la Corte no se convierta jamás en un instrumento de venganza". Kirsch agradeció a los muchos estados signatarios el apoyo a la constitución de una justicia penal internacional que acabe con los crímenes más odiosos. El presidente prometió, en nombre de todos los jueces que juraron sus cargos, ser ejemplo de "rigor, diligencia, integridad y lealtad".

No obstante, varios países no han ratificado el estatuto, fundamentalmente Estados Unidos, que reclamó exenciones para los miembros de sus fuerzas armadas. La pregunta que surge de forma natural es... ¿por qué quiere EE.UU. que sus fuerzas armadas no puedan ser juzgadas por crímenes contra la Humanidad? La respuesta

---

[51] **SDDR** es el Sistema de Depósito Devolución y Retorno que consiste en pagar un pequeño depósito por los envases que compramos y recuperar ese dinero si los devolvemos: **Si lo devuelves, no pagas.**

parece obvia, más aún cuando ese mismo año de 2003 se hicieron públicas las torturas a ciudadanos iraquíes por parte de soldados estadounidenses en la prisión de Abu Ghraib. A raíz de esto, supimos que algunas prácticas vejatorias y de tortura están permitidas en el ejército estadounidense, según un documento militar interno.

La tremenda desfachatez por parte de Estados Unidos al no ratificar el Tratado, es mayor aún, si cabe, si se tiene en cuenta que el ex presidente demócrata Bill Clinton lo firmó al final de su mandato. El siguiente presidente, el republicano Bush no quiso ratificarlo teniendo en su agenda una guerra preventiva contra Irak. El caso es más grave si tenemos en cuenta que la mayoría de los estadounidenses están a favor del TPI.

Richard Dicker, director del Programa de Justicia Internacional de "Human Rights Watch", afirmó que "no hay duda de que este tribunal sería más fuerte si tuviera el apoyo de Estados Unidos", pero añadió que "la amplitud y profundidad del apoyo que existe (a lo largo de Europa, África y Latinoamérica) otorga la pericia financiera, legal, técnica y diplomática necesaria para que el tribunal sea algo viable y efectivo, aun sin contar con el apoyo estadounidense".

El TPI solo puede juzgar a personas por crímenes cometidos a partir del 1 de julio de 2002, y en uno de los estados que lo han ratificado, o por un ciudadano de estos países.

A raíz de este tema, resulta muy triste ver el concepto de justicia del país más rico de la tierra. Y no nos referimos solo a su negación del TPI, ni a ser el único país desarrollado donde la pena de muerte es defendida por una amplia mayoría, ni a los numerosos errores de su sistema judicial que han llevado a la muerte a multitud de inocentes (poniéndose a la altura de países como China o Irán). Algunos han sido salvados casi en el último momento, después de pasar meses en el fatídico "corredor de la muerte", y curiosamente los que se salvan de ese "corredor" son principalmente los que tienen dinero suficiente para pagar las cuantiosas sumas que cuestan los servicios de un abogado capaz de eso. El concepto de justicia de Estados Unidos se ve por muchos "detalles" que demuestran su absoluta falta de ética y, sin ética, no puede haber justicia. Un ejemplo que seguro que a muchos les va a costar creer: El pasado mes de diciembre de 2002 este país, por fin, firmó, tras años de negativas y demoras, dos protocolos por los que se compromete a que la edad mínima para el reclutamiento de soldados se sitúe en los 18 años. Hasta ahora, este país admitía en sus filas a combatientes menores de esa edad y se negaba a firmar el protocolo (léase el boletín número 60 de Ayuda en Acción). Los motivos son desconocidos por nuestra parte, pero como descartamos que esos niños soldados fueran reclutados entre ciudadanos de su país, entonces, podemos suponer que admitían niños soldados en cualesquiera países en donde han batallado a lo largo y ancho de la geografía mundial.

Otro ejemplo es el trato cruel, inhumano y hasta ilegal dado en la base de Guantánamo (Cuba) a los presos de la guerra de Afganistán (2001). Un tribunal en Washington quitó a estos presos "todos" sus derechos... ¿Conocerá ese tribunal la llamada Declaración Universal de los Derechos Humanos? Más actual, la guerra de Irak fue defendida por la supuesta posesión de armas de destrucción masiva, que hoy sabemos que era falsa, pero ya entonces sabíamos que a Irak le vendieron grandes cantidades de armas EE.UU. y el Reino Unido durante la guerra de Irak contra Irán. Resultó curioso ver al ex secretario de defensa estadounidense, Donald Rumsfeld, exaltar la maldad de Sadam Hussein (ex presidente de Irak) cuando, el Sr. Rumsfeld era agasajado en uno de los múltiples palacios de Sadam, mientras éste mataba a los kurdos del Norte de su país existiendo hasta fotografías de ambos dándose la mano. Muchos kurdos murieron y muchos más en esa guerra Irak-Irán, y ninguno fue lamentado por Estados Unidos.

Dentro de unos años, tal vez quieran bombardear Arabia Saudita, país que ahora es uno de sus socios y uno de los países a los que más armas vende, las cuales son usadas contra su propio pueblo (o contra sus vecinos del Sur, por ejemplo). Hay que recordar que Arabia Saudita es un país muy criticado por Amnistía Internacional por sus continuas violaciones de los Derechos Humanos, pero que no teme a nada porque sus intercambios de "petróleo por armamentos, permite a la dictadura saudí ahogar en sangre la protesta interna, y permite a los Estados Unidos y a Gran Bretaña alimentar sus economías de guerra y asegurar sus fuentes de energía (...) [mientras] jamás vemos, escuchamos ni leemos ninguna denuncia de las atrocidades de Arabia Saudita", ya que el rey saudí "paga esas millonadas por las armas y, de paso, compra impunidad" (Galeano en su libro "Patas Arriba. La Escuela del Mundo al Revés"). Y encima, cuando este sanguinario rey o su familia viene a España a seguir sus vacaciones, es admirado por la prensa, como si hubiera (tal vez lo haya) un acuerdo en no hablar sobre el país, sino solo sobre las vanidades de esta monarquía dictatorial.

El dictador iraquí incumplió algunas resoluciones de la ONU, pero otros países también las incumplen: 32 quebrantadas por Israel y 24 por Turquía, por citar algunas. Y a todo eso hay que añadir que en Israel realmente sí hay un claro genocidio (no olvidaremos los muertos que vimos en televisión tras la masacre de Jenín, por ejemplo). Resumiendo, dictadores hay muchos y hay que bajarlos del poder, como sea, excepto bombardeando un país para mostrar al mundo las avanzadas armas y poder venderlas con mayor facilidad. Y tampoco vale apoyar a unos dictadores porque me dan petróleo y bombardear a otros.

Para terminar este apartado sobre la justicia (y la guerra), resaltar que aún hoy, Estados Unidos se niega a firmar el tratado internacional contra las armas de destrucción masiva químicas y biológicas, las cuales son poseídas y fomentadas por este país. La Paz requiere ser pagada con Justicia (ambas con mayúsculas).

4.17. Erradicar la pobreza extrema o absoluta

Pero... ¿Qué es la pobreza absoluta? Robert McNamara, cuando era presidente del Banco Mundial sugirió el término "pobreza absoluta" para referirse a ese "vivir en el mismo límite de la existencia, (...) seres humanos con graves privaciones que luchan por sobrevivir en unas circunstancias de miseria y degradación" sorprendentes, con un índice de mortalidad infantil 8 veces superior al de los países desarrollados, con una esperanza de vida 3 veces más baja, una alfabetización de adultos un 60% más bajo, un nivel de nutrición inaceptable con la imposibilidad de ingerir los niños las proteínas necesarias para el desarrollo cerebral. Según el Worldwatch Institute[52] el 23% de la población mundial vive en la pobreza absoluta.

---

[52] www.worldwatch.org

En los países pobres se consume un promedio de 180 kilos de cereales al año, mientras que el promedio norteamericano ronda los 900 kilos: En los países ricos la mayoría de los cereales se invierten en alimentar a los animales para convertirlo en carne, leche y huevos. En palabras de Peter Singer: "Si dejáramos de alimentar a los animales con cereales y soja, la cantidad de comida que ahorraríamos —si la distribuyéramos entre los que la necesitan— sería más que suficiente para acabar con el hambre en el mundo": "El problema es principalmente de distribución y no de producción (...) y solo si transferimos parte de la riqueza de los países ricos a los pobres se podrá cambiar esa situación".

En este panorama, Singer define la "riqueza absoluta", y mete bajo este concepto a aquellos que tienen "más ingresos de los que necesitan para satisfacer de forma adecuada todas las necesidades básicas de la vida. Después de adquirir comida, vivienda, ropa, servicios sanitarios básicos y educación, a los *absolutamente ricos* les queda todavía dinero para gastar en lujos. Los absolutamente ricos eligen su alimento por el gusto de su paladar, y no para detener el hambre; se compran ropa nueva para variar, y no para abrigarse; se mudan de casa para vivir en un barrio mejor o tener una habitación de juegos para los niños, y no para resguardarse de la lluvia; y después de todo esto les queda todavía dinero para gastar en equipos de sonido, videocámaras y vacaciones en el extranjero".

Este autor señala que aunque la ONU estableció como necesaria la donación del 0.7% del Producto Nacional (o Interior) Bruto (PNB o PIB) solo Suecia, Países Bajos, Noruega y algunos países árabes exportadores del petróleo han alcanzado ese modesto objetivo, mientras que Gran Bretaña cede solo el 0.31% (en alcohol se gasta el 5.5% del PNB y en tabaco el 3%), Alemania dona el 0.41%, Japón el 0.32% y Estados Unidos solo el 0.15%. España varía mucho su ayuda pero en 2017 estaba en el 0.33%, a mucha distancia de la media de la UE del 0,51% y del objetivo fijado en 1980 por la ONU.

Según Singer, "si estos son los hechos, no podemos evitar llegar a la conclusión de que al no dar más de lo que damos, la gente de los países ricos está permitiendo que la de los países pobres sufra una pobreza absoluta (...) y esta no es una conclusión que afecte solo a los gobiernos, sino que afecta a cada individuo absolutamente rico, ya que cada uno de nosotros tiene la oportunidad de hacer algo para cambiar esta situación; por ejemplo, ofrecer nuestro dinero y nuestro tiempo a organizaciones de voluntarios como Médicos Sin Fronteras, Ayuda en Acción, etcétera. Si, entonces, dejar morir a alguien no es intrínsecamente diferente de matar a alguien, parecería que somos todos asesinos". Pero Singer afirma que ese veredicto es demasiado duro indicando que "existen varias diferencias importantes entre el hecho de gastar dinero en lujos en vez de utilizarlo para salvar vidas, y matar a la gente de forma deliberada", pero como dice Singer, "explicar nuestras actitudes éticas convencionales no supone justificarlas".

Ante el argumento de Singer de que estamos obligados a dar hasta el punto en el cual al dar más sacrificamos algo de una importancia moral comparable, muchos afirman que no es deseable defender dicho argumento en público, porque ese nivel de exigencia es demasiado alto y desanimaría a cumplirlo llegando a ser contraproducente: "si estableciéramos un nivel más realista, puede que la gente hiciera un auténtico esfuerzo para alcanzarlo". Singer afirma que si adoptamos esa postura, "sabríamos que tenemos que hacer más de lo que públicamente proponemos que la gente tiene que hacer, y deberíamos dar más de lo que animamos a los demás a que den. Esto no carece de lógica, ya que tanto en nuestra conducta pública como privada, estamos intentando hacer lo que lleve a reducir más la pobreza absoluta". Singer afirma que no hay muchas pruebas que demuestren que sea contraproducente pedir un nivel alto de generosidad, pero analizando el argumento con diversas personas afirma que ha llegado a pensar que pudiera serlo. Entonces, "¿Qué nivel deberíamos defender? Cualquier cifra que demos será arbitraria, pero se podría dar un porcentaje redondo de los ingresos de uno, digamos, el **10%**, que es más que una donación simbólica y no tanto como para convertirnos en santos. (...) Para algunas familias, por supuesto, el 10% supondría una parte considerable de su economía, mientras que otras podrían dar más sin dificultad. (...) Bajo cualquier nivel ético razonable, esto es lo mínimo que deberíamos dar, haciendo mal si aportáramos menos".

Resulta también curioso que Araújo también sugiera la donación de ese **10%** de nuestros ingresos, porque "bastante más del 10% de nuestro bienestar se debe a su miseria". Pero por otra parte, aunque es innegable el trabajo de las ONG, también podría argumentarse que las ONG no son la solución e incluso, puede que estén retrasando una solución adecuada, porque las ONG ponen o proponen soluciones temporales y ese *"poner parches"* es a veces la manera de "ir tirando" para que las cosas no cambien. Por otra parte, es evidente que al menos a corto plazo las cosas serían peor sin ONG y que las ONG no solo son valiosas por su trabajo, sino por las ideas que aportan, la información que sacan a la luz que nos impele a legislar mejor.

Por otra parte, decía Carl Sagan que "existe una correlación global bien documentada entre la pobreza y las tasas de natalidad elevadas. En países grandes y pequeños, capitalistas y comunistas, católicos y musulmanes, occidentales y orientales, el crecimiento demográfico exponencial se reduce o se detiene en casi todos los casos cuando desaparece la pobreza extrema. De manera cada vez más apremiante, a nuestra especie le conviene que cada lugar del planeta alcance a largo plazo esta transición demográfica. Por esta razón, el contribuir a que otros países consigan hacerse autosuficientes no es solo un acto elemental de decencia humana, sino que también redunda en beneficio de las naciones más ricas en disposición de prestar ayuda. Una de las cuestiones cruciales en la crisis demográfica mundial es la pobreza".

En la obra ya citada de Nebel, se alcanza una conclusión importante y a pesar de ser elemental, no podemos dejar de transcribirla: "la causa fundamental del hambre es la pobreza. Nuestro planeta produce suficientes alimentos para todos los seres humanos de la actualidad. La gente que sufre de hambre o desnutrición carece de dinero para comprar comida, o de tierras adecuadas para cultivar. Si por algún milagro la producción mundial de alimentos se duplicara el próximo año, la situación de casi todos los que padecen de hambre y extrema pobreza no cambiaría (...), [porque] los alimentos (...) fluyen en la dirección de la demanda, no de las necesidades nutricionales". Además, afirman que "no hacen falta ciencias ni tecnologías nuevas para aliviar el hambre y al mismo tiempo promover la sostenibilidad cuando cultivamos nuestro sustento". Tampoco hacen falta grandes estudios para corroborar que, efectivamente, en el mundo rico se tiran, literalmente, muchas toneladas de comida de todo tipo, desde verduras hasta carne y pescado. En las grandes cadenas de alimentación es algo habitual, ya que no pueden poner a la venta productos con una cercana fecha de caducidad. Así tiran grandes cantidades de alimentos. Los más sensatos, que son los menos, donan estos alimentos a organizaciones benéficas que los reparten entre los que no los comprarían.

Según el biólogo Garret Hardin, refiriéndose al Tercer Mundo, no al Cuarto, la ayuda a los pobres no debe ser en forma de alimentos ya que "al repartir los alimentos solo estaremos fomentando el escalamiento de la población". Según Hardin, si queremos ayudar, debemos dirigir nuestros esfuerzos a abatir el crecimiento demográfico.

Con una alimentación básicamente vegana (o vegetariana) no haría falta producir tanta alimentación, los cultivares podrían aplicar técnicas ecológicas y los países ricos no necesitarían importar tantos alimentos, que podrían quedarse/llevarse, donde ahora se necesitan con urgencia, a un precio más asequible.

Podemos reflexionar sobre los pueblos indígenas (en América del Sur, por ejemplo), donde desde nuestra óptica "civilizada" podemos afirmar que no tienen prácticamente nada. Sin embargo, no pasan hambre, están bien nutridos y cuidan mejor que nosotros de su patrimonio natural. Los bosques donde viven los indígenas son los que mejor se conservan.

El punto de mira está puesto en, repetimos, erradicar la pobreza extrema, no en que los países pobres alcancen el nivel de vida de los ricos, porque eso es insostenible, salvo que los ricos reduzcan radicalmente su nivel de vida y consumo, cosa poco probable a corto plazo. Existen muchas líneas de actuación para este enorme y digno objetivo que, además, reduciría a largo plazo la emigración hacia los países ricos. Algunas de ellas son:

1. **Donación de un mínimo del 0,7% del PIB** (recomendación de la ONU) de cada país desarrollado a países en desarrollo. Como dice Araújo, "esa ridícula porción del PIB no es un favor que nazca de magnanimidad alguna", pues según él... "bastante más del 10% de nuestro bienestar se debe a su miseria". La cifra debería crecer con el IPC (Índice de Precios al Consumidor).

2. **Condonación de la deuda externa**. Por las mismas razones y por muchas más. Muchos países no tienen para comer porque venden su riqueza (alimentos, árboles, minerales...) a los países ricos para con ese dinero pagar, también a los países ricos, su deuda externa. Es más dinero para los ricos, para aumentar su nivel de riqueza y de CONSUMO (con mayúsculas).

3. **Colaboración ciudadana**: Tanto en lo económico (asociarse a ONG, apadrinar niños del tercer mundo, colaborar en proyectos...) como en lo práctico, a través del ya alabado voluntariado: ayudar a ancianos, a niños, plantar árboles (Apéndice A)...

14.18. Educación

De todo lo dicho, la educación es básica para abatir el crecimiento demográfico, para mejorar la calidad de vida y para tender a la sostenibilidad. Necesitamos educar, especialmente a los niños, para que sepan respetar y valorar cada cosa. Un niño escolarizado será un adulto mejor preparado para la vida. Un niño educado con cariño será un adulto cariñoso. Un niño educado con respeto tendrá razones para ser un adulto respetuoso.

Es ya urgente educar (desde los colegios, desde los hogares, desde las instituciones, desde los líderes políticos, religiosos, artistas[53]...) para una ciudadanía respetuosa con el medio ambiente urbano y rural, forestal y marino. Tenemos que enseñar a los ciudadanos a tener una visión global y mostrarles los mecanismos de actuación que tienen y potenciar tales mecanismos. Tenemos que enseñar que nuestras pequeñas acciones influyen en el mundo. Este ha sido el objetivo central de este libro y que La Cadena Verde del Apéndice B pretende sintetizar. Todo esto puede servir para promover el diálogo, la concienciación y la actuación, en seminarios de cualquier centro educativo a cualquier nivel.

Hay que educar a los niños en una sociedad menos consumista, más solidaria, y más crítica hacia los mensajes publicitarios y políticos. Se trata de conseguir ciudadanos conscientes y felices, y no meros "consumidores". De intentar que cada ciudadano sea consciente de que hay consecuencias detrás de nuestros actos.

Y la educación más importante es la que dan los padres, desde el mismo momento de nacer, como afirma el popular juez de menores de la ciudad de Granada (España), Emilio Calatayud, conocido por sus sentencias educativas y orientadoras (en cierta ocasión condenó a un joven a aprender correctamente a leer y escribir, además de matemáticas básicas). En su libro "Reflexiones de un juez de menores" inserta un 'Decálogo para formar un delincuente', una guía de lo que los padres no deben hacer y que debería entregarse a cada padre del mundo, del mundo rico, pero también del menos rico:

1. Comience desde la infancia dando a su hijo todo lo que pida. Así crecerá convencido de que el mundo entero le pertenece.
2. No se preocupe por su educación ética o espiritual. Espere a que alcance la mayoría de edad para que pueda decidir libremente.
3. Cuando diga palabrotas, ríaselas. Esto lo animará a hacer cosas más graciosas.
4. No le regañe ni le diga que está mal algo de lo que hace. Podría crearle complejos de culpabilidad.
5. Recoja todo lo que él deja tirado: libros, zapatos, ropa, juguetes. Así se acostumbrará a cargar la responsabilidad sobre los demás.
6. Déjele leer todo lo que caiga en sus manos. Cuide de que sus platos, cubiertos y vasos estén esterilizados, pero no de que su mente se llene de basura.

---

[53] Leonardo Dicaprio, es un actor muy comprometido con el medioambiente, pero también por ello ha sido criticado. Más información en:

https://blogsostenible.wordpress.com/2016/03/04/leonardo-dicaprio-heroe-cobarde-ecologista-hipocrita/

7. Riña a menudo con su cónyuge en presencia del niño, así a él no le dolerá demasiado el día en que la familia, quizá por su propia conducta, quede destrozada para siempre.
8. Déle todo el dinero que quiera gastar. No vaya a sospechar que para disponer del mismo es necesario trabajar.
9. Satisfaga todos sus deseos, apetitos, comodidades y placeres. El sacrificio y la austeridad podrían producirle frustraciones.
10. Póngase de su parte en cualquier conflicto que tenga con sus profesores y vecinos. Piense que todos ellos tienen prejuicios contra su hijo y que de verdad quieren fastidiarlo.

Si tenemos una sociedad consumista, tal vez estamos enseñando el consumismo. Lo mismo se puede decir con otros valores como la superficialidad, la mala educación, el desorden y la suciedad, el pasotismo, el materialismo, la falta de respeto hacia los demás, la codicia, el egoísmo...

A los niños les encanta jugar con los padres, pero los padres prefieren comprarles juguetes caros, para evitar jugar con ellos. El "inmediatismo" de los padres genera "inmediatismo" en los hijos. Llamo "inmediatismo" a querer las cosas inmediatamente, a no saber esperar, a no entender que para conseguir un bien primero hay que pagar algún precio en forma de trabajo o sufrimiento.

Hay que poner de relieve de manera muy especial la educación respecto a la alimentación, por lo básico de este concepto en toda forma de vida. La comida nos regala la vida, es principalmente fruto del trabajo de la naturaleza y, en no pocos casos también del trabajo de muchos hombres y muchos procesos (cultivo, cuidados, transporte, conservación...). Toda nuestra comida almacena la energía de la estrella más cercana a nuestro planeta, el Sol. Tan malo es comer más de la cuenta, como comer menos de la cuenta. Tan malo es no tener alimentos, como acopiarlos y tirarlos.

Es urgente educar el mundo rico en un respeto a la comida. Aprendamos a comer mejor, poca carne (véase apartado 3.10) y muchas frutas, verduras y legumbres. Recuperemos la costumbre de bendecir la mesa antes de cada comida, con espíritu religioso o laico. Proponemos estos sencillos versos para dedicar dos segundos en manifestar la importancia y el respeto hacia nuestro sustento:

> Por la energía del Sol de estos alimentos,
> ofrecemos a la Tierra nuestros buenos sentimientos.

Pensemos unos segundos en la cantidad de gente que está muriendo AHORA, por falta de alimentos o de medicamentos, básicos y baratos. Pensemos en la necesidad de que mucha gente acceda a alimentos y pensemos en que gran parte de la cosecha de cereales mundial se dedica a alimentar ganado para producir carne, perdiendo en el proceso mucha energía.

Países que antes se alimentaban mal, ahora demandan más alimentos y más carne (China, India...). Sencillamente no hay carne para todos y con un poco de educación podemos conseguir sociedades básicamente veganas. Otra causa es la producción de agrocombustibles también creciente (como ya se ha comentado en la Introducción).

Pensemos también en los problemas ocultos, detrás de nuestra comida: generación masiva de envases, contaminación por pesticidas, por abonos químicos, por transporte, maltrato animal... Muy poca gente sabe el trágico proceso para producir el famoso foie gras[54], o paté, de origen francés. Sin entrar en detalles, se alimenta al pato o ganso de forma forzosa, provocándole graves dolores y malformaciones, de modo que su hígado aumenta siete veces su tamaño normal. El proceso dura unos 16 días hasta que el animal es, por fin, sacrificado, acabando así su sufrimiento.

14.19. Productos químicos

Nuestra dependencia de los productos químicos es inmensa. La química está en nuestras vidas de forma natural y artificial. Se usan productos químicos en los ordenadores, televisiones, bolígrafos, productos de limpieza, ropa, zapatos, electrodomésticos... Muchas de esas sustancias químicas escapan a nuestro control durante su fabricación, utilización o al deshacernos de ellas. Gran parte acaban en vertederos y gran parte acaban contaminando la naturaleza[55].

Estamos hablando de más de cien mil productos químicos, de los que del 90% no existen estudios de su peligrosidad para el ambiente o la salud humana. Se han encontrado sustancias químicas peligrosas al analizar aguas de ríos, del mar, sangre, leche materna, plantas, animales, aire... Ya no hay dudas de que esa es la causa directa o indirecta de algunos tipos de cáncer, enfermedad en aumento en los países industrializados.

El caso es tan grave que a partir del 2007 se ha puesto en funcionamiento en Europa el reglamento REACH (Registro, Evaluación, Autorización y restricción de sustancias Químicas) cuyo objetivo principal es proteger a las personas y al ambiente de las sustancias químicas peligrosas o de las que se ignora su peligrosidad. Resumiendo, se pretende crear un catálogo de productos químicos y fomentar que los que sean peligrosos se sustituyan si es posible, se reduzca su uso, o se investigue su sustitución.

REACH no se ha hecho tan bien como debería porque los políticos tenían en mente proteger los intereses de la industria. REACH debe ser solo el primer paso para conseguir controlar los venenos químicos.

Por otra parte, la mejor solución es reducir el consumo de productos prescindibles, agotar más la vida útil de las cosas (electrodomésticos, automóviles, ropa...) antes de sustituirla por una nueva, aunque la nueva sea más ecológica. En

---

[54] Véanse las siguientes webs: http://es.wikipedia.org/wiki/Foie_gras,
http://www.stopgavage.com/es/manifiesto.php,
http://www.altarriba.org/2/verguenza/foie-gras.htm

[55] Puede consultarse un mapa de la contaminación en España en el informe de Greenpeace (www.greenpeace.es) titulado "Contaminación en España".

muchos países se han creado programas "ecológicos" para sustituir enseres viejos por otros más modernos que consuman menos energía. Por lo menos, hay serias dudas de que esa opción sea realmente ecológica. Lo auténticamente ecológico es consumir menos. Al comprar un producto para sustituir otro menos ecológico, estamos moviendo la maquinaria industrial, promoviendo el gasto en materiales, productos químicos y la energía que requiere fabricar y transportar el producto (Figura 6). Puede que consigamos ahorrar energía con el nuevo producto "ecológico", pero también estamos perdiendo la posibilidad de ahorrar aún más energía adquiriendo un producto más moderno unos años más tarde.

No podemos, ni queremos, prescindir de los productos químicos, pero sí es viable controlarlos, saber sus flujos, y evitar que los que sean peligrosos acaben en la naturaleza o en nuestro propio organismo.

Figura 6: Implicaciones del consumo, en una imagen usada en la campaña de Navidad 2007 por el grupo Aulaga.

4.20. Turismo más responsable y sostenible

El **turismo responsable** es una forma de entender el turismo y los viajes que pretende mejorar o conservar las zonas visitadas (lo natural, lo artificial y el factor humano). El objetivo es minimizar los efectos negativos para el entorno natural, la sociedad y la cultura local.

El turismo responsable ha de ser **sostenible** y puede contribuir a mejorar la vida de los habitantes locales. Pero el viajero tiene que tener como objetivos **aprender, respetar, ayudar y, por supuesto, pasarlo bien**. Hay agencias turísticas que nos garantizan destinos adecuados, pero siempre hay unas reglas que deben tenerse en cuenta antes, durante y después del viaje:

1. Intente elegir un **destino lo más cercano posible**, pues el transporte **es muy contaminante**. El medio de transporte más contaminante es el avión. Tanto para llegar, como cuando ya estemos en nuestro destino, es mejor usar transportes

colectivos por tierra o mar, andar, ir en bicicleta o incluso hacer *auto-stop*. Cualquier cosa es mejor que el avión o el coche privado, aunque sea eléctrico. Intente compensar su contaminación con acciones como plantar árboles (y no solo pagando a alguien para que lo haga).

2. Aprenda algo sobre la **cultura local**: Su idioma (al menos algunas palabras y saludos), su religión, sus costumbres, su geografía, su historia, su biodiversidad, sus zonas protegidas, su gastronomía... mézclese con el entorno y con los aborígenes, fundiéndose con lo local.

3. No dañe la **flora y fauna local**, ni compre productos procedentes de organismos vivos, especialmente coral, pieles, animales vivos o muertos, o partes de animales... Productos de plantas no son admisibles si están en peligro o si lo ignoramos. No recolecte flores, hojas, semillas... aunque sean de jardinería (menos aún si son salvajes). Trasladar semillas entre distintos ecosistemas es muy peligroso, y está prohibido en muchos países.

4. Compre artesanía o **arte local**, respetando el punto anterior. Compre productos que realmente aprecie o vayan a ser apreciados. Recuerde que la mayoría de los regalos acaban en la basura u olvidados en un cajón. Reduzca sus compras y esté atento por si puede invertir su dinero en ayudar de otra forma más altruista.

5. Utilice hoteles, restaurantes u otras **empresas locales**, con empleados locales, en vez de grandes multinacionales que pueda encontrar en cualquier lugar del mundo.

6. Ponga sus **residuos** (basura) en su sitio, intentando reciclar y reduciendo el consumo en general de cosas como, por ejemplo, bolsas de plástico o envases no reciclables. Pida que no le den bolsas o envases innecesarios en las tiendas. Si no hay contenedores adecuados, debe llevarse los residuos para que sean reciclados o reciban el tratamiento adecuado.

7. Intente minimizar su consumo de agua, energía y otros **recursos,** incluso aunque la región tenga suficiente.

8. Coma y beba **productos locales** en vez de importados. Llevar comida en su equipaje está prohibido en muchas regiones. Reduzca su consumo de carne, pues producir carne requiere mayor gasto de energía y agua que su equivalente en alimentos vegetales.

9. No cometa actos que estén prohibidos o que no haría en su país de origen, y piense siempre en el impacto de sus acciones. Sea **respetuoso** y humilde sin presumir o sentirse superior por estar de vacaciones, ser más rico o más culto. Vístase de forma modesta, sin ostentosas joyas, relojes o cámaras.

10. Denuncie los **impactos negativos** a las autoridades locales, o en su embajada local en el destino o cuando ya esté de vuelta: abuso en el uso de recursos, destrucción de hábitats... y por supuesto violaciones de los derechos humanos o de la legalidad.

11. Intente comprender y disfrutar la **cultura** y el modo de vida local, más que visitar solo los monumentos famosos. Intente no ir a lugares masificados de turistas, piérdase entre las calles o en la naturaleza y disfrute con lo que ningún turista normal llega a ver. Se trata de ver lo que hay, lo cotidiano y de buscar su belleza.

12. Sea **observador**: Fíjese en la gente, en su forma de vestir, en sus costumbres, en su forma de hablar, de comunicarse, de pensar, de orar, en sus carteles… Observe la arquitectura tradicional, urbana o rural, y no solo la monumental. Fíjese en el suelo, en el color de la tierra, en las plantas y animales, en los olores de cada sitio. Pregunte siempre que lo necesite, con educación. Y todo esto, hágalo también en su vida cotidiana.

13. **No presuma** de su viaje ante sus amigos o familiares, ni haga fotos solo para enseñarlas. Viaje para sentirse bien interiormente, no para presumir. Tal vez sea positivo no fomentar más el turismo, pues **casi todo** el turismo NO es muy responsable.

Un lema del turismo sostenible es usar más la mochila (con bocadillo) y menos la maleta. Por último, se puede derribar el mito de que el turismo es caro. Lo caro son los hoteles o restaurantes caros. Hay millones de formas de viajar barato, como por ejemplo trabajando y aprendiendo en granjas ecológicas con, por ejemplo **WWOOF**[56]:

---

[56] www.wwoof.es

5. Más conclusiones

Las enormes cabezas de piedra y otros utensilios hallados en la chilena isla de Pascua (*Rapa Nui*) son indicios de una cultura otrora próspera. El paisaje actual, árido y erosionado, indica que la antigua civilización se derrumbó como resultado de la explotación excesiva de los bosques y los suelos. Las ruinas mayas de la península de Yucatán también se sospecha que fueron testigos de un desarrollo insostenible que acabó con esa civilización. Algunos científicos se preguntan si tienen estas historias una moraleja para la civilización moderna.

Aunque todos tenemos, forzosamente, algo de ecologistas, el *ser ecologista* es, ante todo, un estilo de vida basado en el *respeto*: Respeto a la vida, desde nuestros semejantes a los animales y las plantas, o las necesarias bacterias. Respeto por convencimiento altruista, pero también por necesidad egoísta. Algunos quieren ver en el sentir ecologista un ataque a todo cuanto suponga un avance tecnológico, pero no lo es, ni lo pretende. Precisamente son los ecologistas los que más piden avances tecnológicos que nos permitan mejorar este mundo. Precisamente son los ecologistas los que más promueven, por ejemplo, los avances tecnológicos en energías alternativas renovables.

El conocimiento no puede ser malo. Lo que puede ser malo es la aplicación de ese conocimiento o incluso, los medios para obtenerlo. Indudablemente, no es admisible que se "vendan" como avance tecnológico ciertas aplicaciones científicas que suponen un retroceso o, al menos, un enorme riesgo para la población, las plantas... o la biodiversidad. Se necesita, por tanto, más rigor científico, quizás más humildad de los científicos (y de las empresas que les pagan), más respeto y más control, en los tres niveles a los que se refería Fernández Buey.

En uno de los libros que mejor recoge el *sentir ecologista* (y al que ya nos hemos referido anteriormente), Joaquín Araújo expone lo siguiente: "Nuestros actos más triviales pueden aliviar o empeorar la salud global de la tierra. Ser consecuentes de nuestro considerable poder personal y de la enorme responsabilidad que adquirimos usando recursos y energía, es el primer propósito de la ecología de la vida cotidiana". En definitiva, todos tenemos que colaborar y exigir que se colabore.

Los avances científicos y tecnológicos no solo pueden ser de gran ayuda sino que son fundamentales para conseguir un mundo mejor para todos. La red Internet, por ejemplo, está permitiendo la globalización de la cultura y facilita enormemente el acceso a ella. También ha posibilitado el nacimiento de nuevos delitos, pero también facilita las denuncias. En España por ejemplo, se pueden denunciar anónimamente supuestos delitos a través del correo electrónico de la Guardia Civil[57]. Ellos se encargan de investigarlo y te informan del resultado de sus investigaciones.

---

[57] www.guardiacivil.org

El Apéndice B es un resumen básico pensado para ser divulgado en pocas palabras. Además, en este largo párrafo vamos a enumerar algunas de las soluciones propuestas directa o indirectamente y que es bueno recordar: que las nuevas tecnologías (y la voluntad política) den un buen impulso a la democracia; que se tengan en cuenta los posibles errores humanos al evaluar los riesgos de las tecnologías; aniquilar el consumismo y no fomentarlo ni con préstamos ni con deudas y que el día del Padre o de la Madre sean días de cariño y no de consumo; seguir a esos filósofos presocráticos que proclamaban el *nequid nimis* (de nada demasiado), la austeridad como felicidad, a la que tanto aludió Epicuro (341-270 a.C.): "Nada es suficiente para quien lo suficiente es poco"; no abusar de limpiadores ni detergentes porque cuanto más limpiamos más ensuciamos; manipular la publicidad antes de que ella nos manipule y que ella pague por el consumismo que genera; transportes públicos gratuitos y bicicletas subvencionadas al comprarlas y gratuitas al alquilarlas; en grado suficiente, subvencionar energías limpias o gravar las energías sucias... mejor ambas cosas y nunca ninguna; que las cosas valgan lo que cuestan (incluyendo daños medioambientales, seguros sociales, sueldos dignos, medidas de seguridad... que hay que pagar y cumplir); que el que contamine pague el precio justo del daño causado; potenciar políticas de ahorro energético y no encender luces de adorno en Navidad mientras no todo el mundo pueda hacerlo; cumplir y hacer cumplir la ley de las 3 erres: Reducir la generación de basuras, Reutilizar lo posible y Reciclar lo imposible para no incinerar lo residual ni verter las basuras donde molesten "a otros"; acabar con los envases (y todo) de "usar y tirar"; venerar al Dios Árbol, restaurar las catedrales que son los Bosques y construir nuevas con la reforestación como herramienta (Apéndice A); en nuestras casas hay sitio para más vida en forma de plantas; reducir el consumo de carne, de comida envasada (latas...), de papel...; respetar a todo ser vivo incluso aunque sea de nuestra especie; ni racismo ni machismo, ni especismo (palabra ya aceptada por la RAE) caben en un mundo tan pequeño; educación obligatoria y gratuita para todos los menores del mundo; educar en valores (nos referimos a los que no cotizan en bolsa); respetar el aire como alma del mundo; respetar el agua que bebemos y el que no bebemos porque como nosotros necesitamos el que bebemos o lo que respiramos, otros necesitan la que no bebemos, para beber, vivir y respirar; no torturar animales ni por tradición; no fomentar la natalidad, y sí la adopción de tantos niños que la quieren; atajar la especulación; perdonar las deudas externas de los países en desarrollo o arrollados, recordando las palabras del premio Nobel de la Paz de 1971, Willy Brandt (1913-1992) que las llamaba "una transfusión de sangre de los enfermos a los sanos"; precaución en la biotecnología y en la no biotecnología; reflexionar hoy por los días de la Tabla 7; ayunar de vez en cuando y dejar de fumar[58], si no por nuestra salud, por la del resto del planeta; evitar guerras "preventivas", porque la pena de muerte no la queremos ni antes ni después de cometerse el delito; donar el famoso 0,7%, que Araújo tildó de "ridícula porción del PIB"; que no haya niños sin colegio y que se obligue a ir al colegio a los padres que no lleven a sus hijos al colegio; que nadie trabaje en un basurero recogiendo material reciclable, porque no haya basureros, ya que toda la "basura" no será basura y será reciclada antes de llegar al vertedero; que no se vendan armas salvo a policías y que los gobiernos dejen de vender armas a los

---

[58] Puede verse un resumen de un interesante libro de Isabel Fernández del Castillo Sáinz, titulado "Déjalo, por favor" (1995) en Internet: blogsostenible.wordpress.com

bandidos y controlen su producción y venta; evitemos el cambio climático, aunque sea mentira o no sea por causa humana (Apéndice C); y... hay más...

Algunos temas espinosos, peliagudos o importantes los hemos añadido en el Apéndice C en esta segunda edición.

Puede dar la sensación de que hay mucho pesimismo en todas estas líneas... y es cierto. Pero también debe notarse que hay mucha esperanza y, al menos, se aportan soluciones, pues como decía el filósofo, legislador y estadista chino, Confucio (551-479 a.C.), "más vale encender una vela, que maldecir la oscuridad". En nuestro caso quizás deberíamos mutarlo en "más vale apagar una bombilla, que maldecir la contaminación".

Todas las soluciones aportadas aquí son perfectamente viables, pero algunas son difícilmente realizables. ¿Por qué? Las razones no son fáciles, pero desde luego en la raíz del problema está la desidia de los habitantes (principalmente de los países ricos, porque tienen más responsabilidad y más poder). Preferimos hablar de desidia, más que de egoísmo, porque estos habitantes no obramos con malas intenciones, sino que simplemente nos arrastran consentidamente las corrientes de moda (consumismo, vida cómoda, televisión basura...) porque eso es más fácil y más cómodo que oponerse a ellas para solucionar los problemas del mundo.

Erróneamente, muchas veces se piensa que uno, por sí mismo, nada puede hacer contra eso. La fuerza está en la unión de individuos, pero la actitud comprometida individual no solo es fundamental para el grupo, sino que eleva al individuo a cotas de felicidad y satisfacción que merecen ser probadas, y que son la mejor medicina contra la depresión, la desidia y la apatía. Y para ese "nivel de compromiso" no existe medida, sino que cada uno debe medirse, autoevaluarse e intentar mejorarse a sí mismo. Ese es tu reto, el que te toca vivir u olvidar a ti.

Tan solo **denunciar** los abusos sociales o medioambientales es un gran paso. Se puede denunciar directamente a las fuerzas del orden (policía) si ocurren hechos que posiblemente sean ilegales. Ellos tienen la obligación de investigar los hechos. Pero más aún, aunque no sean hechos ilegales, nuestros políticos y gobernantes tienen la obligación de defender nuestro medio ambiente, y ellos tienen más poder que los ciudadanos a los que "representan". Por tanto, escribirles cartas y *mails* a ellos, y a empresas, se muestra como un mecanismo necesario, independientemente de su utilidad final. Como ciudadanos, estamos *obligados* a denunciar todo tipo de abusos y/o ilegalidades, así como a proponer soluciones y acciones para avanzar y mejorar todos juntos. También debemos denunciar a los medios de comunicación cuando no son objetivos o cuando evitan criticar a ciertas empresas porque esas empresas se anuncian en sus páginas.

Esta tarea de denuncia es vital y hoy en día es más fácil que nunca gracias a las nuevas tecnologías y a las redes sociales. Podemos usar las redes sociales para muchas cosas, pero hagamos un hueco en ellas para las noticias sociales y ambientales, para la denuncia a esta o aquella multinacional que está arrasando nuestro planeta. Los pequeños gestos son tan necesarios como los grandes.

Tabla 7: Días de Reflexión (para la Acción, los demás Días).
NOTA: Muchos de estos días han sido establecidos por la ONU (www.onu.org).

2 de febrero	Día Mundial de los Humedales.
7 de febrero	Día del Ayuno Voluntario.
5 de marzo	Día Internacional de la Eficiencia Energética.
8 de marzo	Día de las Naciones Unidas para los Derechos de la Mujer y la Paz Internacional.
14 de marzo	Día Internacional contra los Grandes Embalses, y por los ríos, el agua y la vida.
21 de marzo	Día Forestal Mundial (léase Apéndice A).
22 de marzo	Día Mundial del Agua.
23 de marzo	Día Meteorológico Mundial (léase Apéndice C).
7 de abril	Día Mundial de la Salud.
12 de abril	Día Mundial sobre la Concienciación del Problema del Ruido.
16 de abril	Día Mundial contra la Esclavitud Infantil.
22 de abril	Día Internacional de la Tierra (léase Apéndice B).
14 de mayo	Día Mundial del Comercio Justo.
15 de mayo	Día Mundial de Acción del Clima (léase Apéndice C).
22 de mayo	Día Internacional de la Diversidad Biológica.
24 de mayo	Día Mundial del Peatón.
25 de mayo	Día Europeo de los Parques Naturales.
29 de mayo	Día Int. del Personal de Paz de las Naciones Unidas.
31 de mayo	Día Mundial Sin Tabaco.
5 de junio	Día Mundial del Medio Ambiente (léase Apéndice B).
8 de junio	Día Mundial de los Océanos.
17 de junio	Día Mundial contra la Desertificación y la Sequía (léase Apéndice A).
20 de junio	Día Mundial del Refugiado.
21 de junio	Día del Sol.
26 de junio	Día Internacional en Apoyo de las Víctimas de la Tortura.
7 de julio	Día Mundial de la Conservación del Suelo (léase Apéndice A).
9 de julio	Día Internacional de la Destrucción de Armas de Fuego.
11 de julio	Día Mundial de la Población (y contra la superpoblación).
26 de julio	Día del Manglar.
9 de agosto	Día Mundial de las Poblaciones Indígenas.
31 de agosto	Día Internacional de la Solidaridad.
6 de Sept.	Acción Global contra la Incineración de Residuos.
8 de Sept.	Día Internacional de la Alfabetización.
16 de Sept.	Día Internacional de la Preservación de la Capa de Ozono.
21 de Sept.	Día Internacional de la Paz.
22 de Sept.	Día Mundial SIN coche (léase Apéndice B).
29 de Sept.	Día Marítimo Mundial.
1er Lunes Oct.	Día Mundial del Hábitat.
1er Fin de Semana Oct.	Día Internacional de las Aves
2º Mierc. Oct.	Día Internacional para la Reducción de los Desastres Naturales.
3 de octubre	Día Mundial del Animal.
5 de octubre	Día Mundial de los Profesores.
10 de Oct.	Día Internacional de la Costa
16 de Oct.	Día Mundial de la Alimentación.
17 de Oct.	Día Mundial de Rechazo a la Miseria y Erradicación de la Pobreza.

18 de Oct.	Día Mundial de la Protección de la Naturaleza.
24 de Oct.	Día Mundial de Información sobre el Desarrollo.
24-30 Oct.	Semana del Desarme.
6 de Nov.	Día Internacional para la Prevención de la Explotación del Medio Ambiente en la Guerra y los Conflictos Armados.
10 de Nov.	Día Mundial de la Ciencia al Servicio de la Paz y el Desarrollo.
16 de Nov.	Día Internacional de la Tolerancia.
23 de Nov.	Día Mundial para No Comprar Nada (contra el Consumismo, o *Buy Nothing Day*): léase Apéndice B.
25 de Nov.	Día Internacional para la Eliminación de la Violencia contra la Mujer.
29 de Nov.	Día Internacional de la Solidaridad con el Pueblo Palestino.
2 de Dic.	Día Internacional de la Abolición de la Esclavitud.
5 de Dic.	Día Internacional del Voluntariado.
10 de Dic.	Día Internacional por los Derechos Humanos (ONU) y por los Derechos de los Animales.
11 de Dic.	Día Internacional de las Montañas.
18 de Dic.	Día Internacional del Emigrante.
29 de Dic.	Día Internacional de la Diversidad Biológica.

Proponemos una vida en general austera, pero no miserable, y hay que aclarar que la forma de vida austera que proponemos, puede vivirse a muchos niveles y no se trata, en absoluto, de volver a la "era de las cavernas", ni de imitar a San Simeón Estilita el Viejo (c. 390-c. 459), que vivió entre 30 y 40 años sobre una columna. Se trata, en cambio, de ser conscientes de lo que ocurre en el mundo y luego, elegir libremente nuestra forma de vida. Un objetivo sería reducir nuestro nivel de consumo pero, hoy día, no podemos, desde aquí, establecer un nivel fijo sino que cada uno debe establecerse su propio nivel. Lo importante es plantearse personalmente ese consumo y saber distinguir esas "*falsas necesidades*" a las que se refería el Catedrático Enrique Rojas Montes. Tal vez en un futuro (que espero lejano), cada ciudadano del mundo tendrá un número fijo de calorías que ingerir y de kilowatios/hora que consumir pero hoy, el límite o lo imponemos nosotros o se impone por la economía.

Resulta, hoy, imposible juzgar actos particulares, porque cada uno tiene sus propias motivaciones y a veces ni siquiera es fácil decidir nuestra propia comida. Dependemos, tal vez demasiado, de nuestra propia sociedad, pero también de nuestra familia y de nuestro entorno. Pero eso no puede servir de excusa para intentar mejorarnos a nosotros mismos, mejorar nuestro entorno cercano y, por supuesto, mejorar nuestra sociedad, caminando con paso firme hacia la sostenibilidad planetaria.

Desde las nuevas tecnologías, Internet, la televisión, los frigoríficos, los coches, los aviones, hasta la globalización son consecuencias del progreso humano y tienen multitud de ventajas, pero debemos conocer también las desventajas y estar preparados para un futuro incierto que no está muy lejano y, sobre todo, debemos al menos intentar solucionar los problemas del presente que, como hemos expuesto, no son pocos y no son vanos.

Las nuevas tecnologías son y serán fundamentales para el desarrollo humano y su ayuda será fundamental si se usan con precaución y sin abusos. Entre estas nuevas tecnologías destacamos la informática, la biotecnología, el desarrollo de nuevos materiales, la investigación espacial, la producción de energía limpia y los sistemas de ahorro energético. Colombo y Turani advierten que "existen las tecnologías y los medios para llegar en condiciones aceptables a la cita con el año 2050", pero *"requerirán una gestión muy cuidadosa y consciente"*. Subrayan la importancia de resolver el tema del armamento mundial y de construir una sociedad con pluralismo ideológico y en armónica convivencia entre diversas ideologías y etnias.

No hay voluntad política de solucionar los problemas del mundo, pero tampoco hay voluntad social. Pocos son los ciudadanos que hacen algo para pedir que un pequeño porcentaje del PIB se dedique a ayudas al desarrollo, pero también son pocos los que destinan al menos un 0,7% de sus propios ingresos a ese fin, cuando, de hecho, como decíamos antes, lo justo sería destinar al menos un 10%. Las evidencias de esta falta de voluntad se reflejan en todos los datos aportados más arriba.

Durante una entrevista, le preguntaron al científico y escritor Isaac Asimov (1920-1992) cuáles consideraba los problemas más urgentes con que se enfrentaba la sociedad y éste respondió: *"La población y las selvas tropicales"*. Las selvas, porque necesitamos oxígeno y aire limpio y, día a día, no dejamos de ensuciarlo más y más, y de aniquilar los bosques que lo limpian. Y la población, porque aunque aún no somos teóricamente demasiados, lo cierto es que *no todos* vivimos en condiciones dignas y aunque son pocos los que viven con esas condiciones dignas, de entre ellos son demasiados los que viven en el derroche pensando y actuando localmente, sin amplitud de miras. Es ese derroche al que se referían, entre otros muchos, el filósofo Epicuro, el psiquiatra Enrique Rojas Montes, el naturalista Joaquín Araújo, los científicos Paul y Anne Ehrlich, Amory Lovins, el teólogo Miret Magdalena, varios premios Nobel, muchas ONGs o el agricultor de Murcia que mencionábamos páginas atrás. Repetimos que pensar globalmente y actuar localmente está al alcance de todo el mundo.

Por todo lo expuesto, no podemos decir que no existen soluciones viables. No podemos poner como excusa que no sabemos las causas, las consecuencias o las soluciones. No podemos decir que no existe relación entre medio ambiente y salud. No podemos poner la excusa de que las consecuencias negativas están por demostrarse, pues ya están aquí, adoptando muchas formas. Sin embargo, nada induce a pensar que esto se solucione a corto o medio plazo. A pesar de ello, no tiene sentido rendirse pues, como decía Joaquín Araújo, *"no hay más bello empeño que desafiar a lo irremediable"*.

Pero más que recordar todas las propuestas para conseguir un "Desarrollo Sostenible", lo que necesitamos es un cambio en el fondo y a fondo de toda la sociedad. Más que cambiar el mundo, lo que necesitamos es cambiarnos a nosotros mismos.

Y, si eso te parece poco o te parece difícil, también puedes intentar influir en todos los políticos de tu ciudad, de tu región, de tu nación… Diles que no les votarás y temblarán.

Diles que **queremos salvar nuestro planeta**.

Apéndice A: Breve guía para plantar árboles

Junto con reducir la carne en nuestra alimentación y desterrar el consumismo, plantar árboles es la actividad más ecologista del siglo. Joaquín Araújo (periodista y escritor naturalista español) en su fantástico libro "Ecos... lógicos, para entender la Ecología" decía: "La faceta más apreciada de los múltiples intentos de reparar la degradación ambiental es la reforestación".

Cualquiera puede dedicarse a la reforestación de lugares que antaño gozaron de la vida de los árboles. Desde estas líneas no pretendemos dar un curso sobre reforestación, sino más bien animar a la gente a que plante árboles y arbustos donde se necesiten, y limitarnos a dar unos consejos básicos para garantizar cierto éxito. A pesar de todo, que se sequen o no crezcan nuestros árboles es normal y no debe desanimarnos. Compre una azada y... ¡manos a la obra!

- Escoger diversas especies para promover la **biodiversidad:** Las especies deben ser **autóctonas** de la zona donde se va a plantar para garantizar que resistirán el clima y para no comprometer el ecosistema. Si es posible, las semillas deberían recogerse de los ejemplares más sanos y añosos de las zonas más cercanas.
- **Lugar y época:** Si es posible, plantar al Norte de piedras o arbustos de la zona, para que su sombra lo proteja en los primeros años (eso en el Hemisferio Norte). La época ideal depende de cada especie y del método elegido, pero en general lo mejor es aprovechar el Otoño y el Invierno.
- **Tres modos de Plantar Árboles:** Es bueno regar de vez en cuando y sobre todo en verano durante los primeros años.

1. Por SEMILLAS directamente en el campo: Esto es ideal para bellotas.
   a) No es imprescindible pero es ideal excavar un hoyo de unos 20 cm. (o menos) y rellenarlo con tierra removida.
   b) Colocar las semillas en el hoyo bajo una capa de tierra de 2 a 4 veces el tamaño de la semilla.
   c) Colocar 3 ó 4 semillas para multiplicar las posibilidades de nacimiento del árbol. Si nacen varias podemos quitar las menos vigorosas y dejar solo una.
   d) Encima, se puede hacer un acolchado con paja y hojas secas para evitar que las semillas se hielen en invierno.
   e) La humedad acelera la germinación, por lo que es útil hacer un alcorque y rodear de piedras grandes que faciliten y retengan la humedad.

2. Por estaquillas o ESQUEJES: Se necesitan unas tijeras de podar y da muy buenos resultados.
   a) De una planta con muchas ramas escoger una rama joven (flexible y de color ligeramente diferente). Cortar sin producir desgarros entre 15-20 cm. si son arbustos y entre 25-30 cm. si son árboles.

b) Pelar la punta inferior de la estaquilla, quitarles las hojas de la mitad inferior y cortar el resto de las hojas por la mitad para evitar que pierdan agua.
c) Introducir en la tierra la estaquilla.
d) Este sistema requiere riego abundante por lo que es ideal para especies cercanas a los ríos (chopos, sauces, álamos...), las cuales se pueden plantar directamente junto al cauce. También da muy buenos resultados en los acebuches u olivos.

3. PLANTAR y TRASPLANTAR: También es posible utilizar ambos sistemas. Primero plantar las semillas en semilleros y luego trasplantarlos a su lugar definitivo cuando nuestra planta sea consistente y tenga sus raíces bien formadas (aproximadamente al año de germinar). Una forma cómoda y barata es usar una botella de plástico (de 1.5 litros o menos), cortarla por debajo de la mitad y llenar de tierra la parte de la boca, sirviendo la otra parte para sostener la parte con tierra (véase foto de la Figura A.1).

Figura A.1: Jacarandá en una botella.

a) Consejos: Profundidad mínima: 15 cm. Si germinan varias semillas, intentaremos trasplantarlas para dejar una planta en cada recipiente. Si las raíces asoman por la parte inferior se cortan para propiciar su crecimiento dentro de la tierra. Colocar la maceta en el lugar más parecido a su enclave definitivo (en el balcón, terraza, jardín...), siempre en el exterior y con suficientes horas de sol al día.
b) Trasplante: Se hará durante el reposo vegetativo de la planta. Lo ideal es entre septiembre y noviembre en áreas de clima cálido y seco (zona mediterránea) y entre febrero y abril en áreas frías y húmedas (zona atlántica o interior).
  i. Excavar un hoyo de unos 40 cm. de profundidad (o más) y rellenar parte con tierra removida.
  ii. Regar la planta, sacarla con toda la tierra y meterla en el hoyo. Si hemos usado una botella, lo mejor es romperla de arriba abajo con una navaja. Rellenar de tierra el agujero procurando que el árbol quede finalmente en una ligera hondonada. Cubrir totalmente la tierra con la que venía nuestro arbolito.
  iii. Rellenar esa hondonada con piedras para disminuir la evaporación y facilitar la recogida de lluvia y rocío.
  iv. Si el terreno es inclinado hacer un pequeño montículo semicircular debajo del árbol, para retener el agua.
  v. Si se aproxima el invierno, un acolchado con paja y hojas secas junto al tronco evitará que se hielen sus raíces.
  vi. Busque las piedras más grandes que pueda transportar y póngalas muy cerca del tallo, que protejan a la planta del calor, del frío, del viento y de los herbívoros (cabras, caballos...). Ello aumenta

considerablemente sus posibilidades de sobrevivir. Por supuesto, sin que se impida su crecimiento normal.

Casi todas las organizaciones ecologistas locales organizan jornadas de reforestación. Pregunta en tu ayuntamiento y en esas organizaciones para colaborar con ellos. Es más fácil y efectivo hacerlo en grupo.

También es importante reducir nuestro consumo de productos de los árboles (papel, madera...), especialmente de artículos de "usar y tirar" que, aunque sean muy higiénicos, no son limpios con la Naturaleza. Pregunta por el certificado FSC. Reciclando papel ahorramos árboles, agua y energía. Ahora que sabes qué hacer, ¿Qué vas a hacer?

Apéndice B: La Cadena Verde: consejos para una vida lógica y ecológica (blogsostenible.wordpress.com)

La Cadena Verde nació en los años 90 del siglo XX, pero solo en formato papel. Con el tiempo se puso en Internet y actualmente puede accederse a ella en la web "blogsostenible.wordpress.com", pero el objetivo siempre ha sido intentar reunir en poco espacio una serie de consejos para ser más respetuosos con este planeta en su conjunto, globalmente, abarcando toda la biosfera. El requisito de intentar usar poco espacio es importante porque el objetivo es que la cadena verde sea fotocopiada por cada persona que la encuentre interesante para que esa persona sirva de elemento difusor de la cadena. Cada persona puede ser un eslabón de la cadena. En la web de la Cadena Verde se puede conseguir un fichero PDF, ideal para imprimir y difundir entre nuestras amistades, vecinos o familiares.

La Cadena Verde no es algo estático, sino que ha ido cambiándose con el tiempo. Aquí presentamos su versión más actual. Algunas ideas pueden parecernos geniales o absurdas, pero lo importante es intentar asumir la filosofía de que nuestros actos no son neutrales, tienen consecuencias y nosotros podemos controlar esas consecuencias, al menos parcialmente.

Parece que ya estamos hartos de oír barbaridades y desastres ecológicos, pero no hacemos nada. Nosotros, los ciudadanos de "a pie", podemos hacer MUCHO más de lo que creemos. Los grandes desastres ecológicos NO son solo culpa de políticos y grandes empresarios (que también lo son). Por ello nació esta CADENA de la VIDA, cadena VERDE, para ayudar a concienciarnos cada vez más. Aquí, proponemos una serie de consejos simples, que puedes hacer con solo proponértelo. Ya no puedes decir: **¿Qué puedo hacer yo?** Anímate:

1. AGUA: Consume la justa. Bebe agua del grifo, si puedes: El agua en botella gasta envases y mucha energía en su transporte.
- Cierra bien los grifos (GOTEOS consumen mucho) y utiliza bocas en grifos y duchas de las que ahorran agua (de venta en cualquier ferretería). Utiliza el agua de la ducha, lavabo o de fregar para el inodoro (o para regar si no tiene mucho detergente). Aprovecha como agua limpia el agua que se tira hasta que sale agua caliente (usa un cubo...).
- CIERRA el GRIFO al cepillarte los dientes, afeitarte, enjabonarte en la ducha o enjabonar los platos.

- Una DUCHA gasta menos que un baño: Procura no tardar mucho, y no le des muy fuerte al agua: NO hace falta.
- No es higiénicamente bueno más de una ducha diaria.
- CISTERNAS: No tires de la cadena innecesariamente (son muchos litros tirados). METE, en todas las CISTERNAS, al menos, dos botellas llenas (se AHORRA muchísimo y no se pierde eficacia). Instala cisternas de bajo consumo.
- Cierra ligeramente la llave de paso del agua de tu casa: Bajará la presión y ahorrarás más de lo que parece.
- Usa lavavajillas y lavadora con programas cortos y solo si están llenos: Evita ensuciar muchos platos y mucha ropa.
- En general, los pantanos y los trasvases de agua dañan mucho los ecosistemas: Es más necesario el ahorro de agua que el disponer de más agua para despilfarrar. Recoge agua de lluvia para regar y usa riego por goteo (exígelo en la agricultura).
- En muchas zonas, llenar completamente una piscina particular o regar césped es un lujo flagrante y craso.

2. LIMPIEZA: Sí, pero que no nos mate. Sé limpio con tu entorno.
- No compres ni uses aerosoles con CFC, que daña terroríficamente la atmósfera (capa de Ozono, O3).
- No uses desodorantes/ambientadores en el WC. Solo camuflan los olores y suelen tener Paradiclorobenceno, muy perjudicial.
- Evita usar muchos detergentes (gel, champú, anti-cal, suavizantes, lejía...), contaminan en su fabricación y en su uso. ¡Usa la mitad!
- Compra detergentes SIN fosfatos y para la lavadora no uses productos para la cal del agua (salvo excepciones).
- No arrojar NUNCA al retrete o lavabo: Pinturas, barnices, disolventes, aceites o colillas. CONTAMINAN tus ríos. El retrete no es una papelera ni un basurero. Con aceite usado se hace jabón o biodiesel (gasolina): Entérate dónde dejarlo (pregunta a tu Ayuntamiento).
- Si vas al CAMPO o la PLAYA... al menos... ¡Déjalo como estaba! Aprovecha para plantar árboles autóctonos.
- No utilices pinturas tóxicas, utiliza pinturas al agua, de aceite o resinas naturales.
- Pregunta en tu tienda por los productos más ecológicos.

3. ALIMENTACIÓN: Evita los conservantes, colorantes, potenciadores del sabor... y la sal.
- Los alimentos frescos son más saludables, tienen menos envases que los congelados, y sufren menos transportes, menos aún si son locales.
- Consume mejor más frutas, verduras, legumbres... que carne. El consumo excesivo de carne es perjudicial para la salud pero, además, para producir carne se requiere mayor inversión energética (agua, cereales...) que para producir alimentos vegetales. Hay demasiado ganado: Se les dedica el 30% de la producción agraria final y con su demanda de pastos contribuyen a un retroceso notable de los bosques (incluyendo los tropicales). Hay que añadir que para que la carne sea más barata se maltratan a los animales (hacinamiento...), se les engorda artificialmente, se les medica excesivamente... Reducir el consumo de carne es, sin duda, uno de los

mayores actos ecologistas y humanitarios: Producir un kilo de carne requiere más agua que 365 duchas.
- No consumas "pezqueñines": En general, un pescado inferior a 9-10 cm. es demasiado pequeño e ilegal (no pasa controles de sanidad). Desconfía de lo que llaman "chanquetes", que suelen ser alevines de merluza, boquerón...
- El pescado de piscifactoría (dorada, lubina, salmón...) es carnívoro (consume multitud de energía) y contribuye a la sobreexplotación de los mares. Algunas especies de atún están en peligro de extinción (también el bacalao, la dorada, tiburones, tortugas...) y su carne suele estar contaminada por mercurio (por ser un depredador carnívoro).
- Una comida básicamente vegetariana es más saludable, contamina menos y evita sufrimiento a los animales.
- Los productos enlatados consumen muchos recursos y energía: No consumas comida en lata (especialmente atún enlatado).
- Evita consumir alimentos "transgénicos" (OMG, Organismos Manipulados Genéticamente), aunque sea solo por precaución. Muchos estudios han demostrado que producen alergias y contaminan genéticamente los ecosistemas dañando a los animales.
- Si puedes, consume alimentos "ecológicos" (sin pesticidas, sin insecticidas, sin piensos...) aunque, por ahora, son más caros.
- En tu casa, con Sol, puedes plantar hortalizas ecológicas en maceta. Plantar tomates es muy simple a partir de su semilla.

4. BASURAS: No basta con reciclar, hay que reducir y reutilizar.
- Un 20 % de lo que gastamos es para envases, que luego tiramos. Aún pagamos más, para deshacernos de todo.
- ESCRIBE una carta a tu gobierno exigiendo que se acaben los envases de un solo uso, y que se separen todos los residuos adecuadamente: Ropa, Calzado, Fibras textiles, aceites usados... y Basura orgánica (para compostar y conseguir el mejor y más natural abono).
- En el exterior de tu casa puedes fabricar compost para abonar tu huerto o tus macetas (es fácil y barato).
- Los aparatos eléctricos, muebles y otros residuos deposítalos donde disponga tu Ayuntamiento: A veces, ellos se encargan de su recogida.
- Los tubos fluorescentes tienen mercurio muy contaminante: No deben tirarse como basura.
- Usa los contenedores de reciclado que existan. Entre todos podemos: ¡VENGA! Ley de las 3 Erres: RECICLAR es bueno, pero es mucho más importante REDUCIR el consumo irresponsable e innecesario y REUTILIZAR los bienes.
- Los envases de Tetra-Brick debes evitarlos porque no se reciclan bien: Usa el contenedor amarillo (también para latas y plásticos). Pisa los envases para reducir su volumen y reducir gastos en su transporte.
- El papel/cartón manchado con grasas o restos de comida no debe depositarse en los contenedores de reciclado de papel.
- No compres artículos de usar y tirar. Usa RETORNABLES. No derroches servilletas, pañuelos u otra forma de papel.

- Usa siempre las 2 caras de un folio. No uses folios limpios para simples anotaciones, cálculos... Guarda folios con una cara en blanco para eso. El papel se blanquea con CLORO que contamina muchísimo. Usa, pide y compra siempre PAPEL RECICLADO sin blanquear o blanqueado SIN cloro. Evita imprimir si puedes guardar la información en un fichero en tu ordenador.
- En tu impresora, usa cartuchos de tinta reciclados y recicla los que uses entregándolos donde sea posible.
- No tires las Pilas eléctricas o de reloj: CONTAMINAN mucho. Deposítalas en los contenedores adecuados, si existen, y si no, consérvalas o entrégalas en algunas tiendas que las recogen (relojerías, eléctricas...). El mejor juguete es un juguete SIN PILAS.
- Si eres incapaz de dejar de usar pilas, usa pilas recargables con cargador solar.
- Si ves algún vertido contaminante en tus ríos, tus mares o tu aire: NO TE CALLES, ¡denúncialo!
- En tu buzón puedes poner el letrero "PUBLICIDAD AQUÍ NO, GRACIAS", para evitar que te llenen el buzón de publicidad inútil, evitando consumir papel, tinta, agua, energía...

5. ENERGÍA: La Madre de la CONTAMINACIÓN y del derroche. No consumas de más: ¡NO al CONSUMISMO!
- Usa agua caliente la indispensable. Regula termo a 50-60° y no dejes el calentador encendido todo el día.
- Mejor que calefacción o brasero, contamina menos y es más barato abrigarse.
- Cocinas eléctricas: Apaga antes de terminar (retienen el calor). Para cocinar es más barato el gas. Usa y regala ollas a presión (rápidas).
- DESCONGELA el frigorífico regularmente. El hielo reduce eficacia, consume más y produce más averías. Baja el nivel de frío.
- Aire Acondicionado: No pases frío en verano. Úsalo solo en la habitación que estés. Asegúrate que abriendo la ventana no entra aire fresco. Es MEJOR un VENTILADOR.
- APAGA "totalmente" la TV, radio, luces, ordenador (o la pantalla)... si no los estás usando. En tu lugar de trabajo apaga las luces de zonas comunes (servicios, escaleras...) poco utilizadas y con luz natural (ventanas).
- Pide a tu ayuntamiento que enciendan al mínimo las luces de las calles y que pongan menos adornos luminosos (en Navidad...).
- No te enrolles por teléfono (sé breve).
- FUMAR quema tu dinero, tu salud y la de los que te rodean. Pasa de HUMOS y ahorra para fines más útiles.
- Hay bombillas que consumen menos, ahorran y alumbran más.
- No consumas bolsas de plástico: Llévate un bolso a la compra o un carrito y pide que no te den bolsas.
- NO consumas latas y aluminio. Son muy costosas y contaminantes: En una lata siempre es más costoso el envase que el contenido.
- Pide y consume productos en vidrio retornable (leche, bebidas...).
- Lo MEJOR en envases: Vidrio RETORNABLE (envase ecológico), luego papel/cartón, después tetra-brick y plásticos, y lo PEOR, latas y metales. Procura

no comprar ni usar NUNCA bebidas en envases individuales ni alimentos enlatados.
- No uses/compres productos de PVC para nada, contamina muchísimo en su fabricación, no es reciclable y libera sustancias tóxicas.
- Ten siempre presente que cada cosa que compras o usas ha requerido una ENERGÍA para producirse y esa energía seguramente ha contaminado parte del planeta. Además, CONSUMIR compulsivamente no nos hace ni mejores ni más felices.
- La ropa sirve de un año para otro. Pasa de las modas y de acumular ropa año tras año. Si no vas a usarla dónala.
- Instala energía solar o pide que se instale en tu edificio/empresa y en tus edificios públicos (colegios, hospitales, ayuntamientos...).

6. TRANSPORTE: ¿Para qué tanto coche? Las carreteras destrozan el monte y parten la casa de los animales.
- Ve ANDANDO o en BICICLETA (es sanísimo) o usa el transporte público. Exige poder montar tu bici en el tren.
- Chequea el tubo de escape del coche, moto... No eches más gases de los necesarios y cuida el RUIDO, que molesta muchísimo.
- Usa gasolina biodiésel, pero solo si es de producción nacional: No quemes en tu coche la producción agraria de países pobres.
- Usa la BICICLETA y las ESCALERAS (evita ascensores). Mejor el Tren/Autobús que el coche.
- Consume productos locales que se transportan menos: Transportes contaminan mucho. Además, ayudarás a tu región.
- Ahorrar gasolina es fácil: Los coches potentes (4x4…) consumen más. Las ruedas mal infladas incrementan el consumo.
- No aceleres cuando el semáforo siguiente lo veas rojo, o si hay una curva u obstáculo próximos en el que tendrás que frenar. Si vas lanzado, mejor dejar que el coche se pare poco a poco y si no, acelera poco hasta detenerse o hasta que el semáforo se ponga verde.
- Reducir el uso del freno nos garantiza la perfecta conservación de los frenos durante más tiempo. Frenar en cada curva es peligroso.
- Las ventanillas abiertas y la baca elevan el consumo de gasolina. Reduce el consumo del Aire Acondicionado: Reduce potencia y eleva el consumo de gasolina. Además, el Aire Acondicionado es malo para las articulaciones y para las vías respiratorias. Úsalo con moderación y asegúrate que no contiene gases destructores de la capa de Ozono (CFC...).
- Modera tu velocidad: La velocidad ideal para un consumo de gasolina óptimo suele oscilar entre 90-110 Km/h. Por encima de 120 el consumo se dispara estrepitosamente. Evalúe el ahorro en tiempo: No suele compensar el riesgo, el consumo y la contaminación.
- Reduce tu velocidad al circular cuesta arriba, pues el consumo se dispara mucho si mantenemos la misma velocidad que en llano. En las cuestas abajo, es bueno dejarse llevar sin acelerar demasiado para luego frenar.

- Ley de la velocidad general: A mayor velocidad, mayor riesgo, mayor consumo de gasolina, mayor gasto, mayor contaminación y la única ventaja es menor tiempo de viaje.
- No cargar el vehículo innecesariamente: A mayor carga, mayor consumo de gasolina. Si no es necesario NO llenes el depósito.
- Revisa en cualquier taller la "calidad" de las emisiones y el nivel de "ralentí" del coche.

7. HAMBRE y falta de SOLIDARIDAD: ¡0'7% YA! Hay mucha gente necesitada en tu ciudad y en tu mundo.
- Colabora con alguna asociación humanitaria y/o ecologista local, nacional, o internacional. ¿Por qué no apadrinas un niño del tercer mundo? ¡Menos de 1 Euro/día! Hazte voluntario (ambiental...): El voluntariado es el mejor remedio contra la apatía y la depresión.
- Las donaciones a algunas asociaciones desgravan en la declaración de la Renta (impuestos).
- Hazte DONANTE de SANGRE, SUERO, ÓRGANOS y/o MÉDULA... Unos minutos de tu tiempo pueden salvar muchas vidas. ¡Rápido!, hay gente que necesita TU ayuda, NO SEAS EGOISTA.
- Escribe una carta a tus Gobiernos (local, regional, estatal...) pidiendo que se conceda el famoso 0'7% para ayuda a países necesitados. Ya hay grandes y pequeños municipios que lo hacen. A todos nos interesa que los países pobres no sean tan pobres.
- No acumules en tu casa objetos que no necesites: ropa, zapatos, juguetes, libros... ¡Dónalos y libera su energía! Hay organizaciones que los recogen (caritas, bibliotecas...).
- En el mundo somos casi 7000 millones de personas. Podríamos ser más y vivir mejor si viviéramos austeramente, pero en el mundo actual la SUPERPOBLACIÓN y el CONSUMISMO están haciendo que mueran de hambre muchas personas: Exige políticas que no fomenten la natalidad y que se faciliten los trámites para la adopción de tantos niños necesitados de cariño que hay en todo el mundo.

8. DENUNCIA: Consigue la dirección de correo de tu ayuntamiento, ministros, gobierno local y global y de empresas contaminantes: escríbeles con tu opinión e informa a la policía por si pudiera ser ilegal. Por ejemplo, España vende armas a países conflictivos o que violan los Derechos Humanos y ciertas armas van dirigidas a la población civil. Pide a tu gobierno que no venda armas.

9. CONSUMO RESPONSABLE e INVERSIONES ÉTICAS: Al comprar cada producto estamos colaborando con el desarrollo de una empresa. Asegúrate, en la medida de tus posibilidades, que esa empresa tiene un comportamiento aceptable, tanto social como ecológico. Especialmente en las inversiones bursátiles o bancarias, asegúrate que la sociedad en la que confías tu dinero no contamine en exceso, no explote a trabajadores de países en desarrollo, ni financie actividades poco éticas... Si eres accionista, pide que la empresa efectúe un examen de "daños" medioambientales y sociales. Por ejemplo, muchas zapatillas de deporte y balones de conocidas marcas

usan mano de obra infantil y abusan: ¡Entérate cuáles son y no las compres! En papel y madera usa productos certificados FSC: www.fsc.org/esp
- Compra productos de comercio justo y ecológico: Pueden ser más caros pero no contribuyes a la sobreexplotación humana o del planeta.

10. AUSTERIDAD ECOLÓGICA: NO es sostenible que todos los habitantes del planeta consuman tantos recursos como los habitantes de los países industrializados. Ni siquiera el actual ritmo de consumo es sostenible. Sin embargo, todos los habitantes tienen los mismos derechos. Por tanto, tenemos que aprender a vivir con austeridad, pensando que no por mucho consumir somos más felices. El consumismo no nos hace felices y está destrozando el planeta. El ecologismo es más que una tendencia, es una necesidad y un estilo de vida con profundas raíces filosóficas. Epicuro de Samos (filósofo griego, 341-270 a.C.) decía: "¿Quieres ser rico? Pues no te afanes en aumentar tus bienes, sino en disminuir tu codicia". Para más información lee el libro de Joaquín Araújo titulado "Ecos... lógicos. Para Entender la Ecología" (2000).
- Cada vez que compras algo colaboras con la industria (minería, transporte…). Para ser respetuoso con este planeta lo mejor que podemos hacer es REDUCIR nuestras compras, y no comer carne diariamente. Por ejemplo, las joyas suelen esconder grandes zonas devastadas por su minería, contaminadas por su industria y conflictos bélicos por el acceso a dichos recursos. ¿Quién necesita ese anillo?
- Gastando menos se reduce el riesgo de mareas negras, cambio climático, lluvia ácida, contaminación global, accidentes nucleares...
- Nos unimos los días 1 de cada mes: Apaga 10 minutos todos los aparatos eléctricos como protesta: TODOS entre las 21:50 y las 22:00h.

11. MUY IMPORTANTE: No rompas esta cadena verde. Pon cuantas impresiones, fotocopias o links quieras en sitios donde no pueda molestar. Repártelas por correo, en mano... o por internet en un fichero. Pégalo en lugares visibles: Tablones de Anuncios, escaparates... No rompas la CADENA, tu eslabón es fundamental. ¡Ya está bien de estar parados, esperando que otros lo hagan todo! Protesta por todo lo que veas injusto. NO TE CALLES. Muchas Gracias por tu colaboración. El mundo entero y las generaciones venideras te lo agradecerán.

Apéndice C: Artículos seleccionados de Blogsostenible

En esta segunda edición hemos hecho pocos cambios, pero el más destacado es ampliar este apéndice con algunos de los artículos publicados en el blog **Blogsostenible** (blogsostenible.wordpress.com) que nos han parecido más relevantes. El primero era el único que aparecía en la edición anterior.

Pedimos disculpas al lector por incluir estos apéndices en letra más pequeña para la edición impresa. Nuestro objetivo era gastar menos papel, teniendo la convicción que el lector buscará el artículo en internet si prefiere leerlo con otro tamaño de letra. Agradecemos la difusión tanto de este libro como de los artículos del blog citado.

C.1 Para los que no creen en el cambio climático

Dos mil quinientos científicos contratados por la ONU están de acuerdo en que el Cambio Climático es real, y así lo refleja el IV informe el IPCC. Ellos y el ex vicepresidente de Estados Unidos, Al Gore, recibieron el Nobel de la Paz 2007 por su contribución a divulgar la problemática del cambio climático.

¿No son demasiados científicos como para ponerse todos de acuerdo en algo? ¿Puede la ciencia equivocarse? Por supuesto que sí. Hay quien afirma que no son todos científicos, o no son realmente expertos en climatología. Entonces… ¿puede el cambio climático ser falso? Sí. Es imposible predecir con precisión el clima futuro. Lo único que sabemos es un montón de datos que nos lleva a predecir tendencias.

Podemos encontrar científicos que nieguen el cambio climático, pero son cada vez más raros, porque el cambio climático puede notarlo cualquier persona de cierta edad. Mi padre me contaba que en su pueblo natal, en la vega de Granada (España), todos los inviernos los tejados se llenaban de estalactitas de hielo. Ahora eso es muy raro verlo. Pero hay muchas más evidencias: Las plantas florecen antes, muchas aves migratorias ya no se van de España para pasar el invierno, se ven especies propias de unas latitudes en zonas muy al norte de su hábitat habitual… El cambio se hace tan rápido que ignoramos qué especies se podrán adaptar y cuáles desaparecerán con el cambio. Especies que no habían competido, tendrán que competir ahora y no sabemos qué pasará finalmente.

Algunos documentales y artículos que pretenden negar el cambio climático, divagan entre esa negación, y la negación de que la causa sea el exceso de dióxido de carbono por culpa del hombre. Algunos afirman que las causas del cambio climático son otras, tales como la actividad solar y las manchas solares, o ciclos propios que efectivamente ha habido a lo largo de la historia. Algunos culpan a los ecologistas de querer detener el progreso en los países pobres, o a Margaret Thatcher, ex primera ministra británica, de orquestar el bulo del cambio climático para fomentar la industria nuclear.

Si suponemos que el cambio climático no es real, o bien que la causa no es la quema excesiva de energías fósiles, entonces… ¿Qué hay que cambiar? Posiblemente poco, aunque habría que responder a ciertas preguntas, como: ¿Qué intereses tienen los ecologistas, la ONU y el comité de los premios Nobel en engañar a la humanidad? ¿No es la industria petrolera la que más gana con el negocio del petróleo? (algunos culpan a estas empresas de estar detrás de campañas para desprestigiar el cambio climático).

Evidentemente, nos manipulan por todos los sitios (los políticos los primeros), pero también las empresas, la publicidad... Hay que tenerlo en cuenta siempre, pero tal vez, aún si fuera realmente falso el cambio climático, es una estupenda excusa para luchar contra muchas cosas que son reales: Contaminación en todas las grandes ciudades, contaminación en todos los grandes ríos, contaminación en los mares, pérdida de especies o reducción drástica de sus poblaciones, lluvia ácida... ¿acaso eso también es falso?

El CO_2 es un gas inocuo, lo tenemos en nuestros pulmones, y el metano, lo tenemos en nuestro intestino... pero ambos gases provocan el efecto invernadero. El problema no es que haya ese tipo de gases, sino la enorme cantidad de esos gases respecto al pasado. Pero además, el estilo de vida de los países ricos provoca otros gases cancerígenos. Por esto, si suponemos que el CO_2 no causa cambio climático, ¿no debemos seguir intentando que nuestras ciudades no tengan tanto humo? (no es solo CO_2 lo que vomitan los coches, sino óxidos de nitrógeno, de azufre... con efectos nocivos sobre la salud y el medio ambiente). ¿Acaso la lluvia ácida también hay que negarla?

El problema del cambio climático es tan serio que no podemos permitirnos fallar. Aunque hubiera un 50% de posibilidades de que fuera falso, tenemos que actuar, porque los riesgos son muy graves. Pero si eso no te convence, olvídate del cambio climático, y piensa en reducir la contaminación del aire que respiras, del agua que bebes, de los alimentos que comes... ¿por qué el cáncer crece en los países industrializados?

Algunos tendenciosos afirman que la pobreza de ciertos países (de África, por ejemplo) se debe a que los impulsores de la idea del cambio climático les impiden usar su petróleo, por no ser una energía renovable. La pobreza en África NO se debe a que los africanos quieren usar energías renovables (eso es evidente). En parte al menos, su energía fósil, su petróleo, se vende a los países ricos, que lo pagan muy bien, mejor que los habitantes de donde se extrae. La corrupción hace que el dinero vaya a manos de los gobiernos, y no redunde en beneficios del pueblo. Esa corrupción no parece importar mucho a los compradores. Ningún comprador de petróleo exige justicia elemental o el cumplimiento de los Derechos Humanos en el país exportador de petróleo.

Ken Saro-Wiwa fue un escritor y un ecologista de Nigeria que fue ejecutado en 1995 junto con otros ocho líderes Ogoni, por el Gobierno de Nigeria, tras la condena a muerte dictada por un tribunal militar. Su culpa fue haber denunciado la destrucción de las tierras de los Ogoni por las actividades petroleras de la compañía Shell en el delta del Níger. GreenPeace, Amnistia Internacional y otras organizaciones en defensa de los Ogoni no pudieron evitar la masacre.

La empresa sigue explotando y contaminando impunemente las tierras de los Ogoni.

Algunos estudios demuestran que la agricultura ecológica es otra forma de luchar contra el cambio climático, y los ecologistas están proclamando cada vez con más fuerza que se reduzca el consumo de carne. No es cuestión solo de evitar el cambio climático, sino de reducir la contaminación por pesticidas y abonos químicos y su transporte, reducir el consumo de tierra, agua, energía... en definitiva, de reducir nuestra *"huella ecológica"*[59] en nuestro fugaz paso por este planeta, y hasta de reducir el sufrimiento y sacrificio de los animales[60].

Pero más allá de lo que podemos nosotros hacer directamente (lea y relea el Apéndice B), también hay cosas que debemos exigir que se cumplan. Muchas veces hay leyes ambientales que no se cumplen. Tenemos que exigir a los gobiernos, políticos y fuerzas del orden que cumplan y hagan cumplir las leyes y, aparte de toda ley, toda persona, incluyendo los que nacerán los próximos años, tiene derecho a un medio ambiente saludable.

Resumiendo, aún si la causa del cambio climático no fuera el CO_2, es muy positivo dejar de quemar petróleo, porque quemar petróleo tiene muchas consecuencias negativas, y el petróleo sirve para otras cosas. ¿O acaso aún no vemos que nos estamos cargando el planeta?

Salvemos nuestro planeta.

C.2 Reutilizar envases (y no reciclar) es lo más ecológico: Por un SDDR para envases retornables

El problema de los envases y del plástico es inmenso y bien conocido. Este artículo propone una solución simple, definitiva y barata, basada en dos puntos clave, con el objetivo puesto en reducir los envases de un solo uso y, por tanto, en tener que *reciclar menos*.

Cuando se habla de ecología, suele pensarse en reciclar y en el cambio climático, y suele olvidarse lo más importante. Hoy queremos aclarar que **reciclar NO es tan ecológico**. Es como si alguien dijera que es ecológico tirar una botella a la basura porque es mejor que tirarla al mar o quemarla. **Algo que es mejor que otra cosa no lo convierte en ecológico**. Además, aunque reciclar ahorra CO2, está lejos de estar entre las acciones más ecológicas.

C.2.1. ¿Reciclar es lo más ecológico?

Cuando reciclamos, primero ya hemos consumido unos recursos para fabricar algo, y segundo, hemos demostrado que somos incapaces de reutilizarlo. Por tanto, solo nos

---

[59] El concepto de "huella ecológica" es muy importante para medir la sostenibilidad de nuestra forma de vida. Puedes calcular tu propia huella ecológica en multitud de webs de Internet, en solo dos minutos.

[60] Son interesantes las conclusiones al respecto de Peter Singer, en su obra "Ética Práctica" (2003) (véase un resumen en blogsostenible.wordpress.com), en la que, aparte del sufrimiento animal, estudia también el sufrimiento humano, la inmigración, la pobreza y riqueza absolutas, el medio ambiente y el porqué actuar éticamente.

queda reciclar para evitar que ese material se pierda (algo básico en economía circular).

Sobre los productos que llegan a los **puntos limpios** ya hemos hablado en otro artículo en nuestro blog. En él dábamos recomendaciones interesantes, así como una breve explicación sobre las diferencias entre **reutilizar** y **reciclar**.

Ante la avalancha de **envases** (principalmente de plástico) que invaden nuestros mares, montes, ríos, calles, etc., muchos piensan que hay que reciclar más nuestras botellas, latas de bebidas, envases de yogur, botes de detergentes, tetrabriks... Veamos porqué **reciclar no es lo más ecológico** y una propuesta para evitar este problema.

C.2.2. Lo más ecológico es Reducir y Reutilizar

Lo primero que hace cualquier ecologista es intentar **REDUCIR** al máximo el consumo de productos envasados (esa es la primera erre de la regla de las 3 erres). Algunas ideas son comprar productos sin envases (a granel) o en envases grandes.

Cuando un producto ya lo hemos consumido, ¿qué es lo más ecológico que podemos hacer con su envase? **Lo más ecológico es devolver el envase al fabricante, para que lo vuelva a utilizar:** a eso se le llama **REUTILIZAR**. Así, un mismo envase puede usarse miles de veces.

¿Cómo podemos asegurar que los envases se devuelvan al fabricante? La respuesta es el Sistema de Depósito Devolución y Retorno (**SDDR**) que consiste en pagar un pequeño depósito por los envases que compramos y recuperar ese dinero si los devolvemos: **Si lo devuelves, no pagas.** Así se hacía en España hace unos 40 años con botellas de leche, cerveza, gaseosa... hechas de vidrio retornable, el envase más ecológico (si se reutiliza).

El **SDDR** es fundamental para conseguir que la gente perciba la obligación de devolver el envase. Desgraciadamente, sin **SDDR** la gente tira los envases en cualquier lugar (véanse las islas de plástico en los océanos). Las tasas de reciclaje demuestran que **el sistema actual en España de contenedores de colores (SIG) es un fracaso**. Ciertamente, es mejor que nada, pero dista mucho de ser un sistema ecológico y sensato. Para colmo, muchas de las toneladas de envases de plástico que se recogen en España no llegan a reciclarse jamás, porque muchas plantas de reciclaje arden en extrañas circunstancias. Después de todo el esfuerzo, todo queda en humo y contaminación. ¿Quién puede asegurar que los envases de plástico recogidos con **SDDR** no arderán y serán finalmente reciclados?

En algunos países hay **máquinas para el SDDR** que te dan dinero por cada envase que introduzcas. Puede ser buena idea pero no olvidemos que los aparatos electrónicos contaminan mucho en su fabricación; y apenas se pueden reciclar. Por otra parte, estas máquinas ahorran trabajo humano y, por supuesto, deben admitir **envases retornables** para reutilizarlos (no para reciclarlos).

C.2.3. Nuestra propuesta en dos puntos

Lo que proponemos es muy simple y se basa en dos actuaciones:

1. **SDDR para envases reutilizables** y exigir que los envases de vidrio sean **siempre reutilizables** (salvo que se justifique el porqué no).

2. **Las empresas pagarán una tasa por cada envase NO reutilizable que pongan en circulación**, y esa tasa irá creciendo año a año.

Los envases no reutilizables pueden (y deben) tener también su **SDDR**, pero si la tasa que pagan las empresas es elevada, este tipo de envases tenderán a desaparecer. Esta tasa puede ser pequeña durante unos pocos años, pero debe *subir progresivamente*. Las empresas tendrán así tiempo para hacer que sus envases sean **reutilizables**, y para adherirse al **SDDR para envases reutilizables**.

Para otros tipos de envases, como los de caramelos o bolsas de magdalenas, podemos seguir manteniendo el **contenedor amarillo**, el cual habría que recogerlo menos veces e incluso podrían usarse también para todo tipo de plásticos (como juguetes, adornos…) que irían al punto limpio, en vez de a la basura como ocurre ahora.

Las **máquinas para el SDDR** (si se opta por ellas) deberían estar situadas en lugares públicos, igual que los actuales contenedores de reciclaje, pues no sería justo hacer pagar a los pequeños comercios por unas máquinas que, sin duda, son caras (aunque los comercios reciben *algo* por cada envase). Pero **el SDDR es independiente de estas máquinas**. Son debates independientes dado que se puede aprobar un **SDDR** sin instalar ninguna máquina. Esto es importante, ya que algunos defensores del **SDDR** han sido acusados de tener más interés en el negocio de las máquinas que en reutilizar envases. Es el caso de la organización Retorna, gran defensora del **SDDR**, y de sus opositores de la plataforma sddr.info. En sus webs hay bastante material para ambas posturas, pero al leerlo no hay que preguntarse solo qué sistema reciclaría más, sino qué sistema reutilizaría más. La respuesta está en los dos puntos de nuestra propuesta hecha más arriba.

Es curioso que hasta la reina de Inglaterra ha prohibido envases de plástico en sus propiedades. Los nuevos envases de palacio deben ser "biodegradables o compostables", pero no incluye los envases más ecológicos, los reutilizables. Está bien reducir el plástico, pero no a costa de aumentar el consumo de otros recursos.

Resumiendo, deberíamos acostumbrarnos de nuevo a los envases de vidrio para la leche y a verlos con buenos ojos también para otros productos: detergente líquido, yogur, zumos, batidos… y comprar más a granel. **El SDDR es ventajoso usado para REUTILIZAR**. Lo ecológico es reciclar lo menos posible porque no sea necesario. Hay que cambiar el discurso sobre el reciclaje, porque **muchos piensan que el problema está en que no se recicla, y el problema real está en que se producen muchos envases de usar y tirar** (que encima no se reciclan). Puede que la cesta de la compra pese algo más con los envases retornables, pero… ¿queremos hacer algo por el planeta sin poner nada de nuestra parte?

C.3. Hoy, plástico para comer (12 sorpresas del plástico)

El **problema del** plástico empieza a parecerse al **problema del** cambio climático: todo el mundo lo admite y lo lamenta, pero nos mostramos incapaces de hacer algo contundente para resolver el problema, a pesar de que sabemos muy bien lo que tendríamos que hacer.

Nos cuesta admitir que el ser humano sea tan absurdo, aunque los datos hablan por sí mismos. Examinemos algunos de esos datos, reflexionemos unos minutos y propongamos soluciones. **Es hora de actuar más y lamentarse menos.**

¿Qué pasa con el plástico?

1. **Ingerimos plástico en alimentos y bebidas comunes:** Se ha encontrado plástico en miel, azúcar, sal, mariscos, agua embotellada y del grifo, cerveza y refrescos, alimentos procesados... El **pescado también tiene plástico** (además del *conocido* mercurio): el 25% del pescado tiene plástico visible a simple vista, sin contar los microplásticos. La **Agencia de Seguridad Alimentaria de la UE** (EFSA) advirtió en 2016 que los alimentos del mar están contaminados con plástico.

2. El plástico invade paraísos somo las islas Galápagos o las **Maldivas**. En este último archipiélago, al Sur de la India, hay una isla entera para la basura, la **isla Thilafushi**, donde se queman toneladas de plástico, especialmente las botellas de agua de los turistas. Allí llegan 1.000 toneladas diarias de basura. La contaminación atmosférica es terrible y la respiran tanto la población local como los turistas. La basura cubre los corales, que irremisiblemente van muriendo. **Klein** documenta en uno de sus libros cómo algunos países asiáticos adoptaron un modelo de turismo de lujo insostenible y al margen de la población local.

3. **Los animales mueren por ingerir plásticos:** no solo las ballenas... sino todo tipo de especies, desde tortugas hasta aves. Solo en los océanos mueren 1,5 millones de animales al año por plásticos.

4. El fondo del **mar Mediterráneo** está lleno de basura, convirtiéndolo en el mar más contaminado del mundo.

5. Las frutas y verduras se venden cada vez más empaquetadas en plástico y los consumidores las compran con total naturalidad, hasta que ha surgido la campaña #DesnudaLaFruta, que pretende llamar la atención sobre este problema.

6. Hay **cinco** *islas* **de plástico y basuras en los océanos** del planeta. La *isla* del Pacífico norte tiene el tamaño de Europa y está compuesta por miles de toneladas de basura, principalmente plástico. Hay otra isla en el Pacífico Sur, dos más en el océano Atlántico, y una más en el Índico. Pero el plástico no está solo en esas islas: recientemente han medido niveles de plástico record en el mar Ártico: 12.000 partículas por litro.

7. Los más optimistas creen que la solución está en investigar algo que se coma el plástico (apelar a la responsabilidad de personas y gobiernos lo ven utópico).

8. **En 60 años la producción de plástico se ha multiplicado por más de 100:** En los años 50 el mundo producía 2 millones de toneladas de **plástico** al año, y ahora son 330. Se calcula que cada segundo llegan a los océanos más de 200 kilos de basura.

9. **El principal productor de plástico es China**, que vende toneladas de productos de pésima calidad a los países ricos que los ven *baratos*, ya que no contabilizan el costo ambiental (y humano) que genera su producción y desecho.

10. La parte del plástico más absurda es también la más numerosa: los **envases de un solo uso**, que suponen el 40% del plástico, unos 20 millones toneladas al año.

11. La basura está creando **conflictos internacionales**, como la basura de Guatemala que llega a Honduras, o la basura del norte de África que llega a las islas Baleares.

12. Algunos países se están tomando en serio el problema:
    - **Reino Unido**, ha prohibido los microplásticos y quiere acabar con los plásticos de un único uso.
    - **Kenia** impuso una férrea restricción a las bolsas de plástico, y está funcionando tan bien que muchos países planean seguir el mismo camino.

Soluciones

Los impuestos al azúcar en **Cataluña** han hecho caer el consumo de bebidas azucaradas un 22%. ¿Y si ponemos impuestos al plástico y al aceite de palma? (dos de los productos más nefastos para la salud y el medio ambiente, junto con el azúcar).

La **UE** va a exigir a los países miembro un pago de 800 euros por cada tonelada de plástico no reciclado. ¿Cuantos *millones* pagará **España**, líder en multas por incumplir las normativas comunitarias?

En **España** se avanza poco, pues aunque el Congreso acordó prohibir los utensilios de plástico de un solo uso en 2020, el PP votó en contra que es el que tiene que legislar. Además, en realidad lo que se pretendió es que llevaran cierto porcentaje de material biodegradable, lo cual no es la solución al problema. Mientras nuestros políticos llegan a un acuerdo, cada vez se usan más bolsas, y se venden más alimentos en bandejas de poliestireno. **Los consumidores culpan a los políticos y los políticos a los consumidores.**

Es curioso que la directiva europea sobre residuos (2008) considera reutilizar más importante que reciclar, pero no propone nada concreto para fomentarlo por encima del reciclado. Además, no hace ni una sola mención a los envases retornables, los cuales serían una gran solución ante el problema del plástico de un solo uso.

Como hemos visto, el problema del plástico es muy grande. Algunos no quieren verlo aunque se lo estén comiendo. Pero verlo es inevitable y la solución no es tan difícil, pues comienza por tomar dos simples medidas (ver apéndice anterior), que se resumen en:
1. **SDDR** para envases retornables.
2. **Impuestos** crecientes año a año para las empresas que vendan productos en envases no retornables.

C.4. La caza y la ética

¿Puede ser contrario a la ética algo que se ha hecho por tradición desde tiempo inmemorial? Por supuesto que **sí**. Primero porque el ser humano tiene algunas *tradiciones muy salvajes* (la ablación o la tauromaquia son buenos ejemplos) y segundo porque *el contexto cambia* constantemente. La caza pudo ser una actividad ética para los primeros humanos que sobrevivían en pequeños grupos de cazadores-recolectores, pues lo hacían para sobrevivir. Para ellos la carne no fue más que un alimento secundario, como constata Harari en su libro Sapiens. Sin embargo, poco después la caza ya provocó la extinción de muchas especies, porque el ser humano antiguo no sabía cazar éticamente.

La ética de la caza depende del contexto en el que se haga: cuando no se necesita cazar para obtener una alimentación completa y saludable, la caza carece de justificación ética porque genera graves problemas que vamos a estudiar a continuación. Solo tiene sentido la caza como sustento, pero hoy, **en los países ricos se caza por gusto y sin pensar en la ética**. Por supuesto, hay muchas formas de cazar: hay cazadores que cazan con mucha moderación y se comen todo lo cazado, y hay cazadores que solo buscan trofeos o matar todo lo posible. Pero no queremos atacar a los cazadores, pues la mayoría han sido educados en un entorno en el que cazar se ha visto como algo normal, divertido y hasta beneficioso por dos motivos.

¿Qué argumentan los cazadores para justificar su caza?

Algunos de cazadores buscan argumentos para justificarse y no aceptan razones en su contra, pues eso les obligaría a abandonar una actividad que le agrada. Los cazadores reconocen el sufrimiento animal, reconocen que cazan por gusto y reconocen que "otros cazadores" provocan daños inaceptables a la fauna, pero cuesta más trabajo reconocer el propio impacto.

Los argumentos que alegan los cazadores son básicamente los dos siguientes, pero son realmente muy discutibles:

C.4.1. ¿La caza ayuda a la conservación?

Los cazadores **no** son ecologistas que hacen un sacrificio para la conservación de la naturaleza. Los cazadores cazan por gusto, no porque amen la conservación. Al menos en Europa, **el objetivo de la caza no es la conservación, sino el placer**. Hay cientos de especies que se han extinguido por culpa de la caza: ¿Conservó la caza la numerosa población de paloma migratoria americana? ¿Conservó la caza el bucardo de los Pirineos? También se extinguieron por la caza el lobo de Tasmania, el rinoceronte negro… Por tanto, alegar la conservación para defender la caza genera más risa que respeto.

En ciertas circunstancias hay **superpoblación de algunas especies**, lo cual genera problemas (desnutrición, enfermedades…). En esos casos, la caza puede contribuir a mejorar la salud de esos animales y el estado del ecosistema, pero los que alegan esto olvidan conscientemente que esa inestabilidad se ha producido siempre por culpa del hombre: o bien se trata de animales introducidos (especies invasoras), o bien el hombre ha aniquilado los predadores naturales (lobos, rapaces…), o bien, en muchos casos, son los propios cazadores los que provocan la superpoblación de especies cinegéticas (alimentándolas artificialmente, construyendo bebederos…). A veces, se da la paradoja de que los mismos cazadores que defienden la caza por superpoblación, también defienden la caza del lobo, cuando precisamente el lobo ayudaría a combatir esa superpoblación.

La auténtica conservación debe tender a conservar todas las especies propias de cada ecosistema y no solo las que tengan interés económico para unos pocos. La caza ha contribuido al retroceso exagerado de muchas especies que antes eran comunes (la tórtola, la perdiz, la avefría europea…). Y el problema es tan grave que en muchos casos los cazadores se ven obligados a pagar para que se (mal)críen los animales en granjas y luego se suelten en el campo el día de caza. En otros cotos, el monte es vallado convirtiendo el monte en una *granja* en la que pegar tiros cuando apetezca (por no mencionar los problemas que generan esas vallas en muchos animales salvajes). Estos hechos demuestran que **el objetivo es divertirse pegando tiros**, sin importar ni la naturaleza, ni el bienestar animal, ni la contaminación por plomo y munición.

Téngase en cuenta que muchas especies están siendo conservadas y su caza está prohibida (el oso o el lince en España son buenos ejemplos). Los animales no son simples recursos al servicio del todopoderoso ser humano.

C.4.2. ¿La caza genera empleo y riqueza?

Este segundo argumento es cierto. Por supuesto que genera empleo, pero también lo destruye o lo desplaza, porque en las zonas donde se caza, se están desplazando a los turistas y a los senderistas hacia otras zonas más tranquilas. Muchas zonas han descubierto que el turismo ecológico es muy rentable, pues la gente adora ir a las zonas bien conservadas (para observar lobos o ciervos, por ejemplo). La observación y la fotografía son actividades que pueden generar riqueza sin matar.

Cuando **Reino Unido prohibió la caza del zorro con perros**, también hubo quién predijo desastres sociales por la pérdida de empleos, pero no ocurrió nada negativo.

El colmo es esa minoría de gente acomodada que se permite el lujo de viajar a lugares lejanos para matar animales exóticos con su fusil con mirilla telescópica (por cazar un leopardo se tienen que pagar más de 25.000€). No viajan con el objetivo de ayudar a esos países, aunque luego presuman de "ayudar" a los pobres, mientras cuelgan en su casa el cadáver-trofeo de un animal que vivía libremente. Si realmente desearan ayudar, seguro que encontrarían formas mucho más eficaces. Por supuesto, mucho más grave es la **caza furtiva**.

Para terminar con este argumento de forma radical es preciso decir que **la ética de cualquier actividad no puede sustentarse en motivos económicos,** por lo que los cazadores deberían buscar otros argumentos para defender la caza. Hay muchas actividades que generan "riqueza" (para algunos) pero no son éticas (tráfico de armas, de especies, de seres humanos…).

C.4.3. ¿Cuáles son los problemas que genera la caza?

En resumen, el objetivo de la caza es matar a animales indefensos que están en su propio ecosistema, en su casa, y sin posibilidad de defenderse. **La caza es solo un negocio que genera graves y numerosos problemas, por lo que es necesario exigir un control mucho más exhaustivo.** De forma muy resumida, **los problemas de la caza son**:

1. **La caza no ayuda a la conservación y es la causa de la superpoblación de especies cinegéticas:** La caza provoca una disminución de hasta el 83% en las

poblaciones de mamíferos tropicales y aves, y no sirve para controlar las superpoblaciones.

2. **La caza contamina:** Europa califica de riesgo para la salud la cantidad de **plomo** que disparan los cazadores. También existe contaminación genética cuando se sueltan animales que se cruzan con las poblaciones locales.

3. **La caza reduce la biodiversidad:** La caza solo tiene interés en ciertas especies. Por eso, para los cazadores no importa que las demás especies se vean perjudicadas. Así por ejemplo, en demasiadas ocasiones se han introducido especies exóticas y se disparan (por accidente o no) a especies que pasaban por allí.

4. **La caza genera riesgos para la vida y molestias:** Aparte de los accidentes de caza, los vecinos y senderistas tienen que soportar el ruido, el riesgo y las molestias que generan los cazadores, pues incluso se cortan caminos públicos.

5. **La caza frena el desarrollo rural sostenible:** El turismo rural y ecológico huye de los pueblos en los que hay caza. Así, una minoría de cazadores está frenando la sostenibilidad de muchas zonas rurales.

6. **La caza produce sufrimiento animal:** Nadie puede dudar que los animales cazados sufren mucho en su huida, hasta que mueren desangrados. Muchas veces mueren tan lejos del cazador que ni siquiera son encontrados. Por otra parte, está demostrado que muchos cazadores disparan también a especies no cinegéticas y a madres embarazadas… ¿para practicar su puntería o para curtirse en insensibilidad? Además, los perros de caza, especialmente los galgos, suelen sufrir graves consecuencias, tales como accidentes de caza, estar encerrados todo el año o incluso ser abandonados o sacrificados cuando no son aptos para la caza o cuando termina la temporada.

7. **La caza es una actividad violenta:** No podemos enseñar valores de respeto a la naturaleza y a las demás personas, fomentando este tipo de actividades. Si se aceptara como ética la "caza por placer", sería muy complicado poner el límite de lo que es o no aceptable. ¿Por qué la mayoría de los cazadores son hombres?

8. **La caza mata sin aprovechar todo lo que mata:** Es demasiado frecuente que los cazadores no se coman todo lo que cazan, pues a veces es sencillamente imposible aprovechar tanta carne, o bien, solo buscan el trofeo y la foto (los lobos no se comen). ¿Cuántos zorzales como máximo debería matar un cazador?

9. **La caza promociona el consumo de carne:** El consumo de carne está destrozando el planeta. Lo dicen los científicos y los ecologistas. Es difícil encontrar un cazador que solo coma carne de caza, y mucho más difícil es encontrar un cazador (o un taurino) vegano, aunque sí se dan casos de gente que se hace vegetariana gracias a los taurinos.

C.4.4. La caza y sus reglas

Cada vez más gente **rechaza la caza** tanto como la decoración con cabezas o cráneos de animales masacrados en su hábitat natural. El mundo de la caza se siente amenazado, con razón. Ante su desesperación **elaboran** reglas para que sus fotos queden bien en las redes sociales (que no se vea la sangre, que no salgan menores, que no se vean los lobos muertos…) y piden que no se publiquen vídeos o fotos en los que se vea la barbarie que implica la caza. En definitiva, **quieren que no se vea lo que la caza es de verdad**. Están tan asustados que no temen **votar a partidos extremistas** que les prometen defender su actividad todo lo posible, aunque sea poco.

La conclusión es evidente: la caza no es necesaria, los animales no son trofeos y amar la naturaleza no es matarla. Los animales sienten y sufren. Salvo que tengas necesidad de salvar tu vida o la de tu familia, la caza no tiene justificación ética. **La caza puede ser divertida pero difícilmente será** ética. El problema es que los cazadores no leerán esto… y menos aún reflexionarán seriamente sobre todo lo dicho.

C.5. Los límites planetarios: Hemos sobrepasado cuatro de los nueve procesos básicos de la Tierra

Un artículo científico publicado en la revista Science estudia los límites planetarios evaluando el estado de 9 procesos fundamentales para la estabilidad del sistema Tierra. Los 18 científicos autores concluyen que **hemos sobrepasado la zona segura en 4 de los 9 procesos básicos de la Tierra** y afirman que **"es urgente un nuevo paradigma que integre el continuo desarrollo de las sociedades humanas y el mantenimiento del Sistema Tierra"** (*Earth System*).

Los Límites Planetarios (*Planetary Boundaries*) proveen un sistema para el análisis científico del riesgo de que el ser humano desestabilice el Sistema Tierra a escala planetaria. Los científicos concluyen que cada vez hay **"más evidencias de que las actividades humanas están afectando al Sistema Tierra"** y esto genera condiciones "menos hospitalarias para el desarrollo de las actividades humanas". El aviso es muy claro.

Los Límites Planetarios son niveles establecidos científicamente para la perturbación humana sobre la Tierra, más allá de los cuales su funcionamiento puede verse sustancialmente alterado. Sobrepasar estos límites crea un riesgo sustancial de desestabilizar el estado del planeta (en el holoceno, periodo en el cual las sociedades modernas han evolucionado). Estos límites se establecen en **9 procesos que son esenciales para el funcionamiento del Sistema Tierra** y son evaluados en **3 niveles**:

- el color **verde** es para la zona segura;
- el **amarillo** para la zona de peligro por incertidumbre y riesgo en aumento;
- el **rojo** es para la zona de alto peligro o riesgo seguro.
- Se usa también el color **gris**, para indicar que no se ha podido cuantificar y por tanto se requiere seguir investigando.

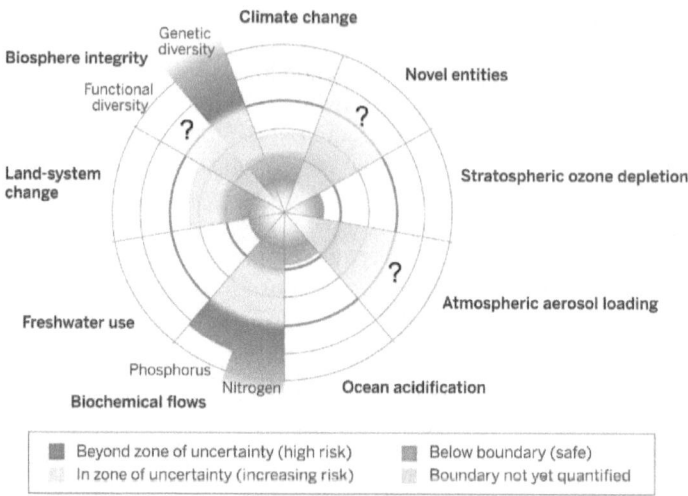

Figura C.1: Evaluación de los límites planetarios en sus 9 procesos básicos.

Vamos a examinar a continuación estos 9 procesos y sus niveles actuales (ver gráfico). Tengamos en cuenta que los dos primeros son los más importantes y **no están en el nivel verde**:

1. **Cambio climático:** Nivel amarillo. Las olas de calor han aumentado en intensidad, frecuencia y duración. También han aumentado las inundaciones y las sequías, y los polos no paran de perder hielo. Los científicos afirman que nos queda poco tiempo para reaccionar y evitar lo peor.

2. **Biodiversidad:** La sección de diversidad genética está en rojo extremo y mide la capacidad de la biosfera de mantenerse a largo plazo ante los cambios. La ciencia desconoce los niveles de pérdida de biodiversidad que podrían estar generando cambios irreversibles. Los datos conocidos son muy preocupantes pero no es fácil calcular los límites a nivel regional o global. Como ejemplo, pensemos que la población mundial de vertebrados disminuyó un 60% entre 1970 y 2014 según el Informe Planeta Vivo 2018. Es urgente tomar medidas para defender la biodiversidad (limitar la caza, proteger más zonas, acabar con la sobrepesca y la deforestación, reducir la extracción minera…)

3. **Cambios en el uso del suelo:** Nivel amarillo. Las zonas más preocupantes las encontramos en el Este de China y en las zonas tropicales de África y Asia (por ejemplo por la devastación de selvas para la industria del aceite de palma que se usa en alimentos, cosméticos y para fabricar el diésel que se vende en Europa).

4. **Uso del agua dulce:** Nivel verde. No deberíamos engañarnos por que esté en verde ya que esos son valores globales planetarios. Si nos fijamos en la evaluación por regiones, el resultado ya no es verde. En particular, el informe refleja que **España** e **Italia** son los países peor evaluados de Europa, pues tienen

muchas zonas en rojo: "alto riesgo". **California**, **México** o la **India** son otras zonas con serios problemas por el agua.

5. **Flujos bioquímicos:** Nivel rojo. Los más estudiados son el fósforo y el nitrógeno, pero el ser humano está alterando los ciclos de muchas otras sustancias (carbono, silicio…). Este tipo de contaminación se debe en muchos casos a los fertilizantes que provocan problemas muy graves (eutroficación, pérdida de agua potable…).

6. **Acidificación de los océanos:** Nivel verde. Este límite no sería sobrepasado si no se superara el límite del cambio climático de 350 ppm CO2 (partes de CO2 por millón en volumen de atmósfera). Detener la quema de carbón totalmente es básica para reducir la lluvia ácida.

7. **Carga de aerosol atmosférico:** Desconocido. Los aerosoles (partículas suspendidas en el aire) provocan unos 7.2 millones de muertes al año. Las causas son principalmente la quema de combustibles fósiles y de biofuel.

8. **Agotamiento del ozono estratosférico:** Nivel verde. El **Protocolo de Montreal** fue un éxito de la humanidad, pues se ha logrado que la capa de ozono vaya hacia la recuperación total. Esto demuestra que el ser humano es capaz de llegar a acuerdos para resolver problemas globales.

9. **Introducción de nuevas entidades:** Desconocido. Aquí se estudian nuevas sustancias químicas u organismos biológicos (nuevas formas de vida modificadas o transgénicos) que tienen el poder de generar posibles efectos perjudiciales. Un ejemplo lo encontramos en los CFC, gases que se pensaron inocuos, hasta que se pudo demostrar sus terribles efectos adversos sobre la capa de ozono. **Hoy hay más de 100.000 sustancias en el comercio** y podrían ser muchas más si consideramos los nanomateriales y los polímeros plásticos. Conocemos muy poco sobre sus efectos a corto o largo plazo. Por eso, la clave es la prevención y la investigación.

Los científicos también resaltan que las transgresiones a estos límites han generado ciertos beneficios pero que se distribuyen de manera desigual social y geográficamente. Además, ensalzan la utilidad de estos estudios para alcanzar la sostenibilidad global, pero no dicen **qué se debería hacer**, pues "son decisiones políticas que deben incluir la consideración de las dimensiones humanas, incluida la equidad", cuestiones que exceden su objetivo. Sin embargo, este trabajo sobre los límites planetarios debería hacer reflexionar a los que toman las decisiones trascendentes que afectan a esos límites, porque los riesgos los corremos todos.

Los dos primeros puntos son esenciales e interactúan mucho con los demás. Por ello, el nivel amarillo implica un riesgo importante y el rojo supone un desastre asegurado si no revertimos *pronto* el proceso. Los científicos dicen que alterar uno solo de estos procesos sobrepasándose sus límites podría llevar a la Tierra a un nuevo estado, posiblemente de forma irreversible. Así pues, **evitar la pérdida de biodiversidad y dejar de usar tantos fertilizantes es algo URGENTE**, tan urgente como votar a políticos comprometidos con nuestra casa común.

C.6. ¿Es ético comer huevos? No, y además es innecesario: Tortilla de espinacas vegana

Comer huevos puede producir sufrimiento y maltrato animal incluso aunque sean huevos *ecológicos*. Veamos algunos motivos de forma resumida:

1. **La mayoría de las gallinas viven muy mal, encerradas en jaula toda su vida:** Esa grave situación de maltrato está cambiando lentamente por la demanda del consumidor.

2. **Los huevos son de la gallina:** Si les quitamos los huevos, se fomenta que la gallina ponga más, y poner huevos debe ser doloroso (aunque no es como un parto humano, por supuesto). La realidad es que seguimos mirando a los animales como si fueran seres que están *para servir a nuestros intereses*, y que los podemos *poseer* (y por supuesto **esclavizar**).

3. **Producir huevos siempre contamina:** Producir el alimento de la gallina requiere contaminar (salvo que coman restos de alimentos). Incluso aunque sean cereales ecológicos hay que contabilizar el transporte y sería más eficiente comerse directamente esos cereales. Además, las gallinas deberían comerse la cáscara de sus huevos, pero como eso es complicado hay que darles suplementos alimenticios que también contaminan en su fabricación y en su transporte. También hay que tener en cuenta la contaminación por purines y la huella hídrica de las granjas: **180 litros por huevo**. ¿Serías capaz de beber 180 litros de agua cada vez que te comes un huevo?

4. **Las gallinas no productivas son sacrificadas:** Incluso en granjas *ecológicas*, las gallinas son sacrificadas cuando no ponen suficientes huevos (por su edad o por lo que sea), pues ya no son rentables desde el punto de vista monetario. Los vendedores de huevos ecológicos piensan en sus beneficios y no en alargar la vida de todas sus gallinas no rentables.

Muchos vegetarianos comen huevos pensando que ello no induce a matar animales, pero **comer huevos sí induce a matar gallinas**, salvo que se críen con el compromiso de darles una vida digna hasta el final de sus días. Recuerda que una gallina puede vivir **15 años**, pero su producción de huevos desciende a partir de los **2 años**.

Lo más importante, es que **comer huevos no es necesario**. Sus vitaminas se pueden conseguir de otras formas y en la cocina se pueden sustituir por otros productos. Esto segundo lo vamos a demostrar en un plato en el que el huevo es el ingrediente principal. Esta es una receta simple, pero muy adecuada para demostrar que se pueden hacer **tortillas sin huevo**.

◊ **Ingredientes:**
- 4 huevos veganos: Cada huevo vegano está formado por 10 gr. de **harina de garbanzos** (una cucharada sopera sin pasarse de colmo) y 35 ml. de **agua** (2 cucharadas bien colmadas).
- 300 gr. de **espinacas** limpias y cortadas.

- 3-4 dientes de **ajo**.
- **Aceite** y **sal**.
- **Opcional:** Se pueden añadir pasas y especias (orégano, albahaca…). Además, para acompañar la tortilla, se sugiere una ensalada de tomate, aguacate y algunos frutos secos.

◊ **Preparación:**
1. Se pone un chorrito de aceite en una sartén y cuando esté caliente se echan los ajos troceados al gusto.
2. Cuando los ajos estén muy ligeramente dorados se echan las espinacas poco a poco: se llena la sartén con las espinacas y se van removiendo con los ajos. Al calentarse, las espinacas pierden volumen y así, se pueden ir añadiendo poco a poco más espinacas hasta añadirlas todas.
3. Mientras, en un plato se bate la harina de garbanzos y el agua, hasta que tenga una consistencia similar a la del huevo batido. La harina de garbanzos se hace triturando garbanzos secos con una batidora potente. También hay otros sustitutos del huevo.
4. Cuando las espinacas hayan perdido su consistencia cruda se vierten en la mezcla junto con el agua que sueltan y se remueve bien.
5. Salar al gusto y añadir los ingredientes opcionales.
6. Hacer la tortilla en una buena sartén antiadherente y, en caso de usar la misma sartén anterior, se aconseja fregarla para evitar el riesgo de que se pegue. Se sugiere que la tortilla esté ligeramente tostada por ambas caras, pero no dejarla demasiado tiempo, para que esté más jugosa.

Servir con ensalada, en plato o en bocadillo y… dar difusión a esta receta para evitar o al menos reducir el **maltrato animal** que supone toda la industria del huevo.

C.7. Ciudades que quieren reducir su consumo de carne: Porqué y cómo

Lo dicen científicos y ecologistas: **evitar la carne y los productos lácteos es la forma más sencilla de reducir nuestro impacto ecológico**. Para producir tanta carne son necesarias una ganadería y una agricultura intensivas que son muy dañinas para todos: contaminación por plaguicidas o por purines, pérdida de hábitats, excesivo consumo de agua… por no hablar del sufrimiento animal, especialmente a las hembras.

C.7.1. ¿Qué es el Pacto de Milán?

El Pacto de Milán sobre política alimentaria urbana promueve una **alimentación sostenible** y ya ha sido firmado por 177 ciudades de todo el mundo (véase más abajo la lista de ciudades españolas). El Pacto establece 44 indicadores para medir si se avanza o se retrocede. Con esos indicadores medirán cosas tales como, por ejemplo:

- si se promueven políticas alimentarias desde el ayuntamiento,
- el número de ciudadanos con diabetes,
- si hay programas para reducir el consumo de azúcar, sal y grasas,
- si se fomentan los huertos urbanos,
- la venta de productos locales,

- la creación de compost con la basura orgánica,
- el número de mercados municipales para fruta y verduras frescas,
- si existen políticas para reducir el desperdicio de alimentos, etc.
- Además, hay un indicador (el nº 10) que establece que **las ciudades deben medir su consumo medio de carne y pescado** con objeto de determinar si se reduce y ver si se avanza hacia la sostenibilidad.

C.7.2. ¿Por qué es tan importante comer menos carne y pescado?

Todos podríamos enumerar muchas acciones para conseguir ciudades sostenibles. Entre ellas, **reducir el consumo de carne y pescado es algo imprescindible**. Hay muchos argumentos para ello, que se suelen sintetizar en cuatro:

- estas industrias generan graves **daños ambientales**,
- propician comidas muy procesadas y con muchas grasas, que son **poco saludables**,
- producen **sufrimiento animal**, absolutamente siempre, y
- generan problemas **a otros seres humanos** (aunque sea indirectamente).

El **Pacto de Milán** habla de "carne" (*meat*), pero aclara que también se incluye el pescado, algo que es importante dados los problemas de la **pesca** (especialmente la pesca de arrastre) y del **pescado de piscifactoría**. Aunque es posible que el consumo de pescado tenga menos impacto ambiental que el consumo de otras carnes, está justificado hablar siempre de forma conjunta de **los impactos de carne y pescado** (pérdida de ecosistemas, contaminación, sobreexplotación, maltrato animal...). Si no se hiciera así podría ocurrir que el consumo de carne se sustituyera por pescado, generando la falsa sensación de *sostenibilidad*.

Sorprendentemente, **el Pacto ni siquiera sugiere cómo conseguir esos objetivos** sino que solo insta a **medir el consumo de carne y pescado** a través de encuestas. Pero solo hacer encuestas no ayudará a conseguir el objetivo. Tras la encuesta se debería informar sobre su finalidad, pero aún así, es insuficiente.

C.7.3. ¿Cómo puede una ciudad reducir su consumo de carne?

Aunque no lo parezca, el gobierno municipal puede hacer mucho para esto. Además de hacer las *encuestas informativas*, sugerimos estas acciones:

1. **Campañas de información:** Hay muchos lugares donde centrar estas campañas (colegios, mercados, centros culturales, asociaciones de vecinos, en la calle...) y muchas formas de informar a la ciudadanía de que comer carne y pescado en exceso no es bueno (carteles, mesas informativas, documentales, charlas...).

2. **Fomentar los huertos urbanos:** La gente que cultiva sus propias frutas y verduras tiende a consumir este tipo de alimentos más que antes. Los huertos se deben fomentar tanto en suelo municipal (huertos comunitarios o alquilados) como a nivel individual (en terrazas o balcones).

3. **No dar permisos a granjas de animales, especialmente las macrogranjas:** Hasta la prensa internacional se ha hecho eco del problema ambiental de las macrogranjas en España, donde ya hay **más cerdos que personas**. Conceder

licencias para estas instalaciones supone hacer ganar dinero a unos pocos a costa de daños ambientales que sufrimos todos. Por eso **Greenpeace** está recogiendo firmas para frenar la ganadería industrial. Hay formas de fomentar la economía rural que no destruyen la naturaleza (por ejemplo, fomentar el turismo sostenible o generar energía renovable como hizo el pueblo de Utrillas).

4. **Limitar las licencias de apertura para carnicerías, charcuterías y restaurantes donde la carne sea su comida principal:** No se trata de prohibir la comida *basura*, pero sí de ponerle todas las trabas que sean posibles. En todas las ciudades del mundo proliferan hamburgueserías o *shawarmas*. Esa comida no es sana y, por tanto, poner unos límites a este tipo de establecimientos ayudaría mucho a reducir su número de clientes. También es posible obligar a estos establecimientos a poner carteles indicando los problemas de una dieta basada en carne, y más en el caso de carne procesada, esa en la que realmente el consumidor rara vez sabe (o pregunta) qué es lo que está realmente comiendo.

5. **Fomentar en los colegios comidas sanas, ecológicas, de** procedencia LOCAL **y bajas en carne y pescado:** Se puede ayudar a los colegios para que mejoren sus dietas escolares e informen a padres y alumnos de lo que se está haciendo y del porqué. **Prohibir todo tipo de comida frita** es también algo necesario. No basta con promover dietas que reduzcan la obesidad, sino que el Pacto de Milán pide reducir carnes y pescados. La iniciativa "Lunes sin carne" lleva mucho tiempo fomentando un día para la concienciación con el lema "Si quieres cambiar el mundo, ¡comienza por tu plato!". El objetivo es ampliar a dos días a la semana para 2020. Hay muchas experiencias donde los padres se implican en la calidad de la comida escolar.

6. **Fomentar menús con opciones veganas:** Eso se debe pedir urgentemente en bares y comedores situados en lugares públicos (museos, universidades, hospitales, residencias…). Pero también se puede solicitar que todos los restaurantes de la ciudad ofrezcan opciones veganas en sus cartas y menús (y las marquen con la típica V de vegano), y que se sumen a los "Lunes sin carne". Las **hamburguesas vegetarianas o veganas** ya están presentes en muchos restaurantes y supermercados, además de ser muy fáciles de hacer.

7. **Ir migrando las fiestas insostenibles a fiestas más saludables:** En muchas ciudades hay fiestas o eventos en los que se consume mucha carne por tradición (algunas tienen hasta su plato típico). Dado que la tradición no es un argumento suficiente para mantener o fomentar algo, hay que alentar productos sostenibles que sustituyan, al menos en parte, todos esos productos obtenidos de la explotación animal.

8. **Subir los impuestos a los mataderos, a los barcos de pesca y a todas las actividades que dependan directamente de la explotación animal:** Si decidimos que fomentar la carne o el pescado es malo, habrá que gravar más ese tipo de actividades. El dinero, por supuesto, debe emplearse en mitigar los efectos de tan dañinas actividades. No te pierdas, si te atreves, este espeluznante vídeo sobre la actividad en los mataderos.

9. **Realizar y difundir estudios de contaminación en todos los alimentos, incluyendo carne y pescado:** Aunque ya sabemos que todos los alimentos vegetales pueden estar contaminados por los pesticidas que usan los agricultores, también la **contaminación en carne y pescado es muy peligrosa**, pues sabemos que **antibióticos** y **hormonas** se cuelan en los músculos, y que muchos peces tienen una alta contaminación por **mercurio** (el atún o el pez espada, por ejemplo).

10. **Priorizar las mejores opciones:** No todas las opciones de carne o pescado son igual de nocivas. Se puede instar a que se usen las opciones con menor impacto ambiental, tales como carnes de ave o pescado local, de pesca sostenible, y por supuesto que no procedan de la pesca de arrastre (la ley exige que toda venta de pescado exponga claramente el método de pesca y la procedencia geográfica). Esto puede ser un paso hacia la sostenibilidad.

11. **Firmar la** Declaración "Dieta sana, planeta sano": Es un compromiso público para fomentar una alimentación sana, donde predominen los alimentos de origen vegetal, ecológicos, locales y de temporada, así como reducir el desperdicio de alimentos. En España, **Zaragoza** por ejemplo ya se ha adherido a ese manifiesto.

Evidentemente, no todas estas medidas pueden ser llevadas a cabo de forma directa y unilateral por parte de cualquier consistorio, pero las ciudades firmantes del Pacto de Milán tienen la responsabilidad de actuar hasta donde sea posible e instar a gobiernos u organismos competentes a que trabajen en esta línea en aras de un mayor compromiso con la salud y el medioambiente.

C.7.4. Comamos menos carne y pescado, por el bien de "todo"

Resumiendo, cualquier cosa que hagamos para **reducir el consumo de alimentos que procedan de los animales** redundará en mayor **salud** de la **naturaleza** y menor **sufrimiento animal**. Pero además, también implicará una mayor **generosidad** hacia los que pasan hambre. El ser humano no es un depredador irracional como el león, sino que ha creado una maquinaria extraordinariamente cruel e impactante para generar carne barata, carne muy barata, con un alto coste, que no es solo ambiental.

NOTA: Las ciudades españolas firmantes del Pacto de Milán son Bilbao, Ciudadela de Menorca, Córdoba, Dénia, Fuenlabrada, Godella, Granollers, Las Palmas de Gran Canaria, Madrid, Málaga, Mieres, Navás, Oviedo, Pamplona, Rivas-Vaciamadrid, San Sebastián, Santiago de Compostela, Valencia, Villanueva de la Cañada, Vitoria-Gasteiz y Zaragoza.

C.8. ¿Es ética y ecológica la gestación subrogada? ¿Y la fecundación in vitro?

Traer hijos al mundo es un acto poco ecológico. Se ha demostrado científicamente, aunque el problema no es traer hijos, sino traerlos en una **sociedad insostenible** y enseñarles a vivir de forma *insostenible*. Dicho esto, cualquier cosa que fomente la natalidad hay que cuestionarla seriamente y examinarla con un riguroso filtro ético.

La **gestación subrogada** consiste en que una mujer soporta la gestación de un niño durante los nueve meses pero renuncia a ser la madre legal del mismo. Esta técnica, también llamada **vientres de alquiler**, se está poniendo de moda entre los ricos que quieren tener hijos. Esto está expresamente prohibido en muchos países, como en España, por lo que algunos deciden contratar el *vientre* en países que lo permitan. El Parlamento Europeo condenó esta práctica en 2015 porque **"socava la dignidad humana de la mujer"** al ser utilizado su cuerpo y sus funciones reproductivas "como una mercancía".

El embarazo, el parto y el postparto es un proceso largo y costoso, que socava la salud de la madre. Por eso, para que una mujer acepte hacerlo y renuncie a su hijo, es obvio que su situación económica debe ser precaria. Prueba de ello es que en los países en los que es legal hacerlo de forma altruista (sin pagar), como **Reino Unido** o **Canadá**, la mayoría de la gente se va a otros países en los que sea legal hacerlo pagando. En **Ucrania** es legal previo pago de 40.000 euros como mínimo. Curiosamente, Ucrania no da la nacionalidad a los niños nacidos por esta técnica.

Como decía la periodista Sandra Sabatés, todos podemos tener el *deseo* de ser padres, pero ese deseo **no es un derecho**, y no puede conseguirse pisoteando los derechos de las mujeres más vulnerables. Además, a los propios niños se les trata como objetos comerciales. A veces, incluso se puede elegir, como en un catálogo, a la madre que hará la gestación o incluso si se quiere niño o niña.

Los que piden que esta práctica sea legal, están pidiendo que se elaboren **leyes para que sea legal la explotación de las mujeres**, como se hace, por ejemplo, con los animales en las granjas de cría. Se debería regular para evitar los *trucos* (legales o no) que usan algunos para saltarse la prohibición. Algunos de los que pretenden usar esos trucos y se han ido al extranjero a contratar la gestación subrogada, luego se quejan de los problemas para inscribir al niño como hijo suyo. El fraude está en que el niño no es un hijo fruto del vientre de la supuesta madre (aunque puede que sí sea un hijo genéticamente hablando de al menos uno de ellos, lo cual habría que demostrar). A eso se unen los casos de parejas estafadas y los pagos en paraísos fiscales por esta práctica (es decir, fraude fiscal). Por otra parte, no es raro que las mujeres que prestan su vientre se arrepientan.

No es razonable que el niño sufra por los errores de aquellos que pagaron por su gestación, pero tampoco es razonable que por el hecho de que el niño ya está en el mundo, sus compradores sean absueltos de cometer un delito que en España está penado. El artículo 221 del Código Penal castiga con penas de prisión de 1 a 5 años y de inhabilitación especial para el ejercicio del derecho de la patria potestad, tutela, curatela o guarda por tiempo de 4 a 10 años, penas que se extienden "a la persona que lo reciba y el intermediario, aunque la entrega del menor se hubiese efectuado en país extranjero".

La **gestación subrogada es como la prostitución**, al menos en tres aspectos: **nace de una falta de ética y conciencia, explota el cuerpo de una mujer por parte de quien puede pagarlo, el cual se beneficia de la necesidad económica de la mujer**. Puede haber excepciones, pero son eso, excepciones.

La **fecundación in vitro** no tiene tantos problemas éticos, pero es otro mecanismo para traer hijos al mundo; a un mundo en el que 8.500 niños mueren de hambre CADA DÍA. Ya no es solo por la dignidad de las mujeres o por cuestiones ecológicas,

139

sino que **es mucho más humano fomentar las adopciones, por delante de la gestación subrogada, la fecundación in vitro e incluso de la propia gestación**.

Por supuesto no decimos que se prohíba tener hijos, sino que se piense bien, como parte de una **paternidad responsable**. El proceso de adopción no puede ser un trámite de 5 minutos, pero **en un mundo con tantos niños faltos de cariño no podemos permitir que los procesos de adopción sean excesivamente largos**.

C.9. La agricultura intensiva contamina todo, hasta nuestra comida: Pueblos fumigados con glifosato, clorpirifós, lindano…

La agricultura intensiva requiere usar toneladas y toneladas de insecticidas y herbicidas. ¿Dónde acaban esos productos? ¿Cuáles son sus efectos secundarios? Parte de ese veneno acaba en nuestra comida (junto con los famosos microplásticos). El resto sigue envenenando la naturaleza: contamina la tierra, los acuíferos, los ríos, los mares y el aire (por filtración, arrastrados por la lluvia o por evaporación).

C.9.1. Desde el agricultor a tu plato y a todos los ecosistemas

El informe "Ríos hormonados" revela el **alto grado de contaminación de los ríos españoles**, en los cuales se han encontrado al menos 46 plaguicidas (26 de ellos con capacidad para alterar el sistema endocrino). Además, muchas de esas sustancias están prohibidas.

El problema persiste **en todas las cuencas** y su magnitud real es desconocida. Pensemos que los agricultores usan más de 400 sustancias que deberían preocuparnos y que, como mucho, se han analizado solo 58 de esas sustancias para saber si llegan o no a los ríos. El río más contaminado es el **Júcar** seguido del **Ebro**. En el primero se han encontrado 34 de los 57 plaguicidas analizados, 22 de ellos ya prohibidos. Encontrar **plaguicidas prohibidos** puede deberse a su gran persistencia en el medio, o bien, a que aún se están usando *ilegalmente*.

C.9.2. Las mujeres, los niños y las abejas, los más intoxicados

El plaguicida más encontrado en nuestros ríos es el clorpirifós, el cual también se ha hallado en alimentos españoles, y es altamente tóxico: daña el sistema nervioso y el desarrollo cerebral de los niños, por mencionar algo grave. En numerosas muestras también se ha encontrado **lindano** y el *famoso* **glifosato** (que se usa hasta en los parques de algunas ciudades). Recientemente ha sido condenada la empresa Bayer, por no avisar del riesgo de cáncer en el etiquetado del glifosato, mientras muchas voces piden su prohibición absoluta. El glifosato es considerado cancerígeno y está tan extendido que lo han encontrado hasta en alimentos infantiles o cereales del desayuno.

Pero no todo son malas noticias. La Unión Europea vetó los insecticidas que matan a las abejas y otros polinizadores (neonicotinoides). Está demostrado que esos insecticidas contaminan también el agua. Sin embargo, hay países que dan autorizaciones de emergencia para usarlos. Para evitar ese abuso están recogiendo firmas. Pero además, recientes estudios prueban que los nuevos pesticidas alternativos a los neonicotinoides también son malos para las abejas.

En el libro "Medio ambiente y salud", la endocrina **Carme Valls-Llobet** denuncia que esta contaminación tan generalizada **afecta más a las mujeres**, pues sus cuerpos acumulan más toxinas al tener mayor porcentaje de células grasas. El foco está en lo que comemos, bebemos y respiramos... pero hasta los productos para la piel tienen tóxicos. Según esta doctora, **el 45% de los alimentos tienen residuos tóxicos**, sobre todo **pesticidas de una mala praxis en la agricultura**.

El oncólogo **Javier Espinosa** afirma que "la causa principal de cáncer son los alimentos con agroquímicos". En **Argentina** lo saben bien: allí hay muchos **"pueblos fumigados"** en los que la causa de muerte de 1 de cada 3 difuntos es el **cáncer**, siendo 1 de cada 5 en todo el país. En algunos pueblos fumigados se agrava la mortandad llegando a ser 1 de cada 2 personas, según indica la Red de Médicos de Pueblos Fumigados.

C.9.3. España, en situación crítica

España es el país de Europa que más plaguicidas usa: 78.000 toneladas al año, lo que supone el 20% del total de la UE. **La salud de los españoles y de nuestra biodiversidad está en manos de los agricultores** que, en demasiados casos, abusan de pesticidas muy peligrosos. Por otra parte, las autoridades no apoyan la agricultura ecológica y la mayoría de las ayudas van a los campos que más contaminan.

Según el informe Cifras del cáncer en España 2018 de la **Sociedad Española de Oncología Médica**, *"en números absolutos, España es uno de los países europeos en los se diagnostican más tumores y en los que fallecen un mayor número de personas por cáncer"*. ¿Hay relación entre tanta mortalidad y el abuso de pesticidas?

Igual que existe la certificación de productos ecológicos, se podría crear una **certificación** paralela de **productos semi-ecológicos**, con controles que garanticen que se usan menos de la mitad de los tóxicos usados actualmente. El objetivo sería obligar a que, en pocos años, todos los agricultores tuvieran esa certificación, que incluso podría modificarse paulatinamente.

Muy lejos de medidas de ese tipo, los diversos gobiernos tienen como objetivo principal **aumentar los regadíos** y para ello hacen lo que sea necesario: aprueban trasvases de agua sin precauciones ecológicas y hacen la vista gorda ante miles y miles de pozos ilegales, como en **Doñana** y **Murcia**. Esto genera un exceso de agricultura con graves consecuencias ecológicas, como queda patente, por ejemplo, en el lamentable estado del mar Menor. **Carmen Molina**, diputada andaluza de **Equo**, dijo que "*seguir insistiendo en aumentar regadíos es sencillamente proponer el suicidio de comarcas enteras*", porque no hay agua para todo lo que queramos.

El papel de las autoridades es velar por nuestra salud y, por tanto, deben poner en marcha planes urgentes que permitan **reducir las tierras de regadío ilegal y reducir también drásticamente el uso de estos químicos tan nocivos**. No obstante, no podemos ignorar el poder de nuestras decisiones personales para proteger tanto el medioambiente como nuestra propia salud: **somos responsables de lo que comemos**. Al menos, *bastante responsables*.

C.10. Campaña #ApagaNaturgy: Date de baja de una compañía que arrasa la Naturaleza

La empresa española **Naturgy** (antes llamada **Gas Natural**) está empeñada en sacar adelante sus cuatro proyectos gasísticos que amenazan el **Parque Nacional de Doñana**. Esta empresa solo busca su propio beneficio y por tanto, animamos a sus **clientes** a que abandonen esta empresa y se pasen a las renovables, y a sus **accionistas** a que inviertan en empresas más éticas. Aquí explicamos porqué y cómo hacerlo.

C.10.1. Doñana amenazada por una empresa sin escrúpulos

Los proyectos de **Naturgy/Gas Natural** (y de su socio La Caixa) en esa valiosa zona de **Doñana** no tienen garantías de seguridad, lo que significa que podrían contaminar toda la zona y generar graves terremotos (como ocurrió con el desastre de **Castor** en Tarragona). La evaluación de impacto ambiental fue dividida en 4 partes más pequeñas, para que individualmente cada parte fuera menos dañina, pero **no se hizo un análisis global**, como dicta la lógica y la ley. Las obras del proyecto están avanzando mientras los políticos, con suma tranquilidad, están estudiando si hay que pararlo. La empresa ya ha avisado que pedirá una indemnización a España de 359 millones de euros si el proyecto es paralizado. ¿Pagaremos sus errores como estamos pagando el error de Castor? Si **Naturgy**/Gas Natural tiene licencia para esas obras, es por una evaluación de impacto ambiental mal hecha.

Por increíble que parezca, esas obras están siendo subvencionadas con dinero público: el gobierno de España les ha regalado 12.6 millones entre 2017 y 2018. Así, eso de que *"el que contamina paga"*, en España se traduce por *"el que contamina cobra subvenciones"*. El gobierno español se desentiende del proyecto, pero lo subvenciona. La **Junta de Andalucía** se opone, pero lo consiente. Un ejemplo más del caos en la España de las autonomías.

Mientras, **Doñana sigue acosada por los combustibles fósiles y** los vertidos petroleros, hasta que ocurra una tragedia irremediable.

C.10.2. Los trapos sucios de Naturgy

Esta empresa tiene un largo historial de conflictos éticos. El más conocido es su corrupción por puertas giratorias, con **Felipe González** como cabeza de cartel, pero que afecta al menos a otros 28 políticos. También son *famosas* sus inversiones en paraísos fiscales, sus multas, sus impactos ambientales (Gas Natural mantiene algunas de las centrales más contaminantes de España), su inhumana gestión de la pobreza energética, su manipulación de precios y sus engaños publicitarios. Aún recordamos su publicidad televisiva con la que intentaba que todos creyéramos que quemar gas era una energía "ecológica". Hoy, todo el mundo sabe que **quemar cualquier cosa emite CO_2**, y que los combustibles fósiles, además, no son renovables. Pero ojo, el gas ciudad o gas natural es principalmente **metano**, un gas mucho peor que el CO_2 para el cambio climático.

Por todo lo dicho, **Naturgy** es un nombre nuevo pero hereda una **pésima reputación** y una nula responsabilidad social corporativa (RSC). Por eso, muchos clientes se están cambiando de empresa y muchos inversores están *desinvirtiendo* en todo tipo de energías fósiles. Desde aquí queremos animar a todos los ciudadanos a abandonar el gas (todo tipo de gas) y a pasarse a una empresa de electricidad 100% renovable.

C.10.3. ¿Cómo abandonar esta empresa y todas las energías sucias de tu hogar o empresa?

Lo primero sería cambiar todo lo que usemos con gas ciudad. El **butano** no es una opción razonable pues sigue siendo una **energía no renovable**, aparte del problema de acarrear bombonas. Por tanto, lo mejor es ver si podemos usar la energía solar, al menos para calentar agua (la energía solar térmica es muy eficiente). El resto de aparatos de gas (calefacción, cocina...) es fácil pasarlos a tipo eléctrico, informándose antes de las opciones disponibles (por ejemplo, una placa de inducción es mejor que una de vitrocerámica).

Para que el cambio sea auténticamente ecológico la electricidad de todo nuestro hogar o empresa debe estar contratada con alguna empresa de renovables (cada vez más gente se borra también de Endesa e Iberdrola). Esto nos permitirá ahorrar algún dinero (haz las cuentas), pero por encima del ahorro, nos quedamos con la tranquilidad de que nuestro dinero no va a malas manos. Además, si puedes poner alguna **placa solar fotovoltaica** en tu casa, entonces el ahorro será mayor. Recuerda que poner unos pocos paneles no tiene impuesto al sol, es barato y un paso importante para apoyar la generación con renovables de forma *distribuida*, algo básico para la sostenibilidad de nuestras ciudades.

Si este artículo consigue que un solo cliente o un accionista de Naturgy/Gas Natural deje de serlo, habrá merecido la pena, porque esa persona convencerá a otra y se formará un *efecto dominó* que tambaleará los cimientos de este *gigante* con pies de barro hasta que pare sus planes en Doñana (si no se los paran antes). Pero tengamos presente que si el proyecto es paralizado, la empresa **Naturgy/Gas Natural** no debe ser indemnizada y debe devolver todas las subvenciones recibidas. Así se hará si **España** cuenta con un gobierno que defienda el interés común de los españoles, por encima del interés de las grandes empresas. Veremos lo que ocurre, pero todo está en nuestras manos.

C.11. Los actos individuales más ecológicos: Cada vez más gente decide no tener hijos

La huella ecológica de traer un hijo al mundo en los países ricos es muy superior a dar la vuelta al mundo en avión. Puede que la comparación no sea afortunada, pero no es fácil hablar del daño ambiental de un retoño.

Los hijos, además de satisfacer en ocasiones el instinto parental, aportan sin duda experiencias únicas y enriquecedoras para la mayoría de las personas. Sin embargo, las motivaciones para **decidir no tener hijos** pueden ser muy variadas. **Mientras algunos tienen hijos sin plantearse la enorme responsabilidad que ello conlleva, otros deciden no tener hijos de forma consciente y voluntaria.** En nuestra sociedad (aún patriarcal), estos últimos a veces se encuentran con la incomprensión de su entorno. El estupor suele ser mayor si dicen abiertamente que **no quieren tener hijos por motivos ambientales**, aunque tienen sólidos argumentos avalados por la ciencia.

Recientemente más de 15.000 científicos de 184 países han firmado un manifiesto para dejar claro que "*la trayectoria actual nos llevará a la extinción*" y que debemos cambiar urgentemente. Entre sus propuestas están proteger zonas naturales, evitar la extinción de especies, reducir el desperdicio de alimentos, promover dietas con menos productos animales, fomentar las renovables y otras tecnologías no contaminantes, reducir la desigualdad… y también, en un lugar destacado, **reducir los índices de fertilidad**.

Como personas individuales, a veces nos vemos abrumados porque no podemos incidir de forma significativa en todo eso. No obstante, **cada acción cuenta** y por eso es importante medir el impacto de lo que hacemos. Un informe científico lo ha medido y concluye que entre **las seis mejores acciones individuales para el medioambiente** están las siguientes, en este orden de importancia:

1. **Tener un hijo menos:** Cada humano que viene al mundo tiene todo el impacto de todas sus acciones durante toda su vida, más el de todos sus descendientes. Por eso, esta acción es la más efectiva para reducir la degradación ambiental, ahorrando sólo en CO2 **entre 23 y 117** toneladas al año (por cada año que retrasamos su nacimiento).

2. **Vivir sin coche y sin mascotas:** El coche es sin duda una enorme fuente de contaminación. El informe calcula que ahorraremos **entre 1 y 5.3** toneladas de CO2 al año, dependiendo de la cantidad y tipo de uso que le demos al coche. Por su parte, otro informe concluye que un perro mediano consume más recursos naturales que un 4×4, y un gato lo mismo que un utilitario. Esos datos sólo cuentan la alimentación del animal y el mantenimiento anual del vehículo (no otros gastos, como su fabricación).

3. **Dejar de volar:** Los aviones contaminan muchísimo más que el coche, pero también se usan menos. Podemos ahorrar hasta **2.8** toneladas de CO2 **por cada viaje** (no por año, aunque puede ser menos en viajes cortos).

4. **Comprar energía renovable:** Esto es posible en toda Europa, pero mucha gente no se cambia de compañía por comodidad, ignorando que es muy sencillo y muy seguro. Con esto podemos dejar de emitir hasta **2.5** toneladas de CO2 al año.

5. **Tener una dieta principalmente vegana:** Aunque uno no sea estrictamente vegano, reducir el consumo de carne y pescado en la dieta puede suponer ahorrar hasta **1.6** toneladas de CO2 al año, además de la tranquilidad de generar menos sufrimiento animal y de presionar menos los ecosistemas naturales.

6. **Usar coche eléctrico o compartido:** Usar coche no es fácilmente sostenible (sea el coche que sea), pero usándolo con sensatez y austeridad, podemos ahorrar hasta **1.1** tonelada de CO2 al año.

La lista continúa con otras acciones menos decisivas, tales como instalar paneles solares en casa, comprar productos eficientes, evitar el despilfarro de comida, reducir el consumo en general, reciclar, comer productos locales, ahorrar agua, evitar transportes innecesarios, *compostar* la basura, difundir la conciencia ambiental, etc. y otras cosas como las que propone nuestra Cadena Verde, o nuestras cinco cosas sencillas que están mejorando mucho el mundo.

Las comparaciones son, a veces, sorprendentes. Por ejemplo, aunque defendemos el reciclaje de forma taxativa, es bueno saber que **dejar de tener un hijo es unas 400 veces mejor que reciclar** y **una dieta vegana es al menos cuatro veces más efectiva que reciclar y ocho veces mejor que cambiar las bombillas por otras más eficientes**. Y eso sólo desde el punto de vista del CO2, sin tener en cuenta otros factores, como antes hemos dicho.

En un artículo de Javier Rico (Ballena Blanca 12, 2017) una pareja le confesaba que: "*El mejor regalo que le podemos hacer a nuestro hijo es no traerle a este mundo tan deteriorado; (...) lo consideramos irresponsable para el crío y para el planeta*". Aunque decidir no tener hijos es algo personal, los datos dicen que **la natalidad baja en cuanto aumenta la cultura y la igualdad entre hombres y mujeres**. O sea, cultura e igualdad no son sólo cuestión de inteligencia y justicia, sino que son importantes para el medio ambiente.

El actor **José Coronado** declaró en una entrevista: "*Le digo una cosa: si tuviese otra vida no tendría hijos. Se lo digo así de categórico. Creo que lo piensa el 99% de los padres. Pero no es políticamente correcto decirlo*". Por otro lado, la actriz **Clara Lago** nos hablaba en nuestra entrevista de la importancia de ser veganos y recalcaba que "*como consumidores, tenemos que ser conscientes del poder que tenemos*".

Es evidente que **el inmenso deterioro ambiental tiene muchas causas**, pero también está fuera de toda duda que cuantos más humanos habiten el planeta, más complicado será alcanzar la sostenibilidad. Por supuesto, el problema no es traer hijos al mundo, sino traerlos en una **sociedad insostenible** y enseñarles a vivir de forma *insostenible*. Por eso, tenemos que alegrarnos cuando bajan los índices de natalidad. Preocuparse por la ausencia de jóvenes (con el burdo argumento del sostenimiento de las pensiones o del envejecimiento poblacional) se ha demostrado que es absurdo y xenófobo.

Igual que no podemos poner "precio" a lo que vale un hijo, tampoco podemos medir su "huella ambiental", pero ya que podemos decir que un hijo vale mucho, también podemos decir que su impacto ambiental es muy alto. Aunque no se hable de esto, no deja de ser cierto.

C.12. Destruir autopistas o ponerles peaje: ¿Es ecológico usar las autopistas de peaje?

La aversión ecologista a las autopistas de peaje (de pago) **se debe a no querer dar dinero a una causa tan sumamente destructora y contaminante como es una autopista**. Sin embargo, ese análisis es simplista y puede tratarse con mayor profundidad (aunque lo más importante se dirá en las conclusiones finales).

Reflexionar sobre este asunto es necesario en España, país de records en infraestructuras de transporte mal planificadas (hay más aeropuertos que en Alemania, algunos sin usarse).

La ventaja de las autopistas es, casi exclusivamente, que permiten **correr más de forma más segura**. Para usar una autopista de peaje hay que valorar si la alternativa supone recorrer muchos más kilómetros (con el consiguiente mayor gasto en tiempo y combustible). Otra ventaja (para algunos) es que **en las autopistas de peaje hay menos radares de la policía** y los que hay, suelen estar bien señalizados. De hecho, muchos aprovechan las autopistas de peaje para correr más de lo legal.

Más aún, a veces, cuando se construye una autopista de peaje como alternativa a una autopista anterior, en la antigua autopista ponen más restricciones de velocidad y más radares, para forzar a pagar el peaje al que quiera correr sin tanto riesgo a ser multado. Ese es el caso, por ejemplo, de la **autopista de Las Pedrizas** entre el puerto de ese mismo nombre y la ciudad de Málaga.

Los **inconvenientes de las autopistas**, por otra parte, son múltiples:

- **Deforestan y arrasan gran cantidad de territorio**.
- **Dividen bosques y ecosistemas en dos separando poblaciones** de especies y evitando su cruce biológico, lo cual reduce las posibilidades de supervivencia de cada grupo a ambos lados de la autopista. Más grave aún es cuando recursos tan importantes como el **agua** quedan solo en un lado de la autopista. Algunas autopistas cuentan con puentes para la fauna, pero son aún muy raros a pesar de que deberían ser obligatorios (especialmente cuando atraviesan ciertos ecosistemas naturales).
- **Multitud de animales mueren atropellados** a pesar del vallado (desde insectos hasta pequeños mamíferos, reptiles, anfibios…). Al aumentar la velocidad, los atropellos son inevitables.
- La mayor velocidad supone mayor **contaminación acústica** y mayor **contaminación por** gases contaminantes. Esto depende, por supuesto, del tipo de conducción, pero en general, a mayor velocidad mayor contaminación por kilómetro.
- Muchas autopistas de peaje generan tan **pocos ingresos** que el Estado las rescata para evitar pérdidas a sus "*amigos*", a los que les permitió construirlas sin justificación. Este es otro ejemplo de cómo el dinero público pasa a manos privadas en España: Al menos perderemos 3.700 millones por las autopistas mal planificadas.

Nuestras alternativas son claras:

1. Evitar hacer una autopista donde no esté totalmente justificada. En España, por ejemplo, ya no se deben construir más. Hay demasiadas y algunas sin justificación. Hacer autopistas incita a usar más el *insostenible* coche *privado*. Incluso, algunas autopistas deberían ser destruidas (como parte del necesario decrecimiento).

2. Casi todas las autopistas debieran tener peaje, con ciertas condiciones. Esto no implica privatizar autopistas. Poner peaje puede ser impopular, pero tiene una explicación razonable:

- ○ El peaje se usará (de por vida) para mantener la autopista y para **restaurar** (de alguna forma) **todo el daño ambiental que provocó su construcción** (construir puentes para la fauna, programas de fomento de la biodiversidad, reforestación...). Por supuesto, en caso de empresas privadas éstas podrán además obtener beneficios, auditadas por el gobierno, sin menoscabo de sus obligaciones ambientales.

- o Deberían librarse del peaje las circunvalaciones de las ciudades, ciertas autopistas de especial interés, vehículos de transporte colectivo y los transportes de bienes básicos.
- o No es justo que todos los ciudadanos paguen de su bolsillo el mantenimiento de las autopistas interurbanas cuando sólo una mínima parte de la población las usa *cotidianamente*. Si el costo de usar una autopista lo paga el que la usa, muchos se pasarán al transporte colectivo.

3. Fomentar carreteras de 3 carriles alternando el uso del carril central: La carretera que minimiza daños a la Naturaleza y molestias a los conductores es aquella que tiene numerosos tramos de 3 carriles alternando el carril central para cada sentido (para facilitar adelantamientos). Puede que estas carreteras no sean tan rápidas como las autopistas pero son mucho más baratas y generan menos daños ambientales. Y la fauna también agradece puentes en este tipo de vías.

Todo lo dicho puede parecer absurdo si coincidimos todos en que **el coche privado no es, ni de lejos, un medio de transporte ecológico**, ni aunque sea **100% eléctrico**. Ya hemos tratado eso en este blog.

Por otra parte, es evidente que los ecologistas deben evitar usar coches privados, para evitar emisiones contaminantes, pero **mientras no se restrinja el uso de coches privados *para todos* no avanzaremos lo suficiente**.

No hace mucho, a propósito del caso de Leonardo Dicaprio, llegamos a la conclusión de que "*los problemas ambientales no se van a resolver por los buenos actos altruistas de un puñado de ecologistas*". Por tanto, son necesarias "leyes ambientales adecuadas" y una "fiscalidad ambiental" que desincentive destruir la Naturaleza, nuestra casa común. En esa "fiscalidad ambiental" deben entrar los peajes de las autopistas. Mientras nos acercamos a ese modelo, aquí hemos propuesto tres medidas que nos permitirán aumentar nuestra sostenibilidad en materia de transporte por carretera.

C.13. EXAMEN: ¿Es tu ciudad sostenible?

¿Qué podemos y debemos hacer los habitantes de las ciudades ante los problemas ambientales que nos amenazan? Estos problemas no son algo lejano, sino que nos afectan directamente. Por ejemplo, el cambio climático está aumentando, el nivel del mar sube más rápido de lo que se pensaba, la contaminación atmosférica nos enferma y nos mata... y entre todos, aunque no de igual manera, arrasamos ecosistemas que sabemos que son valiosos (con autopistas, canteras, minas, puertos, edificios...).

Te invitamos a **poner nota a tu ciudad de cero a diez en cada uno de los diez puntos siguientes**. Luego calcula la media sumando todos los puntos y dividiendo entre **diez**. Así podremos ver (más o menos) si tu ciudad es "sostenible". ¡Empecemos!

¿Cómo serían las ciudades sostenibles?

1. Ciudades con suficientes parques y árboles, que huyen de las talas y de las podas, que hacen la ciudad bonita y habitable respetando su biodiversidad. Golondrinas, murciélagos o cigüeñas, entre otros, deben ser siempre animales bienvenidos. Debe haber zonas verdes cerca de las viviendas, árboles en sus calles y parques ecológicos. Este tipo de parques priorizan las plantas autóctonas, evitan usar peligrosos fitosanitarios como el glifosato, abonan con compost, incluyen *hoteles* para bichos y zonas para flora salvaje, entre otras medidas. También deben fomentarse los jardines verticales, los **huertos urbanos** comunitarios, y las pequeñas parcelas para alquilar.

2. Ciudades que generan energía renovable distribuida: Debe fomentarse la energía solar, tanto fotovoltaica como para agua caliente (de hecho, **calentar agua con el sol** es cinco veces más eficiente). Las cubiertas de los edificios son lugares ideales para las energías renovables, pero también para los techos verdes y para los huertos urbanos. También se está extendiendo la generación de electricidad introduciendo pequeñas turbinas en las conducciones de agua, donde sea posible (Portland genera así la electricidad gratis para unos 150 hogares). Las ciudades no deben ser solo consumidoras de energía. ¿Fomentan las administraciones locales todo esto? También podemos incluir en este punto que los ciudadanos, las empresas y las administraciones de la ciudad tengan su contrato en eléctricas que suministran energía renovable 100%.

3. Ciudades bien diseñadas y cohesionadas: Los barrios deben tener todo lo que la gente necesita (trabajo, compras, ocio, colegios, ambulatorios…). Separar estas zonas nos obliga a usar más el transporte, con la consiguiente pérdida de tiempo y energía. Para evaluar este punto reflexiona con estas preguntas: ¿Puedes ir a los lugares de ocio y hacer la compra básica andando o en bicicleta? ¿Hay barrios en tu ciudad con población envejecida? ¿Hay barrios marginales? ¿Hay mucha desigualdad (diferencias entre ricos y pobres, entre hombres y mujeres, entre distintas razas…)? ¿Hay gentrificación?

4. Ciudades con transporte sostenible y que facilitan la vida a los peatones y a los ciclistas:
- Si la ciudad está bien diseñada, las zonas peatonales serán lugares agradables y los carriles bici serán útiles. Un ejemplo es Pontevedra, un paraíso sin coches, sin ruido y donde es oyen los pájaros.
- Señalizar la distancia a pie entre sitios emblemáticos y facilitar el alquiler de bicicletas fomentan la sostenibilidad. Pensemos que usar la bicicleta en la ciudad es saludable y, por tanto, ayuda a reducir gastos sanitarios.
- **Facilitar el uso del transporte colectivo:** No basta con que el transporte público esté bien diseñado en rutas, sino que ha de ser razonablemente barato, tener la posibilidad de trasbordos gratuitos y de poder montar la bicicleta (aunque sea en el exterior de los autobuses o en vagones específicos).
- **Limitar el uso del coche privado:** En **Copenhague** se usa mucho la bici porque es la forma más cómoda de llegar a todos los sitios y no porque los daneses quieran estar en forma o pasar frío. Está demostrado que cuando el coche no puede usarse para ir a cualquier lugar, la gente toma alternativas y se acostumbra a dejar el coche aparcado. Ya que el coche eléctrico está ganando la batalla, las ciudades también deben instalar *electrolineras*, pero sin perder el objetivo principal: diseñar la ciudad para bicicletas y peatones (y no para coches).

5. Ciudades fomentando la economía circular, local y sostenible: No se trata solo de reciclar, sino de fomentar los envases reutilizables, de que los puntos limpios faciliten reutilizar lo que allí llega, así como de establecer mecanismos para que los productos locales, se queden en la región y no tengan que viajar lejos. También es muy necesario que la ciudad convierta en compost sus residuos biodegradables y que sea fácil deshacerse de cosas como el aceite usado o las pilas eléctricas (aunque lo único realmente ecológico es no usar pilas desechables).

6. Ciudades limpias y sanas: Aquí distinguimos cuatro temas:

- **Limpieza:** No se trata de limpiar mucho sino de que los ciudadanos entiendan que es mejor no ensuciar su ciudad. También hay que entender que las hojas de los árboles no son suciedad y que quitarlas con máquinas sopladoras contamina en exceso. Hay tipos de aceras que requieren más gasto en agua y detergentes (por ejemplo, el blanco es peor que el tradicional gris). ¿Hay colillas o plásticos por el suelo? ¿Se depuran bien las aguas residuales?
- **Contaminación:** Aquí habría que estudiar si hay industrias contaminantes en la ciudad o demasiado cerca, así cómo si hay medidores públicos con distintos tipos de contaminantes ambientales.
- **Salud:** La salud está muy vinculada al lugar donde vives: en nuestra salud influye más nuestro código postal que nuestro código genético. Así, algunas ciudades facilitan el ejercicio de muchas formas: creando lugares apropiados o con sesiones de gimnasia en grupo para todas las edades en sitios públicos. ¿Se fuma en la calle aunque llegue el humo a la gente cercana? ¿Hay excesivo ruido de tráfico, gente...? ¿Tiene el agua de grifo calidad suficiente?
- **Comida:** ¿Qué comida se sirve en los colegios? ¿Hay restaurantes vegetarianos por los barrios? ¿Es fácil comprar alimentos ecológicos y de producción local? ¿Resulta más fácil comer una hamburguesa que un plato de legumbres? El **Pacto de Milán** unió a muchas ciudades con el objetivo de fomentar una alimentación sostenible: reducir el consumo de carne y el despilfarro de alimentos, aumentar los mercados y facilitar los productos frescos, etc.

7. Ciudades que ahorran electricidad y recursos: Aquí podemos incluir cientos de temas e ideas, como por ejemplo:

- Antes de poner un semáforo, hay que pensar si una rotonda es mejor (además de mucho más barata).
- Antes de poner farolas, hay que pensar en cuántas poner, cómo ponerlas y cuándo encenderlas (no como hace Málaga, un ejemplo de contaminación lumínica y despilfarro).
- Se ahorra dinero contratando la electricidad municipal con alguna empresa de electricidad 100% renovable, o incluso comprándola directamente en el mercado mayorista (el ayuntamiento de Rivas-Vaciamadrid ahorra 400.000 euros al año de esta forma).
- Ofrecer agua potable usando fuentes públicas y que los restaurantes y comedores ofrezcan agua sin tener que pedirla (ambos son objetivos de la UE y ya es obligatorio, por ley, en muchas partes de España, como Andalucía, Navarra, Baleares...). También podemos incluir aquí si la ciudad tiene planes y conciencia para minimizar el consumo de agua.

- ¿Hay lugares para reparar lo que se rompe, sea lo que sea (ropa, pequeños electrodomésticos…)? ¿Hay sitios para comprar o intercambiar cosas de segunda mano?

8. Ciudades que respetan su herencia cultural y natural: ¿Crecen en tu ciudad los restaurantes de "comida rápida despilfarrando envases de un solo uso"? ¿Es fácil encontrar comida fresca y local? ¿Se respetan las playas, los ríos… en definitiva, los monumentos naturales y los artificiales? Por ejemplo, el río Manzanares en **Madrid** pasó de ser un río medio muerto a ser un río lleno de vida para peces, aves… En contraposición, aunque la desembocadura del Guadalhorce está protegida en **Málaga**, el ayuntamiento destroza Arraijanal, un reducto de costa natural que aún se mantiene sin cemento.

9. Ciudades que usan el suelo eficientemente y que no crecen sin medida: No está justificado quitar espacio a la Naturaleza cuando la ciudad tiene muchos pisos vacíos o edificios en ruinas. Hay que evitar que las ciudades crezcan a lo ancho y se pudran por dentro. El **ayuntamiento de Málaga**, por ejemplo, ha sido acusado de querer despoblar el centro.

10. Ciudades integradoras, amigas de los extranjeros y de los refugiados: Si nos pusiéramos en la piel del inmigrante y del refugiado, entenderíamos porqué vienen y de qué huyen. Por otra parte, una mala planificación puede generar también ciudades turísticas incómodas para sus habitantes, lo cual produce la llamada "*turismofobia*". Las políticas municipales pueden hacer mucho para que la integración sea enriquecedora para todos.

Si tras calcular la nota media entre los puntos anteriores, la nota sale por debajo de 7, debes escribir a tu ayuntamiento mandando este artículo y demandando lo que consideres pertinente. Que lo sepan. También, por favor, **pon un comentario** con tu ciudad y la nota que ha obtenido.

Nuestra ciudad la hacemos los ciudadanos. No toda la responsabilidad la tienen los ayuntamientos y no olvidemos que ellos hacen lo que los ciudadanos les dejan hacer.

C.14. Lista de empresas que deben ser multadas y boicoteadas (HAZLO VIRAL)

El economista Jeffrey Sachs dijo que los **17 Objetivos de Desarrollo Sostenible (ODS)** pueden ser la respuesta a la desigualdad, el cambio climático, el desempleo… y esa ristra de graves problemas a los que nos tenemos que enfrentar ahora y, con más fuerza aún, en un futuro cercano. También propuso crear una lista de compañías dañinas para la humanidad y el medio ambiente y boicotearlas.

El poder de la gente unida es enorme. Cada acto de "comprar" tiene su influencia. **Cuando compras estás apoyando a una empresa y todo lo que ella hace.** Por eso, boicotear una empresa es una forma directa de decirles que quieres que cambien.

Vamos a dar una **lista de empresas dignas de ser multadas y boicoteadas** (por la información disponible). Ciertamente, a veces no hay leyes suficientes para **multar** a empresas que abusan en lejanos países, donde la legislación y los controles son menos estrictos. En esos casos, lo que hay que exigir es leyes que obliguen a las empresas que operen en Europa cumplir un mínimo respeto en los demás países donde actúen. Esta lista no es exhaustiva, pero es un buen comienzo para plantearnos **a quién no debemos dar nuestro dinero:**

C.14.1. Nestlé

Nestlé es, posiblemente, la empresa más boicoteada del mundo, por múltiples motivos, tales como, usar aceite de palma, usar esclavitud infantil, usar transgénicos, abusar de los agricultores de países pobres, apropiarse de agua pública… Es una empresa tan fuerte y con tantos productos, que parece que los boicots no le afectan, pero es un gigante con pies de barro, porque el poder no lo tiene esta empresa, sino sus clientes. Como muestra mira esta recogida de firmas mundial para pedirle que cumpla sus propios compromisos respecto al origen de su aceite de palma: Firma AQUÍ.

C.14.2. Endesa y otras eléctricas españolas

Endesa es la cuarta empresa más contaminante de la UE y la primera de España, con gran diferencia respecto a las siguientes: **Gas Natural**, **EDP**, **E.on** e **Iberdrola**. Todas estas empresas tienen las dos peores formas de producir electricidad: centrales nucleares y de carbón. Por poner un ejemplo, la central eléctrica de **Carboneras** (Almería) hace también de Endesa la peor empresa de Andalucía y de Carboneras la localidad más contaminada. Estas empresas saben que están provocando el cambio climático, contaminación a corto y largo plazo y miles de muertes anuales. Lo más curioso es que es muy simple dejar de ser cliente de estas pérfidas compañías eléctricas, pues ya hay empresas más pequeñas que suministran energía **100% renovable** de forma garantizada y más barata: Resuelve aquí tus dudas. Cambiar de compañía eléctrica a una de renovables es una de las cinco cosas sencillas que están mejorando el mundo. Contra Gas Natural existe la campaña #ApagaGasNatural.

C.14.3. Inditex, el imperio de Amancio Ortega

Inditex (*Zara, Pull&Bear, Massimo Dutti, Bershka, Stradivarius, Oysho, Uterqüe…*) es una empresa española muy criticada por sus malas prácticas en lejanos países. Lo demuestran demasiados documentales (como el de Jordi Évole), informes (como el de Setem Ropa Limpia) o libros (como el de Carro de Combate). **Amancio Ortega** amasa una ingente fortuna, sostenida por el sufrimiento y la injusticia lejos de sus ojos. La aberración se sublima ante la evasión fiscal descarada y desmedida, y ante la indiferencia de quienes deberían denunciar, controlar y legislar para evitar esta falta de ética que, a veces, es incomprensiblemente *legal*. Así, las donaciones del Sr. **Ortega** no son, obviamente, actos altruistas, sino de simple lavado de imagen e ingeniería fiscal.

C.14.4. McDonald's, Burguer King… y otros burguers

Que estos sitios venden comida basura lo saben bien todos sus clientes, y más tras reconocer la **OMS** que ciertas carnes son cancerígenas. También saben sus clientes la ingente cantidad de residuos que generan: vasos de plástico con tapadera, cajas para las patatas, sobres de ketchup… todo en envases de un único uso. Lo que ya no es tan común saber es que usan mucho aceite de palma, que son causa directa de la deforestación tropical, y que los animales son, en general maltratados y alimentados masivamente con soja transgénica. Tampoco se sabe mucho de las pésimas condiciones en las que trabajan los que fabrican los *micro juguetes* que regalan con sus hamburguesas, ni el enorme daño ambiental que genera la producción de carne.

C.14.5. Shell, la peor petrolera de la historia

Shell es una empresa petrolera sin ningún tipo de escrúpulos, con una larguísima lista de abusos y atrocidades (asesinatos, contaminación, mentiras…). Comprar gasolina de esta petrolera es contribuir a sus desmanes, en los que el CO2 es ya lo de menos.

C.14.6. Coca-Cola, burbujas azucaradas que esconden desastres

Empresa líder en el sector de las bebidas ultra-azucaradas, ha sido descubierta pagando para ocultar los daños que el azúcar provoca en la salud. Sus directivos han decidido producir multitud de envases no retornables (plásticos, latas…), lo que conlleva una gran contaminación asociada a su fabricación, transporte y reciclado (cuando se recicla). En España, **Coca-Cola no quiere implantar el** sistema SDDR que permitiría aumentar el reciclado y evitar que toneladas de sus envases acaben en el mar o en las montañas. Pero probablemente, lo más grave es que **Coca-Cola está entre las empresas más contaminantes del Planeta** (contaminando agua, aire…) y que genera conflictos por el abuso de acuíferos por todo el mundo (El Salvador, India…). Todo esto se evitaría si bebiésemos más agua (del grifo) y otras bebidas locales, que no hagan que el dinero emigre al país más rico del mundo. Recientemente hemos sabido que los partidos políticos **PP** y **Ciudadanos** han sido *convencidos* por el lobby del azúcar para hacerles pagar menos impuestos, a costa del dinero y la salud del ciudadano corriente.

C.14.7. Kellogg's

Kellogg's utiliza gran cantidad de aceite de palma en sus productos, y para ello también usa esclavitud infantil según **Amnistía Internacional**. También está entre **las empresas más contaminantes del Planeta** y nunca ha rechazado usar cereales transgénicos.

C.14.8. Banco Santander y banco BBVA

Son 19 los bancos que, junto a otras empresas, han sido descubiertos por sus inversiones sucias en empresas armamentísticas. Pero el **Banco Santander** y el **BBVA**, además de encabezar la lista de los mayores inversores en la industria de la guerra, han sido también descubiertos por beneficiarse y fomentar el inmenso fraude que suponen los paraísos fiscales (lee aquí un resumen sobre esos *paraísos*). Es cierto que la ética es difícil en los bancos, pero hay grados y, sin duda, estos hechos son intolerables. Sorprende también que esto lo haga un banco que se ha llevado mucho dinero público, y no nos referimos a **Bankia** (que tampoco tiene ética en sus inversiones) sino a **BBVA**.

C.14.9. Otras empresas que usan aceite de palma con esclavitud infantil

En el informe de **Amnistía Internacional**, además de **Nestlé** y **Kellogg's**, están otras conocidas marcas como el dentífrico **Colgate-Palmolive**, los cosméticos **Dove**, helados **Magnum**, la sopa **Knorr**, **KitKat** (que es de Nestlé), el champú **Pantene**, **Ariel**, y **Pot**, junto a compañías como **Noodle**, **Unilever**, **Procter & Gamble**, **AFAMSA**, **ADM**, **Elevance**, y **Reckitt Benckiser**.

C.14.10. Malas empresas según el tipo de tus preocupaciones

1. Si lo que te preocupa es la destrucción del medioambiente, algunas de las empresas más contaminantes son las siguientes, según un informe de Oxfam: **Coca-Cola**, **Danone**, **Nestlé**, **PespiCo**, **Kellogg's**, **Mars**, **General Mills**, **Mondelez**, **Unilever** y **Associated British Foods**. Otros trabajos señalan como "terroristas ambientales" a empresas como Bayer, HSBC, BBVA, Santander, Benetton, British Petroleum (BP), Calvo, Canal de Isabel II, Continental, Endesa, Nestlé, Pescanova, Repsol YPF, Sol Meliá, Shell, Suez, Syngenta, Telefónica, Unilever o Unión Fenosa (que es de Gas Natural, la empresa que destruye Doñana).
2. Si lo que te preocupa son las empresas que defraudan en paraísos fiscales, deberías evitar prácticamente todas la **empresas del IBEX-35**, así como muchas grandes multinacionales, como son, **Google**, **Apple**, **Ikea**, **McDonalds**, **FIAT**, **Starbucks**, **BASF**... e **Inditex**, como ya se ha indicado.
3. Si te preocupan las empresas que maltratan a los animales, debes evitar todo lo relacionado con zoos, acuarios, circos y laboratorios con animales y, por supuesto, las granjas. Laurel Braitman demuestra que todos esos lugares son cárceles que enloquecen a los animales. Además de todas las grandes industrias cárnicas y de comida rápida americana, podemos concretar algunas empresas de cosméticos e higiene como **Revlon**, **Avon**, **Mary Kay**, y **Estee Lauder**, que han sido denunciadas por probar cruelmente sus productos en animales. En otro informe también han sido denunciadas H&S, Herbal Essences, Pantene, Wella Professional, Olay, Max Factor, **L'Oreal** (Garnier, Kerastane, Lancaster, Biotherm, Giorgio Armani, Ralph Lauren, Cacharel, Diesel, YSL, Vichy...), y muchas más.
4. Si te preocupan las empresas que abusan de sus trabajadores, además de **Inditex**, debes tener cuidado tanto con marcas de ropa barata como cara (**Primark**, **Mango**, **Desigual**...). En particular, **Nike**, **Adidas** y **Puma**, son grandes empresas de material deportivo que pagan en países pobres salarios de esclavitud, incluso a niños. Año tras año, escándalo tras escándalo, estas marcas consiguen que la gente mire para otro lado. Y su respuesta siempre es que eso es cosa del pasado, pero en el pasado, también dijeron lo mismo.

C.14.11. ¿Puede haber una gran multinacional ética?

Vemos que las empresas de la lista anterior **son, sin excepción, grandes multinacionales**. En teoría, las grandes empresas pueden comportarse éticamente, pero en la práctica es muy complicado, porque la ética frena el crecimiento de la empresa dificultando el llegar a ser una gran multinacional.

Por su parte, las pequeñas empresas tienen menor potencial de hacer daño y menor posibilidad de saltarse las leyes, así como de "comprar" a políticos y jueces. Este es otro motivo más para consumir productos locales (lo cual es *otra* de las cinco cosas sencillas para mejorar el mundo).

La lista anterior es una pequeña muestra de empresas que es mejor evitar. Es cierto que los consumidores tenemos mucho poder, pero también es cierto que no podemos confiar en que los problemas se solucionen por el consumo responsable de una minoría: Para eso precisamente estamos pagando a un buen número de políticos.

Boicotear a una empresa es mejor que nada, pero la auténtica lucha es hacerle llegar a los políticos que no les votaremos si no hacen bien su trabajo. Y su trabajo es, entre otras cosas, controlar a estas empresas.

C.15. Dos Erres URGENTES: Renta básica y Reducción de la jornada laboral

Examinemos **tres grandes problemas** a los que nos enfrentamos los humanos y que están empeorando a nivel global:

1. **Falta de empleo:** Esto conlleva pobreza y desigualdad social, lo que genera otros problemas (violencia, desestructuración, desahucios, crisis, migraciones...).
2. **Crisis ambiental:** Cambio climático, contaminación, agotamiento o destrucción de recursos naturales... que agrava el problema anterior.
3. **Una población creciente y descontrolada** (superpoblación): Esto agrava los dos problemas anteriores, además de aumentar el riesgo de pobreza y de migraciones masivas.

Hay, además, otros problemas muy urgentes e importantes, pero los tres citados están íntimamente relacionados y hay que afrontarlos de forma urgente. Así, nos planteamos estas preguntas:

1. ¿Cómo vamos a generar empleo en un mundo con una población creciente, con migraciones masivas y con crisis ambiental?
2. ¿Cómo vamos a reducir la pobreza y la desigualdad generando empleos en una sociedad cada vez más mecanizada, donde la mano de obra es cada vez menos necesaria y más abundante? (como ya dijo De Jouvenel).

A nivel global será muy complicado que los países generen empleo al ritmo demandado y, de hecho, lo más probable será que se destruya empleo. También es evidente que a todos nos interesa una sociedad sin pobreza y sin grandes desigualdades. Sin embargo, vamos justo en la dirección contraria (en España lo avisa la OCDE).

Por tanto, hay que tomar medidas urgentes y han de ser "drásticas", porque hacer lo que se ha hecho hasta ahora, vemos que ya no funciona. La solución podría ser tan simple como aplicar estas **«dos erres»** que se complementan muy bien:

1. **RENTA BÁSICA**, para reducir pobreza y desigualdad.
2. **REDUCIR JORNADA LABORAL**, para repartir mejor el trabajo.

Tengamos en cuenta que se podrían instaurar estas 2 medidas a **"modo de prueba"** durante 1 ó 2 años. Si funcionan bien, se sigue con ellas, y si no, se abandonan. Es preciso, por supuesto, fijar el número de indicadores que nos permitirán valorar si funcionan o no (niveles de pobreza, desigualdad, felicidad, salud, educación, endeudamiento, fraude, respeto ambiental... o el IPG).

Examinemos con algo más de detalle estas «**dos erres**»:

1. La RENTA BÁSICA o GRATUIDAD: **La Renta Básica es un sueldo** que recibiría cada ciudadano mayor de edad, por el mero hecho de pertenecer a un país y vivir en él. Podría ser muy pequeña (inferior al salario mínimo), pero que al menos permita una mínima subsistencia. Hay quienes lo consideran como justo pago por los recursos naturales que extrae el país, y que *supuestamente* pertenecen a todos. Podría también aplicarse paulatinamente, empezando por los jóvenes y mayores sin empleo, a los que la crisis golpea duramente. Algunos aseguran que las élites saben que la Renta Básica será necesaria en el futuro, pero que no interesa que se plantee, para poder ofrecer peores condiciones laborales. **Una Renta Básica hace más libres a los ciudadanos, y no genera vagos,** porque con ella no habría suficiente para mantener el estilo de vida que la mayoría de la gente desea (coche, hijos, hipoteca, estudios...). Sobre su financiación ya se ha escrito mucho (téngase en cuenta que se reducirían todos o casi todos los demás subsidios y los costosos gastos en gestionarlos, y que implica una reforma fiscal que establezca ingresos mínimos y máximos).

Las experiencias de Renta Básica han sido escasas, pero con resultados muy positivos: se reduce la violencia y la delincuencia, los jóvenes terminan sus estudios, se reduce el endeudamiento familiar, la pobreza, la desnutrición infantil, el absentismo escolar, las visitas al médico, los fraudes en el cobro de subsidios, los gastos de su gestión...

Por otra parte, si hubiera gente que se contentara con esa mínima renta básica (ascetas), habría que verlo como un favor que estarían haciendo a la sociedad, reduciendo su huella ecológica para que otros pudieran aumentar la suya.

Por otra parte, la Renta Básica podría bien sustituirse por la **GRATUIDAD de todos los servicios básicos, por supuesto con ciertos límites** (en el agua, luz...). La ventaja de este segundo modelo es que se puede controlar que esos servicios sean prestados de forma sostenible, mientras que dando dinero no podemos garantizar que se emplee adecuadamente. Un ejemplo de gratuidad bien gestionada es el caso de los libros escolares en Andalucía: son gratis, se reutilizan mientras los libros estén bien, y no se despilfarran libros por el hecho de ser gratis.

2. REDUCIR LA JORNADA LABORAL es, por otra parte, algo básico en economía sostenible y con suficientes efectos positivos: menos paro, más tiempo libre, menos explotación de la naturaleza, menos desigualdad social... Por ejemplo, la jornada de 6 horas se está extendiendo por Suecia (con igual sueldo que trabajando 8 horas).

Además, trabajando menos horas se gana productividad: Mirad lo que pasa en Alemania (el país de la OCDE con menos horas trabajadas). En España, en cambio, aumenta el número de empresas que no paga las horas extras (algo ilegal por lo que la empresa puede ser sancionada).

No podemos olvidar que la tecnología destruye puestos de trabajo, como recordó el **Papa Francisco** en su encíclica "Laudato Si". Pero eso es bueno, porque nadie puede apenarse porque las máquinas hagan el trabajo más duro. El problema es cuando ese poco trabajo queda agrupado en pocas manos y son sólo las empresas las que se benefician de los avances tecnológicos que destruyen empleo. ¿Cuántos trabajadores tendría que contratar un banco si no existieran ordenadores o cajeros automáticos? ¿Cuánto se reducirían sus beneficios?

Mientras las empresas aumentan sus beneficios de forma gigante, la sociedad percibe la mecanización en forma de **desempleo**. Mientras unos tienen más de lo necesario, otros no llegan ni al mínimo. **Si no estamos dispuestos a dejar de usar las máquinas, tenemos que reducir la jornada laboral.**

Si la gente trabaja menos horas, y gana menos sueldo, esta gente se podrá permitir menos "lujos", pero a cambio habrá otra gente que podrá acceder a puestos laborales y alcanzará, al menos un mínimo digno para vivir. Evidentemente, los que venden productos de lujo están en contra de esta medida, porque la gente comprará menos joyas, menos coches, hará menos viajes caros… pero a cambio, más gente tendrá acceso a comprar alimentos básicos y saludables como frutas, verduras, pan… Así, la solución es que esos que venden joyas, abran panaderías cuando les vaya mal el negocio.

Sabemos que tocar el "**poder adquisitivo**" es abrir la caja de Pandora, pero nos enfrentamos a problemas muy serios, como hemos expuesto anteriormente. Todos están a favor de trabajar menos horas cobrando lo mismo, pero no es eso lo que aquí proponemos. Lo que proponemos es bajar los salarios pero sólo un porcentaje respecto a las horas que se reduzcan (podría ser el 50%, o sea, si se reducen 10 horas semanales, reducir el sueldo de 5 horas a la semana). Pensemos que la **Renta Básica** *complementaría* el sueldo, y por esto estas dos medidas son complementarias.

Proponemos un **ejercicio global de** solidaridad, aunque sea impuesto por leyes (como es el caso de las leyes que obligan a pagar impuestos). Los **empleados** deben entender que trabajar menos horas mejorará su nivel de vida, aunque tengan que consumir menos. Los **empresarios** deben entender que, tal vez, tendrán que contratar más gente para continuar al mismo ritmo, aunque con ello aumenten sus gastos. Y **todos**, debemos entender que "repartir el empleo" es algo bueno y deseable en una sociedad sana. **Reducir la desigualdad, beneficia a todos.**

Algunos han propuesto trabajar de lunes a jueves y descansar tres días… y aunque nuestra propuesta es flexible, podría concretarse en algo como lo siguiente:

1. **Reducción de la jornada laboral:** Bajar de las 40 horas semanales, a 32 horas, lo cual puede aplicarse trabajando sólo de Lunes a Jueves (8 horas al día). Para conseguir altas tasas de igualdad, tal vez, debamos acercarnos paulatinamente a las 20 horas semanales.

2. **Reducción salarial:** Si la jornada se reduce en un 20%, el salario podría reducirse un 10% por ejemplo (nunca por debajo del salario mínimo legal).

3. **Renta Básica para los mayores de edad:** Podría empezarse con la mitad, o la tercera parte, del salario mínimo, y sólo para desempleados… Para los menores de edad no, porque el estado no debe fomentar la natalidad (el que quiera tener hijos tendrá que pagárselos).

4. **A empresas:** Exigir que se paguen las horas extras como marca la ley, facilitar la conciliación de la vida laboral y personal y exigirles un plan de **Responsabilidad Social Empresarial**. Demandar buenas condiciones laborales en toda la cadena de la empresa, incluso en las subcontrataciones en el extranjero.

5. **Favorecer el trabajo a tiempo parcial:** La reducción de la jornada laboral debería ofrecerse, al menos, para el que *voluntariamente* quiera acogerse a ella. Mucha gente preferiría trabajar menos y ganar menos, para tener más tiempo libre, o para que su empresa pueda contratar a una persona en paro. También puede verse como un interesante paso intermedio antes de la jubilación total.

En resumen, es estupendo vivir en una sociedad donde las máquinas hacen gran parte del trabajo duro, pero eso destruye empleo. Por tanto, hay que **reducir la jornada laboral** para que esta sociedad pueda ser SOSTENIBLE. A la vez, la **renta básica** garantiza una mínima subsistencia, y complementa los bajos salarios.

C.16. Cinco cosas muy sencillas que están mejorando mucho el mundo: ¿Te unes?

No es fácil ser ecologista. Pero tampoco hace falta ser muy radical para influir positivamente en el mundo en el que vivimos. **Con muy poco esfuerzo, podemos hacer mucho.** De los actos más efectivos con menos esfuerzo, destacamos cinco. Los tres dos primeros no requieren esfuerzo continuado, sino sólo algo puntual. Los dos siguientes requieren algo de esfuerzo personal o económico, pero puedes adaptar las ideas como mejor te venga. El último punto es muy general, y por eso, también muy flexible.

Veamos estos 5 actos ecológicos y cómo cambian el mundo, a mejor:

C.16.1. Poner nuestro dinero, aunque sea poco, en banca ética

El cambio puede que te obligue a cambiar domiciliaciones, pero la mayoría se hacen con una simple llamada. Puede que no podamos hacer el cambio total de banco, pero aunque sea parcial, es un gran paso. Por ejemplo, si tienes hipoteca tal vez te interese dejarla en tu banco actual y pasar lo demás a banca ética, aunque sea poco. No debes hacer el cambio porque la banca ética cobra pocas comisiones, sino porque sabrás que tu dinero será empleado de forma responsable en proyectos ecológicos, humanitarios, o sociales. Puede que ganes unos cuantos céntimos menos, pero la ética es rentable en el terreno no económico.

C.16.2. Pagar por electricidad renovable

Ya hay empresas y cooperativas que ofrecen electricidad 100% renovable, garantizada. Si no te gusta la corrupción y el "amiguismo" entre las grandes eléctricas y los gobiernos de España, cambiar tu casa o negocio a una empresa "verde" es muy sencillo y es una clara *bofetada* al sistema y a la corrupción de España. Puede hacerse por teléfono o por Internet, teniendo delante una factura para tener los datos. Es tan fácil como cambiar de compañía telefónica. Desde el momento en el que lo hagas, estarás contribuyendo a una menor contaminación, sin tener que hacer nada más.

C.16.3. Instalar placas solares ahorra dinero y contaminación

Situación actual del autoconsumo en España: No existe Impuesto al SOL para menos de 10Kw de potencia.

Tanto para **calentar agua** (térmica) como para **producir electricidad** (autoconsumo fotovoltaico), su instalación compensa. La energía fotovoltaica ha bajado tanto de precio que las grandes eléctricas están temiendo que muchos se decidan a instalar placas en sus tejados o balcones. Por eso, esas grandes eléctricas (Endesa, Iberdrola, Gas Natural…) quieren que el gobierno penalice a quien se atreva a producir su propia electricidad. Una ley de "autoconsumo" justa sería buena para toda la sociedad: Para la economía y para la ecología, pues las renovables tienen muchas ventajas y sólo dos inconvenientes. Aunque España no tiene aún una legislación muy favorable, la instalación compensa y no tiene porqué ser muy cara si no es muy grande.

Si aún con todo tu interés, no puedes instalar paneles solares (por precio, por ubicación…) siempre puedes invertir para que otros lo hagan, y sacar rendimientos económicos. Algunos llaman a esto *desobediencia* solar, pero es totalmente legal.

C.16.4. Cuidar lo que tú comes: Aquí resaltamos 3 puntos:

- **Plantar algo de lo que comemos**: La proliferación de huertos urbanos por todo el mundo, en ciudades grandes y pequeñas, demuestra que hay interés en producir alimentos de forma descentralizada, local y de calidad. Esto redunda en menor contaminación, por fitosanitarios y por el menor transporte. También es fácil producir alimentos en nuestra casa, en una maceta en el balcón, y eso tiene un fuerte impacto en el futuro, aunque plantemos poco: Es muy fácil plantar tomates, ajos, lechugas, verdolaga, hierbabuena…

- **Comprar productos locales**: Si no podemos plantar directamente, siempre podremos comprar productos que procedan de nuestra región. Incluso aunque no sean productos ecológicos: Consumir productos locales influye muy positivamente en la reducción de contaminación global y en la economía local. Evita productos de multinacionales, que producen y venden transportando todo miles de kilómetros. Es muy complicado que una gran multinacional tenga un comportamiento ético y aquí tienes una lista de empresas que tal vez quieras boicotear.

- **Reducir nuestro consumo de carne** y pescado: Los alimentos de origen animal tienen un fuerte impacto en el medioambiente. Además del maltrato animal, la producción masiva de carne requiere un gran consumo de agua y petróleo, que produce mucha contaminación. Procuramos que los grifos no goteen para ahorrar agua, pero dejar de comer 1 kilo de carne ahorra más agua que 365 duchas. Si te cuesta hacerte vegetariano, puedes empezar por poner **un día a la semana** sin animales muertos en tu mesa. También es muy bueno procurar **que en tu comida, la carne o pescado no sea el plato principal, sino un ingrediente secundario**. Poco a poco puedes descubrir lo fácil que es sustituir la carne por otros ingredientes (legumbres, seitán…).

C.16.5. Seguir y difundir la CADENA VERDE

La Cadena Verde (Apéndice B) es una recopilación de ideas sencillas y cotidianas para mejorar nuestra relación con el planeta. Si la lees, seguro que hay algo que te animas a hacer. Si la difundes, seguro que hay algo que harán otros. La idea básica del ecologismo es consumir lo indispensable, porque cada cosa que consumimos viene de la Naturaleza.

Conclusión

Los cambios importantes deberían darlos gobiernos que velaran por el interés de sus ciudadanos más que por el interés de su partido o de las multinacionales. La realidad demuestra que demasiadas veces los gobiernos no quieren, o no pueden hacerlo. Hay cambios que dependen de los gobiernos y que como ciudadanos sólo podemos exigir. Por ejemplo, **dejar de usar el PIB (Producto Interior Bruto) como unidad para medir cómo de bien va la economía** sería algo revolucionario, porque el PIB está falseando la realidad de lo bien que va la economía.

Mientras tanto, muchos ciudadanos están cambiando su forma de actuar y su forma de votar. Las **cinco ideas** que aquí hemos resumido están ya cambiando el rumbo de nuestra sociedad, encaminándonos a una sociedad más respetuosa con la Naturaleza y con los demás.

C.17. Razones para SER VEGETARIANOS, veganos o flexitarianos

Son muchos los que ven a los vegetarianos como gente obsesionada por la salud. Sin embargo, ser vegetarianos (o veganos) es una forma más de respeto a la Naturaleza, y también una forma de respeto hacia los demás, especialmente en un mundo donde tanta gente padece HAMBRE, tanta hambre que diariamente muchos mueren por esta causa. En definitiva, ser vegetarianos o veganos es una forma de contribuir a un mundo más limpio y más justo. Tampoco es necesario ser vegetariano *estricto*. Se trata de conocer las *razones del vegetarianismo* y luego elegir libremente.

El problema de la producción y consumo de carne es de tal dimensión que está incluido entre las **cinco cosas muy sencillas que están mejorando mucho el mundo**.

Una alimentación vegetariana o vegana *estricta* puede no ser una alimentación completa, especialmente en edades de crecimiento, si se hace sin conocimiento. El buen vegetariano come gran variedad de alimentos, y admite alimentos de origen animal siempre que no haya sido necesario matar al animal, especialmente huevos y lácteos (leche, queso, yogur…). El veganismo no admite ningún alimento de origen animal (y casi siempre tampoco productos animales para otros usos: vestir, decoración…). Por otra parte, no está reñido el ser vegetariano con un consumo de carne o pescado ocasional, porque el vegetarianismo no es una religión ni tiene rígidos preceptos que cumplir (esto es recientemente conocido como *flexitarianismo*).

Hay muy fuertes argumentos para **potenciar una alimentación *principalmente* vegetariana**. En este artículo no pretendemos convencer, sino informar. Es obligación de cada uno informarse bien y elegir libremente. Estas razones son de tipo Ecológico, Animalista, Humanitario y por Salud.

Una de las personas que mejor ha entendido y expresado el "ser ecológico", Joaquín Araújo, en su libro "Ecos… lógicos, para entender la Ecología" (2000), decía que "el espectacular incremento del vegetarianismo en los países industrializados, [ha sido] identificado por los sociólogos como la más relevante demostración del aumento de la conciencia ambiental". También en esto de la alimentación se pueden aplicar estas otras palabras del mismo autor: "Nuestros actos más triviales pueden aliviar o empeorar la salud global de la tierra. Ser consecuentes de nuestro considerable poder personal y de la enorme responsabilidad que adquirimos usando recursos y energía, es el primer propósito de la ecología de la vida cotidiana". Veamos pues algunas de las razones más importantes para reducir nuestro consumo de carne.

C.17.1. Por SALUD

En Norteamérica se ingieren 132 kilos de carne anuales por habitante, en Indostán son 2 y en España son 90. La cifra española ya supera en un 30% lo recomendado por la O.M.S. (Organización Mundial de la Salud). La media mundial estaría en unos 30 kilogramos anuales.

Comer carne en exceso es malo para la salud. Todos los médicos y expertos en alimentación aconsejan una alimentación basada más en fruta, verduras y cereales que en la carne y, entre la carne la mejor es la carne de ave, por su escasa grasa. **Harvey Diamond**, en su libro "Salud y Ecología" ("*Your Heart, Your Planet*", 1990) expone los peligros de esa mala alimentación (arterioesclerosis, obesidad, colesterol...). Se da la paradoja curiosa de que un gran número de individuos de los países ricos se quejan de sobrepeso por estar sobrealimentándose y tienen "pánico" a ir andando o en bicicleta a los sitios. Es como comprar productos "*light*" para no engordar y luego subir en ascensor. Diamond propone que cada ciudadano, independiente de los demás, se proponga un día o dos a la semana de alimentación vegetariana, por nuestra propia salud y la del planeta. La solución no es hacer una dieta temporal, sino cambiar nuestra dieta y evitar un estilo de vida sedentario. En todo caso, una dieta sana no debe incluir carne roja (cerdo, vaca... cancerígena según la OMS) más de una o dos veces al mes. Y esto también se aplica a dietas infantiles, en las que hay estudios que revelan que la carne de cerdo es mala para el desarrollo global del niño.

Como añadidura, si la carne fuera criada de forma natural sería más sana, pero como los animales comen piensos artificiales, transgénicos, antibióticos y hormonas de engorde, esa carne contiene también restos que, al final, hacen engordar y enfermar al consumidor. Los pescados de piscifactoría sufren también el mismo proceso alimentario.

C.17.2. Producir carne CONTAMINA en exceso

En palabras de Araújo: "Comemos también en exceso y lo excesivo. Un solo dato: cada kilogramo de carne ha necesitado 1.000 litros de agua para formarse y otros 100 de alimentos vegetales. Un kilogramo de cereal solo precisa 100 litros y unos pocos gramos de abonos". A eso hay que añadir el mayor consumo de abonos, insecticidas, hidrocarburos... Diamond dice que "por cada hectárea de tierra dedicada al consumo humano, se dedican 20 a la alimentación del ganado". La deforestación del Amazonas es en gran parte debida a dedicar sus zonas para el cultivo de soja para piensos y el pastoreo del ganado vacuno, que luego se vende como hamburguesas en los restaurantes de comida rápida de multinacionales estadounidenses de sobra conocidas. El problema afecta a muchas más zonas. Por ejemplo, Guatemala exporta carne a EE.UU., mientras el país padece una grave desnutrición infantil y este caso no es uno aislado. "Nuestro apetito de productos animales está borrando del mapa nuestros bosques, ensuciando nuestras aguas, contaminando el aire, devorando nuestros recursos naturales y diezmando nuestras tierras".

El ecologista brasileño **Chicho Méndez** (1944-1988) fue asesinado un 22 de diciembre por defender la selva amazónica contra los ganaderos. Las palabras que nos dejó, bien merecen una reflexión: *"Al principio creí que luchaba para salvar los árboles del caucho; luego creí que luchaba por salvar la selva amazónica; ahora me he dado cuenta de que estoy luchando por la Humanidad"*. Más aún, el consumo excesivo de carne se hace insostenible al ser tantos humanos generando ese consumo: ¿Es un Problema la Superpoblación? En Estados Unidos, la mitad de las hectáreas cultivadas son para producir alimento para animales (sin contar lo invertido en la alimentación de mascotas domésticas). Para producir un kilo de carne de vaca se necesitan 16 kilos de granos y forraje. Dicho de otra forma, los vegetales necesarios para que una persona coma carne vacuna son suficientes para que 16 personas pudieran mantenerse comiendo directamente esos vegetales. Esa relación de 16:1 para la carne vacuna, varía en otros alimentos, según los científicos estadounidenses Nebel y Wrigth, como el cerdo (6:1), el pavo (4:1) o la gallina (3:1). Lea también, los 12 problemas del consumo de carne y pescado, según J. Riechmann, y unos estupendos vídeos sobre la dimensión del problema de comer carne.

C.17.3. La carne es un lujo, en un mundo HAMBRIENTO

Los datos exactos poco importan, cuando aproximadamente el 20% de la humanidad accede diariamente a un 40% más de los alimentos NECESARIOS, mientras que un 40% de la humanidad tampoco está muy sano porque ingiere un 10% diario menos de lo imprescindible. Otros casi 500 millones pasan hambre crónica. Los científicos Nebel y Wrigth resaltan que el mundo produce alimentos de sobra, pero que los alimentos "fluyen en la dirección de la demanda [económica], no de las necesidades nutricionales". Y mientras en los países ricos se tira comida, los países pobres venden a los ricos sus materias primas: café, caucho, carne, algodón, té, frutos... o cacao, a veces explotando a niños.

A esto se une lo que el economista francés **Bertrand De Jouvenel** (1903-1987) llamó la «paradoja de la carne», por la que "el desarrollo de una civilización lleva consigo el incremento de la demanda de carne" de cada ciudadano, a pesar de que "una misma superficie produce mucho menos alimento en forma de carne que en forma de cereales", lo cual conlleva un "despilfarro de espacio". Este economista resaltó que **la riqueza de los países ricos se debe básicamente a que se está explotando el mundo**. Todo lo que usamos y comemos proviene de la naturaleza y muchos avances tecnológicos han permitido explotar la Naturaleza de forma *insostenible*. Este mismo economista nos dejó unas palabras que merecen una honda reflexión:

"Tenemos motivos para invertir las prioridades, tanto más teniendo en cuenta que una gran parte de la especie humana no ha alcanzado todavía la seguridad de la propia existencia biológica. Y mientras nosotros nos compadecemos en términos abstractos de la suerte de esa gran parte de la humanidad, los buques de pesca más poderosos de los países avanzados (...) salen a la captura en sus aguas del pescado que necesitarían para la alimentación, y que va a parar a la alimentación de nuestro ganado".

C.17.4. El consumo abusivo de carne conlleva MALTRATAR a los animales

Para que la carne, el pescado o la leche sean productos baratos se maltrata a los animales (hacinamiento como mínimo), se les medica en exceso, se les administra alimento poco natural y se les engorda artificialmente, pero hay más: castración, separación de la madre y sus crías, la ruptura de los rebaños, la marca, palizas, el trauma del transporte... Esto es una práctica común en los países industrializados, porque lo que prima es producir mucho, sin importar la calidad. En ciertos casos, los ganaderos caen en la ilegalidad de utilizar medicamentos y hormonas en exceso. Los análisis revelan que en la carne y pescado que se consume hay antibióticos que muchas veces se administran sin necesidad y solo para prevenir enfermedades.

En su libro "Ética Práctica", **Peter Singer** decía que si tuviéramos en cuenta el **sufrimiento de los animales** (aunque fuera considerado como menos malo que el sufrimiento humano) "nos veríamos obligados a realizar cambios radicales en el trato que damos a los animales; estos cambios afectarían a nuestra dieta, a los métodos de cría, a los métodos de experimentación en muchos campos de la ciencia, a nuestro planteamiento con respecto a la fauna y a la caza, al uso de trampas y de prendas de piel, y a algunos lugares de diversión tales como circos, rodeos, parques zoológicos. Como resultado, se reduciría de forma considerable la cantidad total de sufrimiento provocado; de forma tan considerable que es difícil imaginarse otro cambio en la actitud moral que llevara consigo una reducción tan importante de la suma total de sufrimiento que se produce en el universo". Según este estudioso de la ética, "el dolor y el sufrimiento son malos y deberían ser evitados o minimizados, independientemente de la raza, el sexo, o la especie del ser que sufra". Tras esa conclusión también afirma que **"la carne es un lujo y se consume porque a la gente le gusta su sabor", un argumento "relativamente secundario con respecto a la vida y el bienestar de los animales"**. Así, Singer dice que "para evitar el especismo hemos de acabar con estas prácticas. Nuestra compra es el único tipo de apoyo que necesitan las granjas de cría intensiva. La decisión de dejar de darles ese apoyo puede ser difícil, pero es menos difícil de lo que fuera para un blanco del sur de los Estados Unidos ir en contra de las tradiciones de su sociedad liberando a sus esclavos; si no cambiamos nuestros hábitos alimenticios, ¿cómo podemos censurar a los propietarios de esclavos que se negaban a cambiar su modo de vida?". Suiza por ejemplo, (un país poco ético en cuanto a la banca se refiere) prohibió la cría de aves en jaulas, e incluso hervir crustáceos echándolos vivos al agua hirviendo o conservarlos vivos en hielo.

En todo caso, Singer dice que "la cuestión trascendental no es si la carne de los animales podría producirse sin sufrimiento, sino si la carne que pensamos comprar ha sido producida sin sufrimiento. A menos que confiemos que sea así, el principio de igual consideración de intereses implica que está mal sacrificar intereses importantes de un animal para satisfacer un interés menos importante nuestro". Así, en las ciudades "esta conclusión nos lleva muy cerca de un modo de vida **vegetariano**".

El argumento clave para los que atacan una dieta principalmente vegetariana es el hecho de que los animales se comen entre ellos. Pero es un argumento absurdo porque nosotros no podemos fijarnos en los animales como guía moral y, si lo hacemos para una cosa, resultará complejo justificar porqué no lo hacemos para otras cuestiones (los animales no viajan en coche...). Peter Singer resalta la necesidad de **pensar en la**

ética de nuestra dieta, concluyendo que "no se puede evadir la responsabilidad imitando a seres que son incapaces de tomar esta decisión".

Finalmente, ya sabemos algunos de los grandes problemas a los que se enfrenta la humanidad (efecto invernadero, lluvia ácida, contaminación atmosférica, problemas con el agua, extinción de especies…), y muchos de esos problemas tienen su raíz en empresarios y políticos irresponsables, que son perdonados por grandes masas de ciudadanos desidiosos, centrados en un consumismo que colabora aún más a esos desastres. Hay que tener presente que, en palabras de **Singer**, "un 38% de la cosecha mundial de cereales se destina a la alimentación de animales (…) mientras observamos con tristeza el número de niños que nacen en las partes más pobres del mundo. (…) El enorme desperdicio de cereal con el que se alimenta a los animales de granja, (…) los métodos de cría intensiva que utilizan energía de forma intensiva, (…) los fertilizantes químicos, utilizados para cultivar pienso para el ganado vacuno, los cerdos y las gallinas, (…) la pérdida de bosques (…) [algunos] talados para el ganado, (…) [que] el ganado mundial produce aproximadamente un 20% del **metano** liberado a la atmósfera" y otras muchas cuestiones que podrían añadirse, deberían hacernos reflexionar. Y sigue diciendo **Singer**: "El énfasis en la frugalidad y en una vida sencilla no implica que la ética del medio ambiente desapruebe el placer, sino que los placeres que valora no provengan de un consumo exagerado".

Todo lo dicho es solo la punta del iceberg del trasfondo. Quizás todo lo veríamos más claro si nos trasladáramos a una granja de cría intensiva y viéramos, con un poco de sensibilidad, el sufrimiento y la contaminación producida. También, entonces, deberíamos ir a las selvas tropicales arrasadas por los ganaderos y a tantos países en los que cientos de niños no pueden comer, ni cereales. Si la demanda de carne se redujera, no solo se reduciría la contaminación que produce, sino que caería su precio y el de los cereales que ahora se utilizan para alimentar a tanto ganado. También los mares son saboteados para extraer grandes cantidades de pescado que acaba alimentando ganado, en un extraño cambio alimenticio. Al final, los cuatro argumentos expuestos se resumen en que **debemos potenciar el vegetarianismo** *por nosotros, por la Naturaleza, por los demás y por los animales*.

La pregunta final no es si queremos ser vegetarianos *estrictos*, sino si somos capaces de sentirnos responsables de la influencia global de nuestros actos y de actuar en consecuencia con actos tan simples como **REDUCIR NUESTRO CONSUMO DE CARNE Y PESCADO**.

C.18. ¿Por qué los españoles pagan tanto por una gestión eléctrica desastrosa?

Se ha denunciado desde numerosos colectivos de todo tipo, pero **la política energética en España sigue siendo desastrosa**. Es la ley del más fuerte o del más corrupto. Y los más fuertes son las grandes compañías eléctricas. En tiempos del ex ministro Soria y del ex ministro Nadal la situación era peor, pero esto no se soluciona sin una ley integral. Respondamos brevemente a estas preguntas:
1. ¿Por qué pagamos tanto en España?
2. ¿Por qué contaminamos tanto en un país con tanto potencial renovable?

163

3. ¿Cómo podemos ahorrar?
4. ¿Qué debemos exigir a nuestros políticos?

C.18.1. ¿Por qué pagamos tanto en España?

El precio se debe a diversos factores, pero en España rige un **sistema llamado "marginalista"** que, simplificando, funciona de la siguiente forma. La electricidad que se consume se produce primero con las centrales más baratas (las renovables) y con la energía nuclear (que aunque no es barata teniendo en cuenta todo, al no ser una energía fácil de apagar, hay que meterla en la red pase lo que pase). Tras esas centrales, se van metiendo paulatinamente las más caras hasta llegar a las de gas. Pues bien, cabría pensar que pagamos poco por las energías que son baratas, pero no. **El sistema en España hace que paguemos toda la electricidad al precio de la central más cara**, aunque esta produzca una mínima parte. Este sistema de España se ha comparado con comprar sardinas a precio de caviar, o con ir al supermercado y pagar todos los productos al precio del más caro.

Este aspecto explica las ingentes ganancias de las tres grandes eléctricas, las cuales se llevan el 90% del mercado y ganan 10.000 euros limpios por minuto. **Es un misterio porqué la gente no se cambia en masa a empresas 100% renovables y que son, además, más baratas.**

Otro aspecto clave son las **centrales hidroeléctricas**. Son obras ya amortizadas, que usan **agua pública** y cuya producción eléctrica es extremadamente **barata**, pero sin embargo, la pagamos muy cara (por lo dicho más arriba). Los beneficios van a empresas privadas. **En España pagamos por la electricidad hidroeléctrica un 600% más de lo que cuesta**. ¿Qué industria tiene tanto margen de beneficios?

El problema de las hidroeléctricas tiene una solución sencilla. Dado que son concesiones por un determinado número de años, la solución es tan simple como no renovar esas concesiones **para las centrales que vayan caducando**. Así, el control de esas centrales (y sus beneficios) pasarían a manos públicas, con lo que se podría garantizar una mejor gestión (sin especular como han hecho Iberdrola y Endesa) e incluso abaratar el recibo de la electricidad. Si el lector tuviera una central hidroeléctrica, pagaría menos por la electricidad. Pues bien, si recuperamos las hidroeléctricas, todos podremos pagar menos, o bien, dedicar esos recursos a fines sociales, como la pobreza energética, por ejemplo. Algunos dicen que las centrales no se gestionarán bien desde lo público, pero **en España ya hay centrales hidráulicas publicas** y funcionan mejor que antes. Es obvio que no se puede evitar que las empresas privadas miren su propio beneficio antes que el beneficio de la sociedad, pero en el sector público sí se puede evitar con controles adecuados. Obviamente, la electricidad no puede ser muy barata porque la gente despilfarraría un recurso tan valioso, pero tampoco tiene sentido que esos beneficios queden en manos privadas.

Otro aspecto esencial en el recibo de la luz es la parte fija del recibo, es decir, esa que no depende de nuestro consumo o, en otras palabras, esa que tenemos que pagar, aunque no gastemos nada. **En España esa parte fija es muy alta** y, por tanto, **ahorrar electricidad no supone un ahorro económico significativo**. Se debe abaratar mucho la parte fija aunque sea a costa de encarecer la parte variable. Esto hará que ahorrar electricidad sea más interesante y que la gente perciba que reducir el consumo supone ahorrar un *buen* dinero. No se debe usar el recibo de la luz para penalizar los pisos vacíos (que pagan *a las eléctricas* esta parte fija tan abultada aunque su consumo sea cero). No es una medida justa y se pueden usar otros mecanismos (el padrón y otros datos).

Hay aún más razones por las que pagamos tanto por la electricidad en España:

- 18.000 millones de euros se han pagado a las eléctricas en concepto de "pagos por capacidad", **según Greenpeace**. El carbón y el gas se llevan casi todos esos millones. Si no sabes lo que son los pagos por capacidad, Greenpeace te lo explica en un vídeo muy breve, que además explica porqué no son necesarios.

- **Por el concepto de** interrumpibilidad pagamos unos 700 millones al año, que se llevan algunas empresas por la remota (casi nula) posibilidad cortarles la luz si hubiera exceso de demanda. En la práctica no se corta la luz por aumentar la demanda dado que España tiene exceso de centrales de carbón y gas. Esto se ha convertido en una subvención encubierta a las empresas, y algunas de ellas amenazan con cerrar y despedir a los trabajadores si se les cortan esos millones.

- **Jose M. Aznar** y **Rodrigo Rato** (este último en prisión por la estafa de las "*tarjetas black*") frenaron la subida de la luz cuando estaban en el gobierno con una idea tan absurda como aplazar el pago. Pidieron un préstamo a nombre de todos los españoles. Aún hoy seguimos pagando esa *feliz* idea. ¡Qué fácil es endeudarse cuando pagan los contribuyentes!

- Los **CTC** (Costes de Transición a la Competencia) fueron utilizados por Aznar para regalar a las eléctricas 8.663 millones. Pero además, se pagaron **3.400 millones de más** que no fueron reclamados por ningún gobierno, ni del PP ni del PSOE. En cuantía económica, esto supone el récord de corrupción en España. Aznar acabó *trabajando* para Endesa (por las puertas giratorias, no por sus grandes conocimientos en el sector eléctrico).

- Otros gastos: ayudas al carbón, demandas internacionales por los recortes a las renovables, gastos en la gestión de residuos radiactivos, gastos sanitarios por la contaminación del carbón...

C.18.2. ¿Por qué contaminamos tanto en un país con tanto potencial renovable?

Aparte de lo ya dicho, **en España no hay aún una buena ley que anime a la instalación de** energía solar para autoconsumo. Afortunadamente, ya no está vigente el impuesto al sol de **Rajoy**, pero la electricidad que los paneles de autoconsumo doméstico vierten a la red sigue regalándose, lo cual no contribuye a que se instalen más paneles solares. **La electricidad sobrante se debe pagar al precio de mercado a la hora en la que se vierte**. Con los nuevos contadores eso es muy simple y haría que se instalara más energía solar por parte de gente corriente. Muchos países ya tienen sistemas similares, como el llamado balance neto.

Aún así, ciudadanos normales ya están instalando sus paneles solares, porque con unos pocos cientos de euros basta para ahorrar dinero y ser activistas por el clima. Instalar paneles solares en tu casa es una de las cinco simples acciones que están cambiando mucho el planeta. Además, no olvidemos la energía solar térmica (para agua caliente) que ahorra mucho y no tiene los problemas de la fotovoltaica (para electricidad).

Por otra parte, las **centrales de carbón se deben cerrar con la mayor urgencia y las nucleares cuando caduquen sus permisos**, sin extender su producción ni un minuto más. Si las nucleares no generaran basura radiactiva **de millones de años** y no tuvieran riesgos tan graves, serían muy baratas. Pero no es así. **Si el antiguo Egipto hubiera usado energía nuclear, aún hoy su basura nuclear generaría costos y preocupaciones.** Si se piensa en las siguientes generaciones, la energía nuclear es una auténtica barbaridad. Alargar la vida de una central nuclear 8 años, eleva el coste en residuos 769 millones de euros. ¿Es barato? ¿Es limpio?

También se debe incrementar de forma decidida en España la **energía geotérmica**, la aerotérmica y la **eólica**, pero prestando atención para evitar sus inconvenientes (daños a las aves, por ejemplo).

C.18.3. ¿Cómo podemos ahorrar?

Hay unas medidas básicas para ahorrar electricidad:

1. **Mucha gente tiene más potencia contratada de la que necesita y eso encarece mucho la parte fija de cada factura.** El valor adecuado depende de cuánta electricidad consumas en tu hogar "a la vez". O sea, si quieres poner el horno, la lavadora, el aire acondicionado y la secadora, todo a la vez, necesitarás contratar bastante potencia, pero casi todo el mundo puede organizarse para no necesitar poner todo eso a la vez. Para un hogar normal la potencia adecuada suele estar entre 3 y 4 kW. Si en tu factura tienes más, deberías pensar si puedes bajar esa potencia. Las compañías eléctricas deberían informar de la potencia óptima para cada cliente, porque ellas lo saben.

2. **No te fíes de los comerciales de las grandes eléctricas**. Ofrecen grandes descuentos, porque suelen esconder engaños: te dicen que te rebajan un buen porcentaje, pero esconden que ese porcentaje es solo de una parte mínima de la factura o solo por unos pocos meses, por ejemplo. Hay que estar atentos porque estos comerciales están poniendo puestos en la calle o en centros comerciales.

3. **El bono social es una tarifa especial para familias en apuros**. Mucha gente no lo sabe y no lo pide. Otros reciben las ayudas sin merecerlas, como las familias numerosas de rentas altas. Las recientes mejoras son sustanciales pero tienen carencias graves como esa. Los costes se pagan entre todos (no las eléctricas, porque la justicia les dio la razón).

4. Piensa si el tipo de **tarifa con discriminación horaria** te hace ahorrar: Si consumes en horario barato al menos el 30% de la electricidad, entonces te compensará. El horario barato son 14 horas al día que incluyen el final de la tarde, la noche y la mañana, mientras que el horario caro son las 10 horas centrales del día.

5. En la Cadena Verde encontrarás más ideas para ahorrar con una vida ecológica.

C.18.4. ¿Qué debemos exigir a nuestros políticos?

La regulación eléctrica en España es pésima, llegando a extremos de *putrefacción* con los ministros Soria y Nadal (lea esos enlaces si quiere comprobar cientos de razones para esa afirmación). A pesar de todo, los ciudadanos no debemos rendirnos y hay algunas exigencias elementales que tenemos que hacer llegar a los que gobiernen:

1. Exigir **que las hidroeléctricas vuelvan a manos del Estado en cuanto caduquen** las concesiones, tal y como pidió el Observatorio de la Sostenibilidad. Además, debemos exigir transparencia en su gestión.

2. Exigir **que se reduzcan los pagos por capacidad** y los pagos por **interrumpibilidad**.

3. Exigir **que se regule bien el** autoconsumo para que se pague un precio justo por la electricidad que se vierte a la red eléctrica y para que se simplifiquen aún más los trámites de instalación.

4. Exigir **que se baje drásticamente la parte fija del recibo**, aunque sea a costa de subir la parte variable. Esto es un mecanismo que, bien empleado, puede servir para fomentar el ahorro energético y moderar la factura final.

5. Exigir **que se haga una** auditoría **y que se acaben las** puertas giratorias **y los** privilegios a las grandes eléctricas.

6. Exigir **que se cierren las centrales de carbón a la mayor brevedad y** las nucleares en cuanto caduquen.

7. Exigir **que se fomenten más las renovables**, pues como dice Javier García Breva, "la mayor participación de las renovables en el sistema rebaja los precios de la energía y la falta de renovables los encarece".

Sabemos que luchar contra el poderoso sector eléctrico en España es una lucha complicada, pero se han ganado ya muchas batallas y el "monstruo" de las fósiles y las nucleares está herido de muerte. Los ciudadanos exigen estos cambios. Sin embargo, **no tiene sentido exigir que se fomenten las renovables y estar pagando a empresas que tienen energías sucias**. En tu factura eléctrica pone el origen de tu electricidad. **Si no es 100% renovable,** cambia de empresa eléctrica (pagarás menos y no estarás contribuyendo a todos los problemas que hemos mencionado).

C.19. ¿Qué es SER ECOLOGISTA? ¿Somos Todos Ecologistas?

¿Qué persona moderadamente informada se atrevería a afirmar que no es importante respetar los ecosistemas, conservar la biodiversidad, contaminar menos, o cuidar mejor los recursos naturales? Los colectivos ecologistas y otros agentes, como algunos políticos (el Nobel de la Paz 2007, **Al Gore** o la gente de **Equo**) o actores como **Leonardo DiCaprio**, han conseguido que la ciudadanía *casi mundial* conozcan algunos de los problemas medioambientales y se preocupen por ellos: el **CC**, contaminación global, pérdida de bosques y de biodiversidad… Según esto, **¿podemos afirmar que todo el mundo es ecologista?** No. Si miramos el estado de nuestro planeta y la inminente Gran Crisis vemos que no todo el mundo es ecologista.

SER ECOLOGISTA no es sentir que la Naturaleza requiere nuestro cuidado, ni clasificarse meticulosamente, y que es algo más que reciclar, algo más que indignarse ante los problemas de nuestro Planeta, algo más que conocer *algo* del problema… **Ser ecologista ha de ser un sentimiento personal**, profundo, que influye en nuestro aspecto y actitud hacia el exterior y hacia el interior. Probablemente, uno de los que mejor han expresado el sentimiento ecologista haya sido **Joaquín Araújo** en su «Ecos… lógicos, para Entender la Ecología» (libro muy recomendable, del que puedes, al menos, leer gratis un resumen).

Teniendo un poco de ese **sentimiento ecologista** uno no puede dejar de sufrir ante afirmaciones como la de **Domingo Berriel** (Consejero de Medio Ambiente de Canarias): «*hoy el movimiento ecologista tiene menos función que antes, en cuanto que en la mayoría de la conciencia de los ciudadanos ya está la sostenibilidad; prácticamente todo el mundo es ecologista por convicción*» (La Opinión de Tenerife, 24-10-2010). Nos gustaría que tuviera razón, pero la realidad se impone y demuestra, cada día, que es falso. Los logros del movimiento ecologista demuestran, por desgracia, que el ecologismo es más que útil, necesario. Resulta sorprendente que el ecologismo consiga tantos logros con tan pocos recursos… miles de ciudadanos aportan una pequeña cuota para hacer realidad la defensa medioambiental por la que deberían velar los gobernantes.

Entonces… ¿qué es **SER ECOLOGISTA** realmente? ¿hay que plantar árboles para ser ecologista? ¿No se puede usar el coche? ¿Hay que vivir en una caverna? ¿No puede uno tener muchos pantalones para ser ecologista? ¿Hay que elogiar lo viejo? ¿Hay que ser vegetariano o vegano? ¿Hay que ducharse con agua fría (al menos en verano), o basta con usar energía renovable? ¿Pueden usarse abonos químicos para las macetas? ¿Y comprar kiwis o piñas sabiendo que vienen desde muy lejos? ¿Basta con ser socio o voluntario de una ONG ambiental?… Son preguntas para las que no hay una respuesta unánime y clara, ni dentro del ecologismo.

El auténtico ecologista es (probablemente) **el que no para de hacerse ese tipo de preguntas**, y de modificar su respuesta y actitud, avanzando siempre hacia un **sentimiento** de mayor **respeto hacia TODO**. Continuamente hay que preguntarse de dónde viene y a dónde va todo lo que usamos, y cómo podemos mejorar nuestras relaciones con los demás, y con lo demás. No podemos conformarnos con lo superficial, sino que hay que ir a la raíz de las cosas y de los problemas, evitando la «cultura ambientador», y buscando una auténtica transformación individual para, desde ahí, influenciar al entorno (como decía Saúl Martínez, aunque fuera con objetivos más místicos).

Así, puede ser un error tan grave considerarse **ecologista** por **reciclar** papel, como considerar no serlo por comprar un kiwi. Reciclar está bien pero el problema *gordo* es la ***superproducción*** **de residuos** que *habría* que reciclar y que no pueden reciclarse (como decía este estupendo y breve documental). Comer frutas lejanas es malo, pero el problema *gordo* es la inmensa cantidad de **kilómetros que recorre toda nuestra comida**, así como la producción alimenticia basada en **agricultura y ganadería intensivas**, especialmente la ganadería que maltrata a los animales y el medioambiente y despilfarra alimentos vegetales para producir carne barata (no se pierda estos estupendos vídeos). Por supuesto, hay que tener en cuenta la **lista de acciones individuales más ecológicas**, pero eso solo no basta.

Araújo decía: «*Nuestros actos más triviales pueden aliviar o empeorar la salud global de la tierra. Ser consecuentes de nuestro considerable poder personal y de la enorme responsabilidad que adquirimos usando recursos y energía, es el primer propósito de la ecología de la vida cotidiana*».

Referencias

- F. Álvarez, A. Ardila, "Con...sumo Cuidado". The Ecologist para España y Latinoamérica, 9, pp. 58-59, abril-mayo-junio 2002.
- Joaquín Araújo, "Ecos... lógicos, para entender la Ecología". Editorial Maeva, 2000 (véase un resumen en blogsostenible.wordpress.com).
- M. Asunción, "Enfriando el Clima. Cumbre de Marruecos". Panda, 76 (revista de WWF/Adena), Invierno 2001.
- I. Ayestarán Uriz, "Economía, Ecología y Democracia: El Problema de una Racionalidad Ambiental". En, "Tecnología, Ética y Futuro", J.M. Esquirol (ed.), pp. 329-337. Instituto de Tecnoética (www.tecnoetica.org). Desclée, 2002.
- M. Bunge, "Mente y Sociedad". Alianza Univ., 1989.
- P. Burden, "The Webocracy Project" (www.webocrat.org). 4th International Conference on Enterprise Information Systems (ICEIS 2002), Vol. II, pp. 1117--1121, Ciudad Real (Spain), April 2002.
- Emilio Calatayud, "Reflexiones de un juez de menores". Dauro, 2007.
- José Mª Castillo, "La Iglesia que Quiso el Concilio". PPC, 2001.
- Centro Nuovo Modello di Sviluppo-Cric, "Rebelión en la tienda. Opciones de consumo, opciones de justicia". Icaria-Milenrama. (véase un resumen en blogsostenible.wordpress.com).
- U. Colombo, G. Turani, "El Segundo Planeta: El Problema del Aumento de la Población Mundial". Biblioteca Científica Salvat, 1994.
- Comisión Mundial sobre Ambiente y Desarrollo (de la ONU), "Our Common Future". Nueva York, Oxford University Press, 1987.
- Cristianisme i Justícia, "Aldea Global, Justicia Parcial", 2003 (véase un resumen en blogsostenible.wordpress.com).
- Mihaly Csikszentmihalyi, "Fluir (Flow): Una Psicología de la Felicidad" ("Flow: The Psychology of Optimal Experience"), 1990.
- Bertrand De Jouvenel, "La Civilización de la Potencia: De la Economía política a la Ecología política", 1976 (véase un resumen en blogsostenible.wordpress.com).
- Development Education Program. The World Bank Group. http://www.worldbank.org/depweb (disponible en varios idiomas).
- Harvey Diamond, "Salud y Ecología". Ediciones Urano, 1990.
- M.K. Dorsey, "Racismo Medioambiental". The Ecologist para España y Latinoamérica, 9, pp. 37-40, abril-mayo-junio 2002.
- A.B. Durming, "Cost of Beef for Health and Habitat". Los Angeles Times, p. 3, 1986.
- The Ecologist para España y Latinoamérica, 9, especial sobre Energías Fósiles y Revolución Solar. abril-mayo-junio 2002.
- Paul R. Ehrlich y Anne H. Ehrlich, "La explosión demográfica: El principal problema ecológico". Biblioteca Científica Salvat, 1993.
- F. Fernández Buey, "Ética y Filosofía Política". Barcelona, Bellaterra, 2000.

- J. Fernández de Vega, "Estrategias para la Educación Ética a través de la Técnica". En, "Tecnología, Ética y Futuro", J.M. Esquirol (ed.), pp. 181-185. Instituto de Tecnoética (www.tecnoetica.org). Desclée, 2002.
- Eduardo Galeano, "Patas Arriba. La Escuela del Mundo al Revés". Siglo Veintiuno de España Editores, 1998 (véase un resumen en blogsostenible.wordpress.com).
- Emilio Galindo Aguilar, "Sólo a ti voy buscándote", 1998.
- J. Galindo G., "Comentarios sobre Algunos LIBROS de Interés Social": blogsostenible.wordpress.com
- J. Galindo G., "¿Qué Significa que el Actual Desarrollo Tecnológico No Es Sostenible?". II Congreso Internacional de Tecnoética (www.tecnoetica.org). noviembre de 2002 (www.lcc.uma.es).
- Ludovico Geymonat, "Historia de la Filosofía y de la Ciencia" (2a Edición en español, 2006 (véase un resumen en blogsostenible.wordpress.com).
- GreenPeace, "Devorando la Amazonia. La responsabilidad de McDonald's en la deforestación amazónica". Informe de GreenPeace disponible en www.greenpeace.es, 2006.
- T. Lang, C. Hines, "The New Protectionism" ("El Nuevo Proteccionismo"). Ed. New Press, Nueva York, 1993.
- Jianguo Liu, Gretchen C. Daily, Paul R. Ehrlich, Gary W. Luck, "Effects of Household Dynamics on Resource Consumption and Biodiversity". Nature (doi:10.1038/nature01359), enero 2003: www.nature.com/nature
- Deirdre N. McCloskey, "The Vices of Economists, the Virtues of the Bourgeoisie". Amsterdam University Press, 1996.
- McSpotlight, la cara oculta de las hamburgueserías McDonald's: http://www.mcspotlight.org
- Lou Marinoff, "Más Platón y Menos Prozac". Ediciones B, 2000.
- Enrique Miret Magdalena, "¿Qué Nos Falta para Ser Felices?". Espasa, 2002.
- B.J. Nebel, R.T. Wrigth, "Ciencias Ambientales. Ecología y Desarrollo Sostenible". Pearson, Prentice Hall, Addison Wesley Longman, sexta edición, 1999 (véase un resumen en blogsostenible.wordpress.com).
- Oficina del Censo de EE.UU.: http://www.census.gov/ftp/pub/ipc/www/idbsum.html
- J. Ortega y Gasset, "Meditación de la Técnica". En Obras Completas, Vol. V, Alianza Editorial, 1983.
- M. Pavón Rodríguez, "Desafíos Éticos de la Nueva Ingeniería". En "Ingeniería Industrial. 150 Años en España". Coordinador A. Reboto. Secretariado de Publicaciones e Intercambio Editorial Univ. de Valladolid, 2000.
- Population Information Network (POPIN, Sección de Población de las Naciones Unidas): http://www.undp.org/popin. United Nations Population Division: http://www.un.org/esa/population/unpop.htm.
- Population Connection (http://www.populationconnection.org), "239 Good Ideas from 239 Cities. Great Opportunities to Make America More Kid-Friendly", 2003.

- J. Rifkin, "Beyond Deef: The Rise and Fall of the Casttle Culture". New York. Dutton, pp. 223-230, 1992.
- Ángel M. Romo, "Árboles de la Península Ibérica y Baleares". Planeta, 2001.
- D. Rosales Galiñanes, "Pensando Camelot: La Ética Tecnológica como Ética de Mínimos". En, "Tecnología, Ética y Futuro", J.M. Esquirol (ed.), pp. 243-247. Instituto de Tecnoética (www.tecnoetica.org). Desclée, 2002.
- Carl Sagan, "Miles de Millones" ("Billions and billions"), 1997.
- Paul A. Samuelson, William D. Nordhaus, "Economía". Duodécima edición, McGraw-Hill, 1986.
- Fernando Savater, "Ética para Amador". Ariel, 1991.
- Jorge Riechmann, "Tiempo para la Vida". Ediciones del Genal, 2003 (véase un resumen en blogsostenible.wordpress.com).
- Jorge Riechmann, "Comerse el Mundo". Ediciones del Genal, 2005 (véase un resumen en blogsostenible.wordpress.com).
- Amartya Kumar Sen, "Nuevo Examen de la Desigualdad". Alianza Editorial, 1992 (véase un resumen en blogsostenible.wordpress.com).
- Peter Singer, "Ética Práctica", 2ª Edición, Cambridge University Press, 2003 (véase un resumen en blogsostenible.wordpress.com).
- L. Sobhani, "La Globalización, Catalizador del Cambio Climático". The Ecologist para España y Latinoamérica, 9, pp. 32-36, abril-mayo-junio 2002.

- **Grupos o webs ecologistas:**
  - Greenpeace España: http://www.greenpeace.es
  - Ecologistas en Acción: http://www.ecologistasenaccion.org
  - WWF/Adena (Fondo mundial para la Naturaleza, World Wildlife Fund): http://www.wwf.es
  - Amigos de la Tierra: http://www.tierra.org
  - Oceana: http://www.oceana.org
  - Sociedad Española de Ornitología, SEO/BirdLife: http://www.seo.org
  - Fundación Altarriba, amigos de los animales: http://www.altarriba.org/
  - La Cadena Verde: http://blogsostenible.wordpress.com
  - Calcula tu huella ecológica:
    - http://www.bestfootforward.com/footprintlife.htm
    - http://www.footprintnetwork.org
    - http://www.ecologicalfootprint.org
    - http://ecofoot.org
    - http://footprint.wwf.org.uk
- **ONGs humanitarias o de ayuda al desarrollo:**
  - Ayuda en Acción: http://www.ayudaenaccion.org
  - Amnistía Internacional: http://www.a-i.es
  - Intermón-Oxfam: http://www.intermonoxfam.org
  - Cruz Roja: http://www.cruzroja.es
  - Ingeniería Sin Fronteras (ISF): http://www.ingenieriasinfronteras.org
  - Médicos Sin Fronteras (MSF): http://www.msf.es
  - Intervida: http://www.intervida.org
  - Human Rights Watch: http://www.hrw.org
- **Resumen de Libros Interesantes por un Mundo Mejor:**
  http://blogsostenible.wordpress.com
  - Ahí puedes encontrar la Cadena Verde actualizada y otros artículos del autor.
- **Blog "Historias Incontables"**, relatos del autor, como forma de difundir el ecologismo, animalismo, el respeto a los demás…:
  http://historiasincontables.wordpress.com

www.ingramcontent.com/pod-product-compliance
Lightning Source LLC
Chambersburg PA
CBHW020657220526
45464CB00001B/471